金沙江水文河道勘测技术应用概论

杨世林　董先勇　代水平　等 编著

黄 河 水 利 出 版 社
·郑 州·

内 容 提 要

本书从技术层面就金沙江的水文河道勘测实践进行了回顾和总结，展示了到目前为止在水文河道监测中应用的各项技术手段。本书主要内容包括金沙江下游河道基本概况、水文河道勘测技术、水文监测、河道地形测量、金沙江水电工程截流水文监测、水文河道调查和金沙江下游泥沙研究等。可供从事水文河道勘测及相关专业科技人员借鉴和参考。

图书在版编目(CIP)数据

金沙江水文河道勘测技术应用概论/杨世林，董先勇，代水平等编著. —郑州：黄河水利出版社，2013.1
ISBN 978-7-5509-0411-8

Ⅰ.①金… Ⅱ.①杨… ②董… ③代… Ⅲ.①金沙江-水文观测-研究 Ⅳ.①TV882.87

中国版本图书馆 CIP 数据核字(2013)第 004491 号

出 版 社：黄河水利出版社

地址：河南省郑州市顺河路黄委会综合楼 14 层　　邮政编码：450003

发行单位：黄河水利出版社

发行部电话：0371-66026940、66020550、66028024、66022620(传真)

E-mail：hhslcbs@126.com

承印单位：河南省瑞光印务股份有限公司

开本：787 mm×1 092 mm　1/16

印张：12.25

字数：283 千字　　印数：1—1 500

版次：2013 年 1 月第 1 版　　印次：2013 年 1 月第 1 次印刷

定价：35.00 元

《金沙江水文河道勘测技术应用概论》参编人员名单

长江水利委员会水文局长江上游水文水资源勘测局：

樊小涛　包　波　杨秀川　孙振勇　彭万兵

李　智　曹启辉　张　强　伍松林　谢泽明

严　华　赵　东

中国长江三峡集团公司：

刘尧成　张继顺　居志刚　尹　晔　华小军

中国水电顾问集团成都勘测设计研究院：

樊明兰

前　言

金沙江作为长江的上游和重要组成部分，长 2 300 余千米，其水量和沙量对长江中下游的防洪度汛有着非常重要的影响。为了解金沙江的水量分布成因和变化规律，从 20 世纪 30 年代开始，陆续建立了一系列的水文监测站网，包括水文站、水位站、雨量站，通过对数十年积累水文资料的分析与应用研究，建立了金沙江洪水径流预报方案，为长江中下游的河道安澜作出了重要贡献。

金沙江河道穿行于崇山峻岭之间，具有河谷深切、河底坡降大、水流速度快、水量大等特点，能在较短河道上聚集巨大的势能，是我国水能资源最为集中和储量最大的河流。由于河道两岸山高坡陡、土壤贫瘠，人类活动少，城镇分布稀少，在金沙江开发水电淹没损失小、发电水头高，具有成本低、发电效益突出的优势。

随着国家西部发展战略的实施和人们对环保型、再生性能源的渴望，金沙江中下游地区水电开发如火如荼，尤其是中游的上虎跳峡、两家人、梨园、阿海、金安桥、龙开口、鲁地拉和观音岩等水电站（称“一级八库”）已规划并有部分在建。下游乌东德、白鹤滩、溪洛渡、向家坝等四个梯级中的向家坝已实现初期蓄水发电、溪洛渡水电站 2013 年即将蓄水发电，乌东德、白鹤滩水电站正在积极筹建中。河道勘测作为水电站开发设计的基础工作是必不可少的，其在水电站的勘测设计和施工过程中的作用越来越受到重视，它为工程设计提供水面线、洪痕、断面、水道地形测量等成果，为截流施工进行水力要素监测以及工程蓄水后对重要的区域开展冲淤演变观测，为水电工程各阶段的正常进行作出了重要贡献。

本书就金沙江中下游水文河道勘测实践进行了回顾和总结，展示了截至目前应用的各项技术手段，尤其在水电站的截流水文河道监测活动中，更是当前世界多项先进技术联合运用的成功典范。系统的监测数据，为金沙江梯级水电站的研究、设计提供了基础数据，为金沙江水电站建设提供了有力的技术支撑。

本书既是对金沙江 70 余年水文测验和近 20 年河道勘测技术工作的一个概括，在一定程度上也反映了众多长江水文人、水利科研人员和水电开发者的坚韧和辛劳。本书的出版包含了许多人的心血，长江水利委员会水文局、长江水利委员会水文局长江上游水文水资源勘测局、中国长江三峡集团公司、中国水利水电科学研究院泥沙研究所、各高校科研单位等对监测项目的指导和支持，以及广大专业人员对事业的坚持和忠诚。在此，向支持和参与金沙江水文河道勘测工作的领导和同仁致以崇高的敬意和诚挚的谢意。

限于作者水平，有不足或不当之处在所难免，恳请有关专家、学者、同行及读者批评指正，并致谢意。

作　者
2012 年 6 月

目　录

第 1 章　金沙江下游河道基本概况

1.1　流域概况

1.1.1　概述

金沙江是长江的上游河段，其正源为沱沱河，发源于青藏高原唐古拉山脉主峰葛拉丹东雪山西南侧，沱沱河流至襄极巴陇与当曲汇合后称通天河，通天河流至青海省玉树直门达附近汇入巴塘河后始称金沙江，流域总面积约 50 万 km^2，流域水系概况见图 1-1。长江上游干流全长 3 487 km，其中金沙江干流（青海省玉树巴塘河口至宜宾段）河长 2 316 km，约占长江上游干流河长的 2/3；区间集水面积 36.2 万 km^2，约占长江上游流域面积的 36%；落差 3 300 余 m，平均坡降 1.45‰。

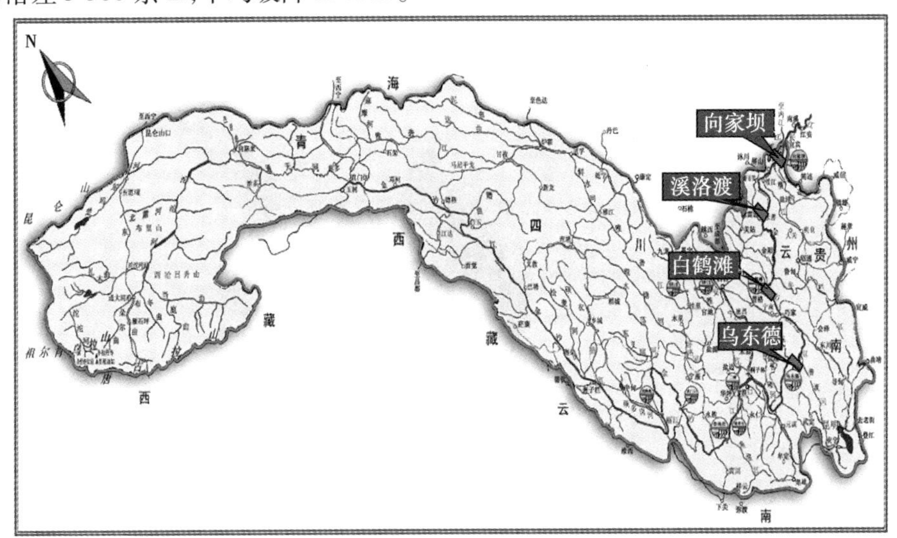

图 1-1　金沙江流域水系概况

金沙江上、中、下游分别以石鼓、攀枝花为界。攀枝花至宜宾岷江汇口段为金沙江下游，总的流向是自西南向东北流，除局部河段在四川或云南境内外，绝大部分河段为川滇两省界河。流域内地势东北高西南低，东北部的大凉山脉海拔 3 000 ~ 4 000 m，西南部的鲁南山及龙帚山脉海拔 2 500 ~ 3 000 m，而金沙江河谷海拔则为 260 ~ 1 000 m。干支流沿河大都为高山峡谷，河窄岸陡，仅干流少数河段及一些支流中上游有局部宽谷盆地，地质构造较复杂。西宁河口（新市镇）以西属川滇南北构造带，中间有黑水河—巧家—小江大断裂穿过，其两侧为川滇台背斜中段，基底是太古界变质杂岩，岩性为二叠、三叠系灰岩、玄武岩、板岩和侏罗白垩系的砂岩、泥岩，其东侧为川滇台向斜的凉山台凹，出露古生一中生界灰岩、玄武岩及砂板岩等。西宁河口以东属四川地台西南边缘，主要出露侏罗白垩系的砂岩、泥岩等。区内断层及褶皱均较发育，沿断层带岩石较破碎，其余地段岩石尚完整。由于地形陡峭，物理地质作用较强烈，不少地段出现崩塌滑坡。雷波—永善和巧家—蒙姑为区内强震带，地震基本烈度可达 8～9 度，其余地区均在 7 度左右。

金沙江下游河段西南部干热少雨，攀枝花至宁南一带多年平均气温为 14～21 ℃，多年平均降水量为 700～1 200 mm；东北部较湿润多雨，昭觉至屏山一带多年平均气温为 8～22 ℃，多年平均降水量为 900～1 400 mm（最大达 1 700 mm）。由于地形高差大，气候垂直变化也较明显。金沙江干湿季节分明，雨季一般都集中在 5～10 月，称为汛期，常把 6～9 月称为主汛期。

金沙江屏山站控制流域面积为 458 592 km^2，占宜昌站控制流域面积的 45.6%，多年平均（1956～2000 年）径流量和输沙量分别为 1 426 亿 m^3 和 2.55 亿 t，分别占宜昌站（1950～2000 年）的 32.6% 和 50.9%。金沙江下游河口多年平均流量为 4 920 m^3/s，年径流量为 1 550 亿 m^3，水量充沛且稳定，河道落差大而集中，干流落差达 3 280 m。可开发水能 7 512 万 kW，水能条件非常优越。

根据产沙条件和水土流失状况，可将金沙江流域分为三大产沙区段：石鼓以上的上游产沙区，多年平均输沙模数为 105 t/(km^2·a)，属微度侵蚀；石鼓至攀枝花的中游产沙区，属中度侵蚀；攀枝花至宜宾的下游产沙区，多年平均输沙模数为 520 t/(km^2·a)，属强度侵蚀，个别地区可达极强度侵蚀（见图 1-2）。

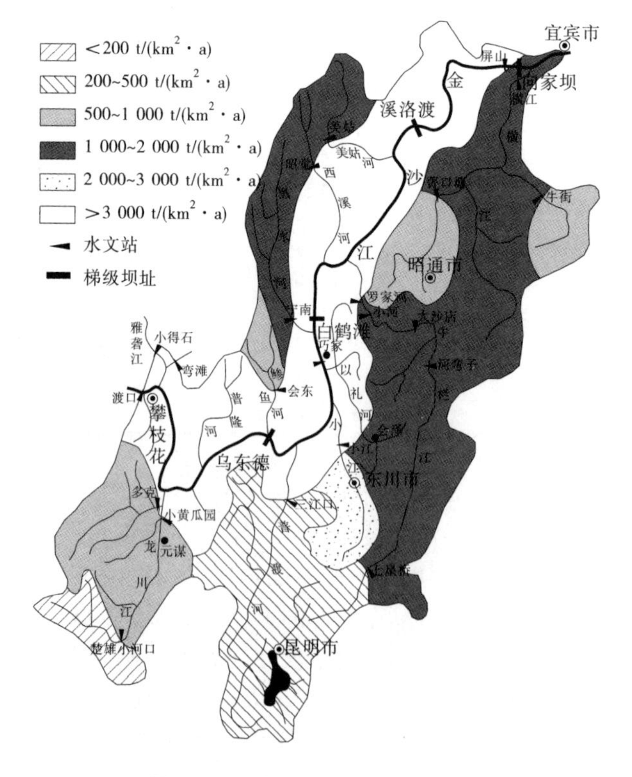

图 1-2　金沙江下游地区输沙模数

攀枝花以下干流段为流域的重点产沙区。金沙江流域特殊的自然环境是造成其水土流失量大的先决条件。起伏变化巨大的流域地形以及破碎丰富的岩石、碎屑孕育了可大量流失的松散物质，在较大重力分力及暴雨促发动力的作用下，以崩塌、滑坡、泥石流等方式汇入流域干、支流。泥沙年内分配比径流分配更为集中，最大输沙月，上段一般为 7 月，下段一般为 8 月。

1.1.2　河系概况

金沙江下游以深切高山峡谷地形为主，干流河谷随地区变化，河道沿程蜿蜒曲折，河道宽、窄差异较大，左岸支流短小，右岸支流发育。金沙江干流穿行于高山深峡之中，河床狭窄，水流湍急，流向多变，河道具有“高、深、陡、窄、弯”的特点，谷坡陡峭，河床纵比降大，江中多滩险，如乌东德水电站坝址下游约 30 km 著名的老君滩，其表面流速达 9.7 m/s。河道断面多呈 V 形和 U 形，河床深泓纵剖面起伏大，呈锯齿形。岸坡主要为横向坡、逆向坡、平缓层状岸坡和逆向层状岸坡，岸坡总体稳定性较好。水面比降呈现上陡下缓之势，因此水流流速总体上也有上急下缓的态势。

金沙江河道弯曲，河水流急、跌水坎多，河道沿岸以裸露基岩和山体崩塌滑落的大块石堆积为主，洲滩较少，滩面以高差较大、规模较小为基本特点，并以边滩为主。洲滩上床沙组成普遍大小悬殊，以大于 200 mm 以上粒径为主，漂石、卵石甚至巨砾混杂。在峡谷河段洲滩多较窄、较薄，以块石为主且一般厚度较薄。当在水流较缓和河道展宽、弯道或有溪沟入江处易形成边滩或心滩，其覆盖层厚度也相对较厚。如向家坝水电站至宜宾区间河道为峡谷型向宽浅型过渡河段，河床天然纵比降约 0.2‰，河段江面较为开阔，水面宽 100 ~ 500 m，两岸有阶地及河漫滩出现，形成的洲滩比上游明显增多，有沙卵石边滩 11 个，漂卵石边滩 6 个。新市镇至宜宾 106 km，金沙江进入四川盆地，水面纵比降由 2.41‰ 下降至 0.71‰，是金沙江通航河段。

金沙江下游段水系十分发达，直接入汇金沙江的较大一级支流有右岸的龙川江、勐果河、普渡河、小江、以礼河、牛栏江、团结河、细沙河、大汶溪、横江，左岸的雅砻江、普隆河、鲹鱼河、黑水河、尼姑河、西溪河、金阳河、美姑河、西苏角河、西宁河、中都河等。

1.1.3　地质地貌

金沙江河谷是高原晚新生代强烈隆起的产物，流域内高大的山脉主要形成于距今 2 500万年的喜马拉雅运动第二幕。第四纪末，喜马拉雅运动继承和发展的新构造运动奠定了中国现代自然环境结构和特征的基础，东部地形沉降，青藏高原快速大幅度隆起，三级阶梯地势形成，水系自西向东汇流格局形成，横断山河流切蚀加深，流经青藏高原边缘的河流切蚀形成较大峡谷。金沙江水系地处青藏高原和滇北高原，属新构造运动强烈上升或较强烈上升区，地跨几个不同的构造单元，地质构造十分复杂，地壳活动剧烈。攀枝花以上的河段，穿过青藏滇“歹”字形构造；攀枝花至新市镇河段，燕山运动隆起，喜马拉雅运动大幅度上升，为横跨川滇间的南北向构造；新市镇以下则进入四川盆地边缘。上述构造区内，断裂和褶皱十分发育。复杂的地质构造和巨大的断裂褶皱，对金沙江干支流水系的形成发育和河流走向具有重要的控制作用。

金沙江下段以深切高山峡谷地形为主,是全球新构造运动及现代地壳活动最强烈的地区之一,三条区域性主干断裂带从区内通过,有30多条大规模活动断裂分布。地震活动频繁,是著名的强震带,区内分布着从元古界到第四系的100余组地层,大部分地层破碎,产状复杂多变,具有丰富的破碎和松散物质堆积。

1.1.4 水文气象

金沙江流域地处中亚热带,气候水平差异显著,太阳辐射强烈,干湿季节分明。5~10月为湿季,降水量为全年降水量的90%,且多为暴雨;11月到次年4月为干季。金沙江上段属西南季风气候区,为以干热河谷为基带的复杂的立体气候。金沙江干热河谷是指金沙江下段海拔1 300(阴坡)~1 600 m(阳坡)以下的河谷地带,这里年均气温为20~27 ℃,≥10 ℃积温达7 000~8 000 ℃,年降水量为600~800 mm,年蒸发量为年降水量的3~6倍。金沙江干热河谷干湿季分明,干季(11月至次年4月)降水量仅为全年的10.0%~22.2%,降水极少,且蒸发量为降水量的10~20倍以上。

流域每年6~8月为暴雨集中期,暴雨频数占全年暴雨总数的85%以上,7月是暴雨日数最多的月份。依据暴雨等值线分析,流域内存在3个暴雨高值区,一是雅砻江下游,安宁河下游攀枝花、会理、会东一带;二是金沙江下段的雷波、永善以东地区,包括美姑、西宁、屏山、宜宾、盐津、松溪等地;三是五莲峰—乌蒙山地区。

金沙江干流洪水主要由暴雨形成。金沙江奔子栏、雅砻江洼里以北地区,基本属无暴雨区,洪水主要由大雨及冰雪融水形成,涨落较平缓,对中下游洪水起垫底作用。金沙江奔子栏、雅砻江洼里以下河段的洪水,由暴雨形成。由于流域面积大、降雨历时长,汛期6~10月中平均每月雨日达20 d左右,造成洪水涨落较平缓,连续多峰,峰高量大,一次洪水持续时间最短约15 d,最长可达40 d左右。多年平均最大15 d洪量约占最大60 d洪量的1/3,最大60 d洪量超过汛期洪量的1/2。

金沙江的洪水主要来自雅砻江的下游及石鼓、小得石—屏山区间。屏山的洪水中,金沙江石鼓以上占25%~33%,支流雅砻江小得石以上占27%~35%,石鼓、小得石—屏山区间占26%~37%,而流域面积比分别为46.7%、25.8%、27.5%。

金沙江的汛期洪水总量一般约占宜昌以上洪水总量的1/3,比例相对稳定。长江1954年特大洪水中,金沙江8月的30 d洪量占宜昌站洪量的50%,7、8月的60 d洪量占宜昌站洪量的46%。

金沙江流域径流主要来自降雨,上游有部分融雪补给,径流年内分配与降水的季节变化基本一致,金沙江的径流以汛期(6~10月)所占比例较大,产沙更是主要集中在汛期。金沙江出口控制站屏山站,历年汛期的平均径流量占年径流量的75%,其中主汛期(7~9月)径流量占年径流量的54%,8月径流量最大,占年径流量的19%。

1.2 金沙江下游梯级水电站概况

金沙江下游规划有乌东德、白鹤滩、溪洛渡和向家坝等四座巨型水电站,总装机容量相当于2座三峡水电站。金沙江下游梯级水电站的设计总装机容量约4 000万kW,年均总发电量 1 850 多亿 kW · h,水库总库容约 410 多亿 m^3,其中总调节库容 204 亿 m^3。金沙江下游梯级水电站初设基本参数见表 1-1,梯级水电站纵剖面图如图 1-3 所示。

表 1-1　金沙江下游梯级水电站初设基本参数

电站名称	装机容量（万 kW）	年发电量（亿 kW · h）	蓄水位（m）	总库容（亿 m^3）	调节库容（亿 m^3）	回水长（km）	主要功能	距宜宾（km）
乌东德	870	394.6	975	58.6	26.2	207	发电、防洪、拦沙	570
白鹤滩	1 305	576.9	825	190.06	104.36	180	发电、防洪、拦沙	390
溪洛渡	1 260	573.5	600	115.7	64.6	199	发电、防洪	190
向家坝	600	307.47	380	49.77	9.03	157	发电、防洪、航运	33

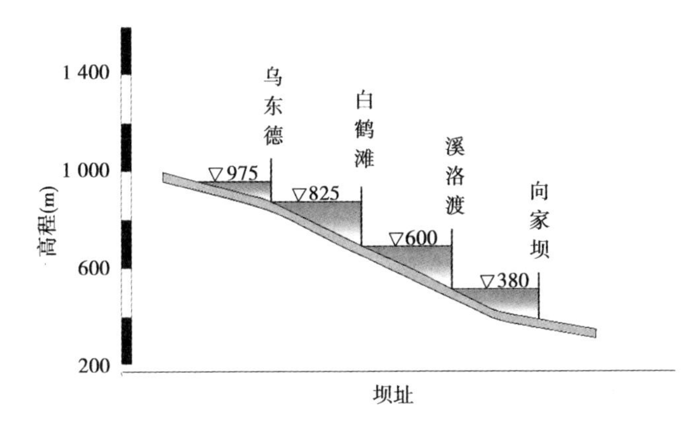

图 1-3　金沙江下游梯级水电站布置纵剖面示意图

1.2.1　乌东德水电站

乌东德水电站是金沙江下游河段梯级开发的第一个电站,坝址位于乌东德峡谷,左岸是四川省会东县,右岸是云南省禄劝县,电站上距攀枝花 190 km。坝址控制流域面积为 40.60 万 km^2,占金沙江流域面积的 84%,多年平均流量为 3 690 m^3/s,多年平均径流量为 1 164 亿 m^3,占金沙江流域径流总量的 78%。径流以降雨为主,冰雪融水为辅,年际水量比较稳定。坝址多年平均悬移质输沙量为 1.75 亿 t,多年平均含沙量为 1.50 kg/m^3。

乌东德水电站的开发任务是以发电为主,兼顾防洪和拦沙。电站枢纽工程由混凝土双曲拱坝、泄水建筑物及左右岸地下引水发电系统等组成。最大坝高 265 m,当水库正常蓄水位为 975 m 时,总库容为 58.6 亿 m^3,调节库容为 26.2 亿 m^3,为不完全季调节水库,电站装机容量 870 万 kW,保证出力 328.4 万 kW,年发电量 394.6 亿 kW · h。

1.2.2　白鹤滩水电站

白鹤滩水电站位于四川省凉山彝族自治州宁南县同云南省巧家县交界的金沙江峡谷,是金沙江下游河段四座梯级水电站的第二级,下距溪洛渡水电站 195 km。水电站坝址处控制流域面积为43.03万km^2，占金沙江流域面积的91.0%，多年平均径流量为1 296亿m^3，多年平均流量4 140 m^3/s。坝址多年平均悬移质输沙量为1.85亿t，多年平均含沙量为1.46 kg/m^3。

该水电站以发电为主，兼有防洪拦沙、灌溉等综合效益。工程枢纽由拦河坝、泄洪消洪设施、引水发电系统等组成。拦河坝为双曲拱坝，高277 m，坝顶高程827 m，水库正常蓄水位825 m，相应库容190.06亿m^3，死水位765 m以下库容85.7亿m^3，总库容205.1亿m^3。汛限水位795 m，预留防洪库容58.38亿m^3。调节库容达104.36亿m^3，具有年调节能力。上游回水180 km与乌东德水电站衔接。电站总装机容量1 305万kW，年发电量576.9亿kW·h，保证出力503万kW。

1.2.3　溪洛渡水电站

溪洛渡水电站位于四川省雷波县和云南省永善县交界的金沙江溪洛渡峡谷，是金沙江下游河段四座梯级电站的第三级。坝址距离宜宾市河道184 km。水电站坝址处控制流域面积为45.44万km^2，占金沙江流域面积的96%，多年平均径流量为1 440亿m^3，多年平均流量为4 570 m^3/s。坝址多年平均悬移质输沙量为2.47亿t，多年平均含沙量为1.72 kg/m^3。

溪洛渡水电站以发电为主，兼有防洪、拦沙和改善库区及下游江段航运条件等综合利用效益。正常蓄水位600 m，正常蓄水位下水库回水长199 km，限制水位560 m，死水位540 m。正常蓄水位时，水库库容115.7亿m^3，调节库容64.6亿m^3，死库容51.1亿m^3，具有不完全年调节性能。电站总装机容量1 260万kW，保证出力338.5万kW，年发电量573.5亿kW·h。

1.2.4　向家坝水电站

向家坝水电站位于四川省宜宾县和云南省水富县交界的金沙江峡谷出口处，下距宜宾市33 km，是金沙江下游河段四座梯级电站的最后一级。坝址控制流域面积为45.88万km^2，占金沙江流域面积的97%，控制了金沙江的主要暴雨区和产沙区。多年平均径流量为1 440亿m^3，多年平均流量为4 570 m^3/s。坝址多年平均悬移质输沙量为2.47亿t，多年平均含沙量为1.72 kg/m^3。

该电站以发电为主，兼有航运、灌溉、拦沙、防洪等综合效益。水库正常蓄水位380 m，相应库容49.77亿m^3；汛限水位、死水位为370 m；调节库容9.03亿m^3，具有季调节性能。电站总装机容量600万kW，与溪洛渡水电站联合运行时年发电量307.47亿kW·h，保证出力200万kW。

1.3　金沙江下游水沙特性

由于金沙江流域大多处于亚热带季风气候区，具有干湿季分明的特点，下游地区年内降水主要集中在6～11月的湿季，湿季降水量可达年降水量的80%以上，相应地，下游地区年径流主要集中在6～11月。金沙江径流主要来自降水，上游地区有部分融雪补给，金沙江流域径流的空间分布、年际变幅与降水规律基本一致,年内径流最集中时段略晚于降水最大时段。流域径流的总体分布规律为多年平均径流深下游大于上游,雅砻江支流大于金沙江干流。

金沙江下段地处云贵高原区,干流两侧支流多降水高值区域,且受雅砻江汇入影响,径流进一步加大,攀枝花站多年平均径流深为220 mm,实测最大流量与最小流量之比为56.2;华弹(巧家)站多年平均径流深为299 mm,实测最大流量与最小流量之比为41.5;屏山站多年平均径流深为315 mm,实测最大流量与最小流量之比为27.4,各站5~10月径流量占年径流量的80.0%左右。金沙江干流攀枝花至屏山各站最大、最小年径流量与多年平均径流量的比值说明:自上游向下游,最大年径流量与多年平均径流量的比值比1.3略大,各站丰水年并不是很丰;而最小年径流量与多年平均径流量的比值,自上游向下游增大,相对来说,下游华弹站、屏山站枯水不枯。

影响流域产沙及河流泥沙的因素众多,主要有降水、地质、地貌、植被及人类活动等。

金沙江流域地质构造十分复杂,断裂发育,受构造卸荷及重力作用等,对岸坡的稳定极为不利,历史上曾发生多次崩塌堵河现象,如1880年云南省巧家县东南25华里的黑子岩(又名石膏地)垮山,金沙江被堵塞断流三天两夜,河流被迫改道;1935年鲁车渡崩山,金沙江被堵塞断流三天;1967年雅砻江发生崩塌堵流。金沙江流域的产沙分布以下游段最为强烈,干流下游产沙,除部分通过滑坡、崩岸等方式直接补给河道外,大多以泥石流的形式输入河道,干支流两岸,大小滑坡、泥石流沟举目可见,对金沙江的河流泥沙影响极大。

降水对流域产沙有直接影响,尤其是降水的落区、范围和强度对流域来沙的影响甚大,当暴雨中心在主要产沙区域,或者主要产沙区发生大面积集中性降水时,流域沙量特大。1974年巧家站、屏山站径流量与其多年平均值之比分别为1.25和1.30,但两站1974年年输沙量与多年平均输沙量之比分别为1.65和1.96,巧家—屏山区间年输沙量达2.03亿t,按面积比算,巧家—屏山区间年输沙模数达9 251 t/(km^2·a),远远大于其他年份。该年金沙江下游段降水量偏大,降水中心多而散,巧家—屏山区间支流黑水河、以礼河、美姑河上游支流均为降水高值中心,降水中心多在高产沙区。黑水河竹寿站年降水量高达1 709.2 mm,黑水河宁南站年输沙量达608万t,为1983年以前的首位,若与1960~2000年多年平均输沙量比较,1974年年输沙量为多年平均值的1.3倍。1974年美姑河美姑站年输沙量为323万t,是多年平均输沙量的1.7倍。

金沙江下段山高谷深,河流下切,急流险滩众多;地质构造复杂,断裂发育,岩体破碎,风化严重,冲沟密布,固体径流蕴藏量极为丰富。区域内年降水量为600~1 200 mm,暴雨分布呈现多中心,最大1日点暴雨量可达200 mm以上。受人类活动影响,金沙江下游地区原始森林已遭破坏,河谷两岸坡耕地密布,多采用轮耕式,撂荒地较多,汛期强降水致使水土流失严重。地质、地貌、降水、人类活动影响等各方面因素的共同作用,使得金沙江下游区沙量突出,是金沙江泥沙最主要的来源区域。历史上,本区域曾经多次发生滑坡、崩塌事件。本区域的支流和溪沟中,大多沟蚀强烈,泥沙输移能力极强,右岸支流小江,是我国著名的泥石流频发地区;左岸支流普隆河上游支沟,强烈的泥石流作用使得金沙江河床抬高约40 m,形成了著名的老君滩险滩。华弹站多年平均输沙模数为409 t/(km^2·a),屏山站多年平均输沙模数530 t/(km^2·a)。攀枝花—华弹区间(不含雅砻江)输沙模数达 1 700 t/(km^2·a),华弹—屏山区间输沙模数约为 2 110 t/(km^2·a)。

金沙江流域产沙主要集中在汛期,输沙量的年内分配极不均匀。历年汛期的平均输沙量占年输沙量的 95%,其中主汛期的输沙量占全年输沙量的 77%,7、8 月输沙量最大,均占 28%。

金沙江流域洪水主要由暴雨形成,上游高原雨区的特点是强度小、历时长、面积大、雨区多,呈纬向带状分布,造成上游洪水涨落过程相对平缓、量大、历时长,对下游洪水起垫底作用。中下游暴雨的特点是强度大、历时短、暴雨多呈中心分布,对下游洪水起造峰作用,形成下游洪水峰高、量大、历时长的洪水特点。金沙江多出现连续暴雨,上游的面广,中下游的强度大,易形成大洪水。

1.3.1 水沙特征值统计

根据金沙江下游干流攀枝花、华弹和屏山水文站实测资料统计,各站流量、输沙量特征统计见表 1-2、表 1-3。

表 1-2 金沙江下游干流径流特征值

站名	流域面积(km^2)	系列年限	多年平均流量(m^3/s)	平均径流深(mm)	径流模数(L/(km^2·s))	最大年平均流量(m^3/s)	最小年平均流量(m^3/s)	最大流量(m^3/s)	最小流量(m^3/s)	最大流量/最小流量
攀枝花	259 177	1966~2008	1 800	220	6.9	2 420(1998 年)	1 210(1994 年)	12 200(1966 年 8 月 31 日)	217(1966 年 4 月 9 日)	56.2
华弹	425 948	1958~2008	4 010	299	9.4	5 360(1998 年)	3 050(1992 年)	25 800(1966 年 9 月 1 日)	622(1995 年 3 月 17 日)	41.5
屏山	458 592	1956~2008	4 560	315	9.9	6 250(1998 年)	3 370(1994 年)	29 000(1966 年 9 月 2 日)	1 060(1960 年 4 月 3 日)	27.4

表 1-3 金沙江下游干流泥沙特性

站/区域	流域面积(万 km^2)	输沙模数(t/(km^2·a))	年输沙量(万 t)	最大年输沙量(万 t)	最小年输沙量(万 t)	统计年份
攀枝花	25.917 7	199	5 160	12 700(1998 年)	2 360(1976 年)	1966~1968,1970~2008
华弹	42.594 8	409	17 400	36 200(1998 年)	6 980(2006 年)	1958~2008
屏山	45.859 2	530	24 300	50 100(1974 年)	9 030(2006 年)	1956~2008
攀枝花—华弹	5.028 1	1 700	8 550			
华弹—屏山	3.264 4	2 110	6 900			

注:攀枝花—华弹区间不含雅砻江流域。

金沙江下段历年最大水位变幅为 27.29 m(屏山站),最小水位变幅为 17.1 m(攀枝花站);历年最大流量为 29 000 m^3/s(屏山站),历年最小流量为 217 m^3/s(攀枝花),最大流量倍比为 56.2(攀枝花站),最小流量倍比为 27.4(屏山站)。

从含沙量沿程变化来看,攀枝花—屏山段含沙量沿程增大,攀枝花、华弹、屏山站年均含沙量分别为 0.919 kg/m^3、1.37 kg/m^3、1.69 kg/m^3。

1.3.2　水沙地区组成

根据金沙江下游各站水沙资料统计分析,金沙江下段水沙异源,产沙地区差异大,其径流输沙地区组成见表 1-4。

表 1-4　金沙江下段径流输沙地区组成

河名	测站	流域面积		多年年均径流量		多年年均输沙量	
		值(km^2)	占屏山(%)	值(亿 m^3)	占屏山(%)	值(万 t)	占屏山(%)
金沙江	攀枝花	259 177	56.5	567	39.4	5 160	21.2
雅砻江	小得石	116 490	25.4	530	36.9	3 690	15.2
安宁河	湾滩	11 100	2.4	74.5	5.2	1 270	5.2
龙川江	小黄瓜园	5 560	1.2	8.2	0.6	517	2.1
金沙江	华弹	425 948	92.9	1 264	87.9	17 400	71.6
黑水河	宁南	3 074	0.7	21.2	1.5	463	1.9
美姑河	美姑	1 607	0.4	10.6	0.7	186.3	0.8
攀枝花—华弹区间		50 281	11.0	167	11.6	8 550	35.2
华弹—屏山区间		32 644	7.1	174	12.1	6 900	28.4
金沙江	屏山	458 592	100.0	1 438	100.0	24 300	100.0
横江	横江			84.9		1 290	

注:各支流控制站资料统计至 2004 年,干流统计至 2008 年。

由表 1-4 可见,屏山站径流主要来自于攀枝花以上地区、雅砻江和攀枝花—屏山区间。其中:攀枝花以上地区和雅砻江来水量分别为 567 亿 m^3、530 亿 m^3,分别占屏山站水量的 39.4%、36.9%,攀枝花—屏山区间(不含雅砻江)来水量为 341 亿 m^3,占屏山站水量的 23.7%。

从输沙量地区组成来看,屏山站输沙量则主要来自于攀枝花—屏山区间。攀枝花以上地区来沙量为 5 160 万 t,占屏山站沙量的 21.2%;雅砻江来沙量为 3 690 万 t,占屏山站沙量的 15.2%;攀枝花—屏山区间(不含雅砻江)来沙量则为 15 450 万 t,占屏山站沙量的比例达到 63.6%,其中:攀枝花—华弹区间(不含雅砻江)、华弹—屏山区间来沙量分别为 8 550 万 t 和 6 900 万 t,分别占屏山站沙量的 35.2% 和 28.4%。

从金沙江下游各支流水沙量来看,安宁河、龙川江、黑水河、美姑河年来水量分别为 74.5 亿 m^3、8.2 亿 m^3、21.2 亿 m^3 和 10.6 亿 m^3,分别占屏山站水量的 5.2%、0.6%、1.5% 和 0.7%;其来沙量分别为 1 270 万 t、517 万 t、463 万 t 和 186.3 万 t,分别占屏山站沙量的 5.2%、2.1%、1.9% 和 0.8%。

由此可见,金沙江下段悬移质泥沙的沿程补给具有明显的地域性,主要来自高产沙地带(见图1-4)。如攀枝花以上流域面积为25.917 7万km^2,占屏山站流域面积的56.5%,多年平均径流量占39.4%,来沙量仅占总沙量的21.2%,输沙模数仅为199 t/(km^2·a);攀枝花—屏山区间流域面积为199 415 km^2,占屏山站流域面积的43.5%,多年平均径流量占60.8%,来沙量则占总沙量的78.1%,其中:华弹—屏山区间流域面积为3.264 4万km^2,仅占屏山站流域面积的7.1%,多年平均径流量占12.1%,来沙量则达到6 900万t,占屏山沙量的28.4%,为重点产沙区,此区间多年平均含沙量3.89 kg/m^3,为攀枝花站年均含沙量0.919 kg/m^3的4倍以上,平均输沙模数为2 110 t/(km^2·a),约为攀枝花以上地区的10倍。其主要原因为滑坡和泥石流活动直接向金沙江下游干流与支流输送了大量泥沙。可见,金沙江来水来沙主要来自于攀枝花—屏山区间。

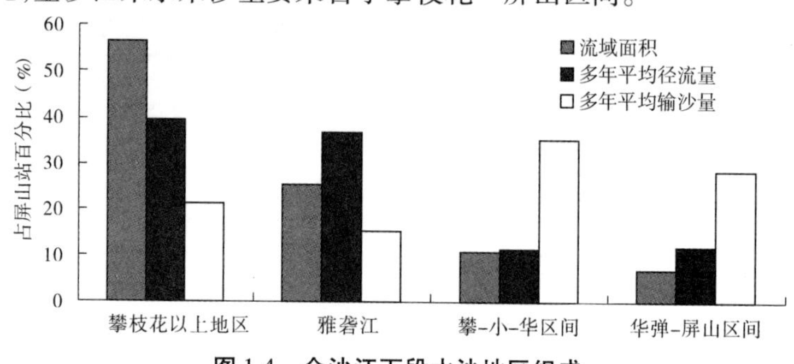

图1-4　金沙江下段水沙地区组成

1.3.3　水沙年际变化

为分析金沙江流域主要测站年际变化情况,对各站各年代水沙量进行了统计(见表1-5)。从各年代水、沙量变化(见图1-5、图1-6)来看,金沙江干流各站水量基本以20世纪60年代为最大,70年代最小,80年代和90年代又有所增大;进入21世纪以来,金沙江下段2000~2007年水量出现增大,但沙量则有所减少。

表1-5　金沙江下游干流各年代多年平均水沙量统计

站名	1950~1959年		1960~1969年		1970~1979年	
	径流量(亿m^3)	输沙量(万t)	径流量(亿m^3)	输沙量(万t)	径流量(亿m^3)	输沙量(万t)
攀枝花			547	5 140	527	3 860
华弹	1 360	12 300	1 310	17 100	1 150	14 700
屏山	1 359	26 000	1 500	24 400	1 330	22 100

站名	1980~1989年		1990~1999年		2000~2007年	
	径流量(亿m^3)	输沙量(万t)	径流量(亿m^3)	输沙量(万t)	径流量(亿m^3)	输沙量(万t)
攀枝花	550	4 740	574	6 200	629	6 520
华弹	1 200	18 900	1 322	22 500	1 370	14 600
屏山	1 410	25 700	1 470	29 800	1 520	17 900

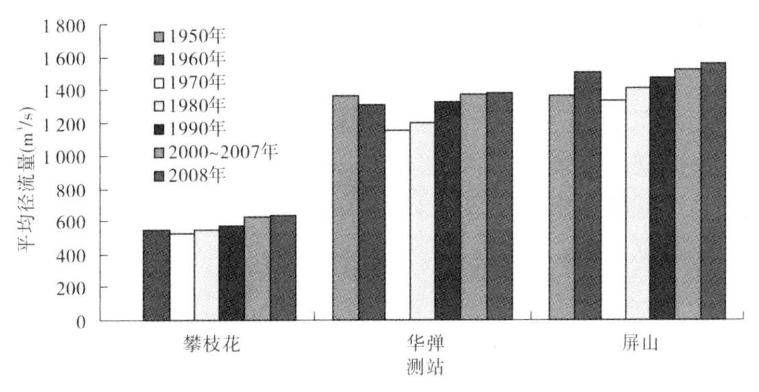

图1-5 金沙江下段径流量年代变化

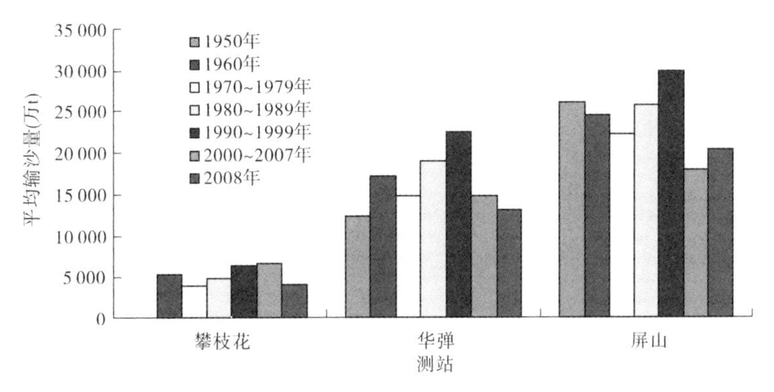

图1-6 金沙江下段输沙量年代变化

攀枝花站水量20世纪60~90年代年间无明显变化,近期(2000~2007年)年均水量629亿 m^3,较其他年代有所增大,年均沙量也增大至6 520万t,与90年代均值基本持平,但较60年代、70年代和80年代分别增加21%、41%和27%。2008年,其水、沙量分别为636亿 m^3 和3 990万t,与近期相比,水量变化不大,沙量减少2 530万t,减少幅度为39%。

华弹站水量年际间则无明显变化,但90年代沙量大幅增加,年均输沙量为22 500万t,分别较50年代、60年代、70年代、80年代增大10 200万t、5 400万t、7 800万t和3 600万t。近期来沙量则减小至14 600万t,与50年代、70年代相当,但分别较60年代、80年代、90年代减少15%、23%和35%。2008年,其水、沙量分别为1 380亿 m^3 和13 000万t,与近期相比,水量变化不大,沙量减少1 600万t,减少幅度为11%。

屏山站水量20世纪50~90年代无明显变化,90年代输沙量有所增大,年均输沙量为29 800万t,分别较50年代、60年代、70年代、80年代增大15%、22%、35%和16%;进入21世纪以来,屏山站径流量略有增加,但年均输沙量减小至17 900万t,与90年代相比,减小了11 900万t,减幅达40%。2008年,屏山站年均水、沙量分别为1 560亿 m^3 和20 400万t,与近期相比水量变化不大,沙量增加2 500万t,增加幅度为12%。

1.4　本章小结

本章介绍了金沙江下游流域水系、地质地貌、水文泥沙、河道特点以及乌东德、白鹤滩、溪洛渡、向家坝四座梯级水电站的基本情况。

通过收集和整理金沙江流域大量的水沙资料，分析研究了金沙江下游水沙特征值、水沙地区组成及年际变化规律等。

第 2 章　水文河道勘测技术

2.1　水文测验技术

水文测验是针对水体要素进行观测和资料整理的技术过程,简单地说就是水文要素观测。

水文测验是为应用水文测验取得各种水文要素的数据,通过分析、计算、综合,为水资源的评价和合理开发利用,为工程建设的规划、设计、施工、管理运行及防汛、抗旱提供依据。

水文测验的内容包括以下几方面:

(1)获得水文要素各类资料,建立和调整水文站网。

(2)准确、及时、完整、经济地观测水文要素和整理水文资料,并使得到的各项资料能在同一基础上进行比较和分析,研究水文测验的方法,制定出统一的技术标准。

(3)更全面、更精确地观测各水文要素的变化规律,研制水文测验的各种测验仪器、设备。

(4)按统一的技术标准在各类测站上进行水位观测、流量测验、泥沙测验和水质、水温、冰情、降水量、蒸发量、土壤含水量、地下水位等观测,以获得实测资料。

(5)对一些没有必要做驻站测验的断面或地点,进行定期巡回测验,如枯水期和冰冻期的流量测验、汛期跟踪洪水测验、定期水质取样测定等。

(6)水文调查,包括测站附近河段和以上流域内的蓄水量、引入引出水量、滞洪、分洪、决口和人类其他活动影响水情情况的调查,也包括洪水、枯水调查和暴雨调查。水文测验得到的水文资料,按照统一的方法和格式,加以审核整理,成为系统的成果,刊印成水文年鉴,供用户使用。

本章只讨论金沙江河流的水文测验(观测)方法。因测验内容存在差异,从而使用不同技术手段,下面按照常规水文测验的内容介绍其观测技术。

2.1.1　水位

海洋、江河、湖泊等水域的自由表面某一时刻相对于某一基准面上的高度称为水位。水位观测因观测条件和使用设备差异有人工观测、仪器自记等多种方法。观测水位的目的在于了解水面到达的位置,长期收集资料可以进行统计分析,指导地方建设,也可用于水情预测预报、帮助防汛抗旱等。

2.1.1.1　人工观测

利用在水边设置的带有准确刻度的水尺,以人工观读记录的方法获得水位数据。水尺布设应覆盖水面最低到最高的范围,水尺的形式因地形条件分为直立式和倾斜式两种。

2.1.1.2　仪器自记

仪器自记采用以科学原理为基础研制的专门仪器，按人们的需要自动进行水位观测记录。通过仪器自记能力再与网络或卫星通信技术组合，实现数据远程监控和获取，提高自动化水平。因原理和应用条件的差异，在实际生产中主要分为以下几种。

1. 超声波水位计

超声波水位计的工作原理为利用超声波在不同介质中的传播性差异，将超声波换能器固定在水下或陆地，通过测量超声波从超声波换能器发射面到水面的往返传播时间，达到测量水位的目的，其计算公式为

$$H = CT/2$$

式中：H 为超声波换能器发射面到水面的距离，m；C 为水中声速，m/s；T 为往返传播时间，s。

工作时，超声波换能器将具有一定频率、功率和宽度的电脉冲信号转换成同频率的声脉冲波，定向朝水面发射，此声波束到达水面后又反射到超声传感器，再被转换成电脉冲信号，送微处理器作相应处理，最后把代表实际水位的数据传送给记录仪显示并存储。

超声波水位计是一种把超声技术、电子技术和微处理技术相结合的新型水（液）位测量仪器，主要用于不稳定河床、高含沙量河流等不宜建造水位测井的水位站、水文站进行水位观察。因传播介质不同分为气介式和液介式两种。

（1）气介式，即将换能器固定在陆地某个高程上，传感器发射方向垂直向下对准水面，它适用于符合垂直安装条件的桥梁、大坝等环境。

（2）液介式，即将换能器固定在水下某个高程上，传感器发射方向垂直向上对准水面，它适用于河床冲淤变化小的自然河道。

2. 压力式水位计

压力式水位计为根据压力与水深成正比关系的静水压力原理，运用压敏元件作传感器的水位计。当传感器固定在水下某一测点时，该测点以上水柱压力高度加上该点高程，即可间接地测出水位。该仪器适用于不便建测井的地区，对环境的适应性要比超声波水位计强，分为气泡式和压阻式两种。

（1）气泡式水位计。将一根上端装有压力传感器和气源的管子插入水中，以恒定流向管子里通入少量空气或惰性气体，压力传感器即可测出管内气体压力，此值与管子末端以上水头成正比，通过记录系统转换成水位。该仪器的压力传感器不直接与水体接触，可不建测井，特别适用于水体污染严重和腐蚀性强的工业废水等场合。

（2）压阻式水位计。将压力传感器置于水下固定高程，再用导线与室内记录系统连接，通过导线把传感器感测到的水压力传回室内解码器，转换成水位值。

3. 浮子式水位计

利用浮子跟踪水位升降，以机械方式直接传动记录的水位计，称为浮子式水位计。用浮子式水位计需有建设测井系统（包括进水管），适合岸坡稳定、坡度适当、河床冲淤不大的河道。

浮子式水位计的工作原理为仪器以浮子感测水位变化。在工作状态下，浮子、平衡锤与悬索连接牢固，悬索悬挂在水位轮的“V”形槽中，平衡锤起拉紧悬索和平衡作用，调整浮子的配重可以使浮子工作于正常吃水线上。在水位不变的情况下，浮子与平衡锤两边

的力是平衡的;当水位上升时,浮子产生向上的浮力,使平衡锤拉动悬索带动水位轮作顺时针方向旋转,水位编码器的显示读数增加;当水位下降时,则浮子下沉,并拉动悬索带动水位轮作逆时针方向旋转,水位编码器的显示读数减小。该仪器的水位轮测量圆周长为32 cm,且水位轮与编码器为同轴连接,水位轮每转一圈,编码器也转一圈,输出对应的32组数字编码。当水位上升或下降时,编码器的轴就旋转一定的角度,编码器同步输出一组对应的数字编码(二进制循环码,又称格雷码)。不同量程的仪器使用不同长度的悬索能够输出1 024~4 096组不同的编码,可以用于测量10~40 m水位变幅。

通过与仪器插座相连接的多芯电缆线可将编码信号传输给观察室内的电显示器或计算机,用作观测、记录或进行数据处理。安装有RS485数字通信接口(或4~20 mA)的水位计可以直接与通信机、计算机或相应仪表相连接,组成为水文自动测报系统。

2.1.2　流量

单位时间内通过河道或渠道横断面的水流体积称为流量,它是通过测量水流速度和横断面面积并按一定的规则计算获得的。流量是反映江河湖库水量变化的基本指标。流量测验的目的在于取得河流、水利工程河道经调节后的径流资料,为在进行流域水利规划时,掌握水量年内、年际间分布情况,做到经济合理地分配用水量,安排水电、防洪、航运、给水、灌溉等水利工程的综合利用。因应用条件和使用设备不同有多种方法。

2.1.2.1　流速仪法

流速仪法是一种测验精度较高的方法,通过使用流速仪测量水道断面上有限的测点、测线流速,采用流速与面积联合积分的计算规则,从而获得断面流量,因仪器渡河方式不同,主要介绍下面两种。

1. 岸缆式

在测流断面架设一套过江的具有动力的缆道工作系统,悬挂一定质量能在水中定位的物体,通常为铅块制成的流线型物体,俗称铅鱼,在铅鱼上加载流速仪,并配备信号传感器,通过缆道将流速仪驱动到水下设计的垂线和测点,完成断面流速分布测量,再与面积一起积分得到全断面流量。本法对提高测洪能力、保证安全生产、改善劳动条件、节省人力等有突出优点。为了提高测验精度,可适当加重铅鱼或在上游增加拉偏索,减少因仪器偏离断面而引起水深测量误差,确保流量精度。该方法适宜在河道宽度小于500 m的河段上使用。

2. 吊船式

在测验断面上游适当位置布设一条过江缆索悬挂机动船,仪器设备和作业人员均在船上完成流量测验。此法用于江面较宽、不能架设岸上缆道进行测验的河段,但人员劳动强度、工作风险较大。

如果江面很宽,不能架设过江索,也可用机动船实施抛锚定位作业。

2.1.2.2　浮标法

通过测量水面浮标流速、结合断面面积计算流量的方法称为浮标法。这是一种简化的流量测验法,精度不如流速仪法。该法的要点是使用经纬仪或全站仪测量水面浮标(天然或人工投放),经过测流断面的位置,并记录浮标漂过固定距离的时间,可以获得浮标流过断面的速度和位置,如此,继续观测经过其他位置的浮标,直到满足在断面上的分布要求,再与面积积分得到流量。

测量水面流速的方法还有电波流速仪、雷达流速仪等。

2.1.2.3　比降法

比降法具有经济、简便、安全、迅速和能测到瞬时流量等优点,当河段顺直、水面落差大、糙率有较好规律条件时,其测验精度能够满足规范要求,因此该法也是基本测流方法之一。用实测的水面比降,连同断面资料和经过试验获得本站的或借用的糙率资料,用水力学公式计算流速和流量。此法精度不高,常在不能使用其他方法时使用,或者作为一种辅助性测流方法。

2.1.2.4　声学多普勒法

声学多普勒流速剖面仪,简称 ADCP,是 1993 年引入国内的流量测验仪器,因其具有测流历时短,可同时获得多点流速、流向及断面面积等功能,受到大家推崇,推广很快,已在许多水文站点与工程水文测量中得到应用。ADCP 按照安装方式分为走航式(铅直安装)和水平式(水平安装),如图 2-1 所示。

图 2-1　走航式和水平式探头

流速测量原理:

为了测量三维流速,ADCP 一般装备有 4 个(或 3 个)声换能器。换能器总是安装成与 ADCP 轴线成一定倾角。每个换能器既是发射器又是接收器。换能器发射的声波尽可能集中于较窄的声束范围内。每一个换能器对应于一个声束。换能器发射某一固定频率的声波,然后聆听被水体中颗粒物散射回来的声波。假定水体中颗粒物与水体流速相同,当颗粒物的移动方向是接近换能器时,换能器聆听到的回波频率比发射波频率高;当颗粒物的移动方向是背离换能器时,换能器聆听到的回波频率比发射波频率低。声学多普勒频移,即声波在流动的介质中传播频率发生改变的一种现象,对于静止的观察者来说,所听到移动声源的频率与静止声源的频率之差即为声学多普勒频移。当声源的移动方向是接近静止的观察者时,观察者听到的声波频率较高;当声源的移动方向是背离静止的观察者时,观察者听到的声波频率较低。发射声波频率与回波频率的关系为

$$F_d = 2F_s v/C$$

式中:F_d 为声学多普勒频移;F_s 为回波频率;v 为颗粒物沿声束方向的移动速度(即沿声束方向的水流速度);C 为声波在水中的传播速度。

ADCP 中每个换能器轴线即为 1 个声束坐标。每个换能器测量的流速是水流沿其声束坐标方向的速度。任意 3 个换能器轴线即组成一组相互独立的空间声束坐标系。另

外，ADCP 自身定义有直角坐标系 XYZ。Z 方向与 ADCP 轴线方向一致。ADCP 首先测出沿每一声束坐标的流速，然后经过坐标转换为 XYZ 坐标系下的三维流速。然而 XYZ 是局部坐标系，利用罗盘和倾斜计提供的方向和倾斜数据，XYZ 坐标下的流速可转换为地球坐标系下的三维流速，即真流速。

从理论上讲，ADCP 流量测量原理与传统的人工船测、桥测、缆道测量和涉水测量的基本原理是一样的，都是在测流断面上布设多条垂线。在每条垂线处测量水深并测量多点的流速从而得到垂线平均流速，再用水深、宽度、流速对应乘积求和就是断面流量，只是 ADCP 所测的垂线可以很多，每条垂线上的测点也很多。

2.1.3　悬移质

悬移质是指悬浮在水体中并随水流一起移动的泥沙和胶质物，悬移质通常是黏土、粉沙和细沙。悬移质测验中一个基本要素就是含沙量，其含义是指单位体积水中所含泥沙的质量。测量含沙量的直接作用就是结合断面流量可以得到输沙率，进而获得悬移质输沙量。测验悬移质泥沙的意义在于，江河水流挟带的泥沙会造成河床游移变迁，以及水库、湖泊、渠道的淤积，给防洪、灌溉、航运、发电等带来困难，而用挟沙的水流灌溉农田，能改良土壤。因此，进行流域规划、水库闸坝设计、防洪、河道治理、灌溉防淤、城市供水和水利工程管理运用等，都需要泥沙资料，而悬移质是江河挟沙的主要部分。悬移质测验工作主要分为两部分，一是水样的采集，二是样品分析。

2.1.3.1　**水样的采集**

挟沙水流的样品采集是通过电动缆道或装用专用绞车的测船，携带采样器完成的。采样器主要有以下几种。

1. 横式采样器

横式采样器是一种机械式、取样容积固定的仪器，结构简单，取样瞬间完成，操作方便、成本低廉，它由盛水容器、配重重物（一般为铅鱼）、悬挂索、仓门开关击打锤组成，如图 2-2 所示。一般一次只能在一个位置取样，也可以多挂几个采样器，实现多点采样。这种仪器通常是在水文测船上使用的。

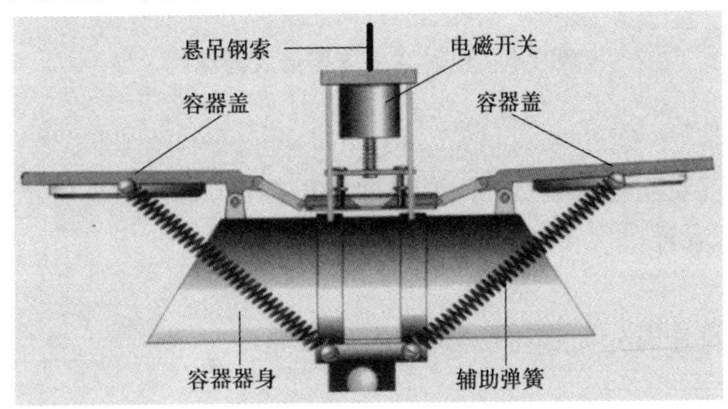

图 2-2　**横式采样器结构略图**

2. 积时式采样器

现代的积时式采样器是一种电磁控制的取样设备，主要由调压仓、取样仓和开关阀组成，如图 2-3 所示。采样需要一段时间完成，一次可以完成多点取样，通常与铅鱼结合建造，可在电动缆道和测船上使用。

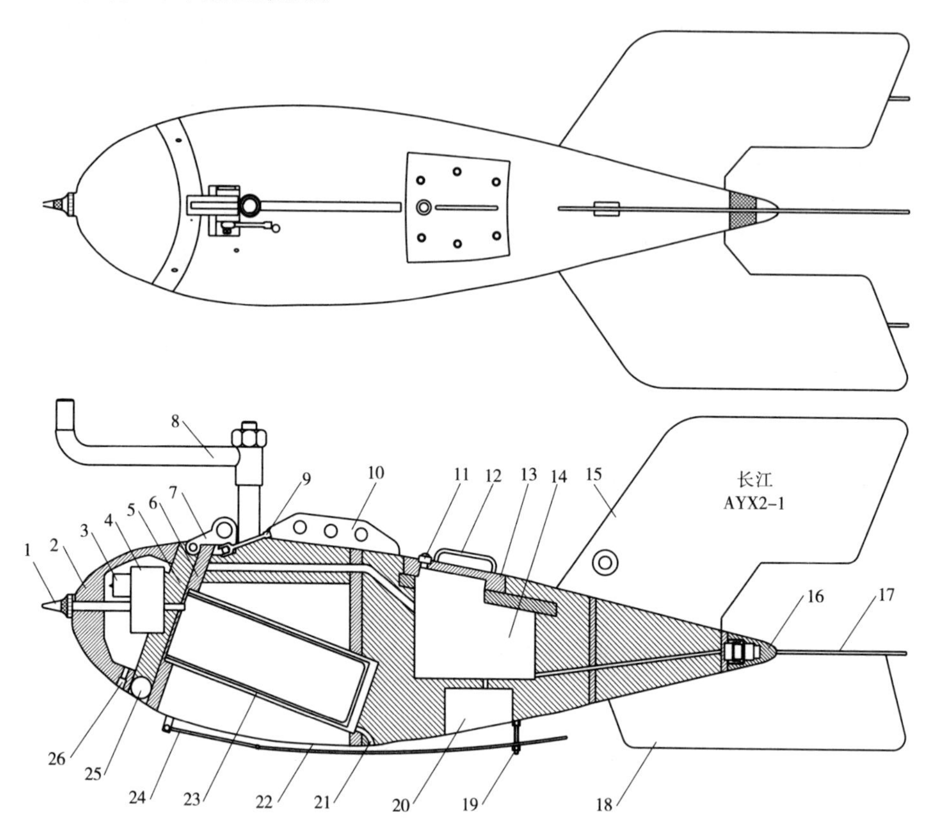

1—进水管嘴、管道；2—头部；3—头舱；4—开关阀；5—排气管；6—头部底盘；7—头部搭扣；8—测速支架；9—连接手柄；10—悬吊板；11—信号插件；12—盖板提手；13—盖板螺栓；14—控制舱；15—上尾翼；16—电源开关和充电插孔；17—水平尾翼；18—下尾翼；19—托板连接杆；20—触底开关仓；21—水样舱排水孔；22—调压舱进气排水孔；23—水样舱；24—托板铰链；25—头部铰链；26—头舱排水孔

图 2-3　积时式采样器形式与结构

3. 抽气式采样器

抽气式采样器主要由进水管、真空箱和抽气机组成，如图 2-4 所示，它结构简单、操作方便，可在多个测点取样。

2.1.3.2　样品分析

悬移质含沙量的分析分为直接法和间接法。

1. 直接法

直接法是利用仪器直接放入取得的水样中，现场即可得到含沙量的方法，如比重计法、浊度仪法，但此法精度不高，适宜在查勘或精度要求不是很高的情况下使用。

2. 间接法

间接法是将取得的样品经过沉淀、烘干、称重、计算等步骤完成，一般要数日才能得到

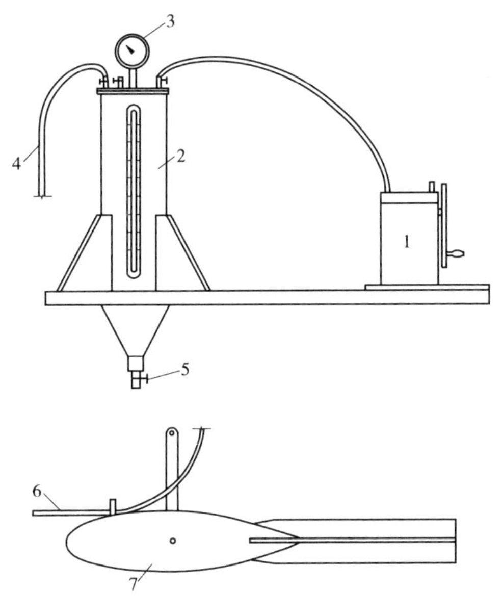

1—抽气机;2—真空箱;3—气压表;4—橡皮管;
5—放水龙头;6—进水管;7—铅鱼

图 2-4　抽气式采样器结构

结果,但精度高。

2.1.4　推移质

推移质是指在水流中沿河底滚动、移动、跳跃或以层移方式运动的泥沙颗粒。运动方式和颗粒大小之间的关系不是恒定的,随水流强度而变,水流强度大时,跳跃颗粒偏粗;反之则偏细。颗粒的搬运方式可随流动强度变化而相互转化,随着流速的增大,滑动或滚动颗粒可变为跳跃的,跳跃的可变为悬浮的;流速降低时则发生相反的转变。

测验推移质的意义:在江河泥沙中,推移质比重不大,但它是参与河床冲淤变化的泥沙的主要组成部分。在建成水库的河道上,推移质将大部淤积在回水末端,使淤积上延,给水库带来库容减小和尾部水位抬升等问题;少量推移质到达坝前又很难排到库下游。在死库容淤满后,颗粒较粗的推移质有可能通过泄水建筑物排向下游,造成水轮机和建筑物的磨损。因此,推移质资料对于河道整治、大型水库闸坝设计等,具有十分重要的作用。测验目的就是取得推移质的数量和颗粒级配等特征值,为水利建设、科学研究提供依据。推移质测验通常是在测船上进行的。

为方便观测,将推移质分为砾卵石推移质和沙质推移质,前者是指颗粒粒径介于 2 ~ 250 mm 的泥沙,后者是指颗粒粒径小于 2 mm 的泥沙。使用采样器也分为砾卵石采样器和沙质采样器,分别如图 2-5、图 2-6 所示。

AYT 型砾卵石推移质采样器是在吸收国内外现有采样器主要优点的基础上,经过反复试验和优化研制成功的,进口流速系数 $K_v = 1.02$,采样效率 $\eta = 48.5 g_q^{0.058}$(%)(g_q 为仪器实测输沙率)。该仪器主要由器身、尼龙盛沙袋(孔径为 2 mm)、双垂直尾翼、活动水平

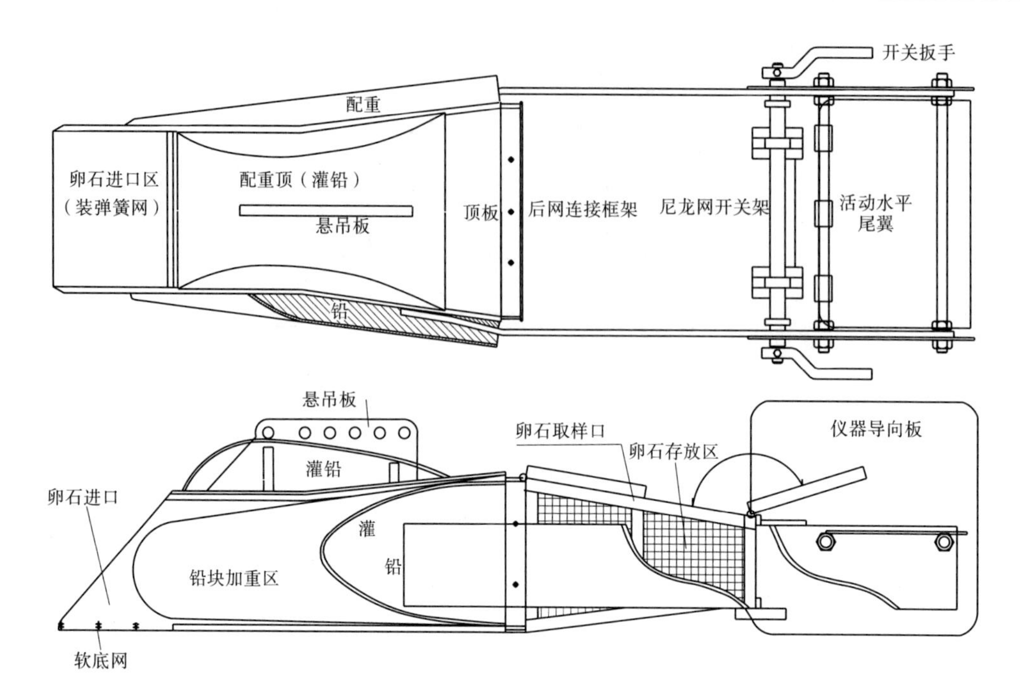

图 2-5　砾卵石采样器结构(AYT 型)

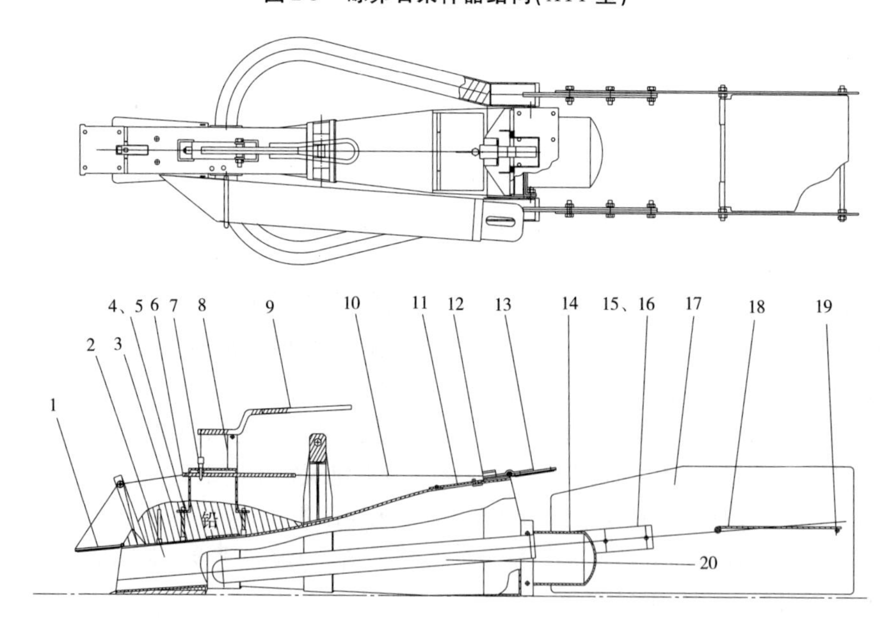

1—前盖板;2—箱体;3—配重铅;4、5—螺杆、盖形螺母;6—开关滑杆;
7—开关启动销;8—开关支架;9—开关启动杆;10—开关钢丝绳;
11—冲沙孔盖;12—开关止动滑板;13—后盖板;14—密封浮筒;15、16—螺栓、螺母;
17—垂直尾翼;18—活动水平尾翼;19—双头长螺杆;20—弧形配重(灌铅)

图 2-6　沙质推移质采样器形式与结构(Y901 型)

尾翼、加重铅包及悬吊装置组成。其中,器身是采样器的核心,可分为口门段、控制段、扩散段三部分。口门段底板由特制的小钢块和钢丝圈连接而成,有较好的伏贴河床能力;控制段和扩散段的主要作用是形成负压,以产生适当的进口流速系数。仪器进、出口面积比为 1∶1.64,水力扩散角为 2°36′。AYT 型砾卵石采样器具有出、入水稳定,阻力小,样品代表性好,结构牢固,操纵使用方便等优点。AYT 型砾卵石采样器有口门宽 120 mm、300 mm、400 mm、500 mm 等几种标准正态系列。

Y901 型沙质推移质采样器是一种压差式采样器,其特点是利用进口与出口的水动压力差,使器口流速增大,从而达到器口流速与天然流速接近相等的目的。为了确保在水中的稳定性,Y901 型沙质推移质采样器有配重支架和配重铅棒。

AYT 型砾卵石采样器适合测量粒径为 2 ~ 250 mm 的推移质,Y901 型沙质推移质采样器适合测量粒径为 2 mm 以下的沙质推移质。

2.1.5　降雨量

在一定时段内,降落到水平面上(无渗漏、蒸发、流失等)的雨水深度称为降雨量,以毫米为单位。用人工或自记雨量计测定。

人工雨量器是由雨量筒与量杯组成的(见图 2-7)。雨量筒用来承接降水,它包括承水器、贮水瓶和外筒。我国采用直径为 20 cm 的正圆形承水器,其口缘镶有内直外斜刀刃形的铜圈,以防雨滴溅失和筒口变形。承水器有两种:一种是带漏斗的承雨器,另一种是不带漏斗的承雪器。贮水筒内放贮水瓶,以收集降水量。量杯为一特制的带有刻度的专用量杯,其口径和刻度与雨量筒口径成一定比例关系,量杯有 100 分度,每 1 分度等于雨量筒内水深 0.1 mm。

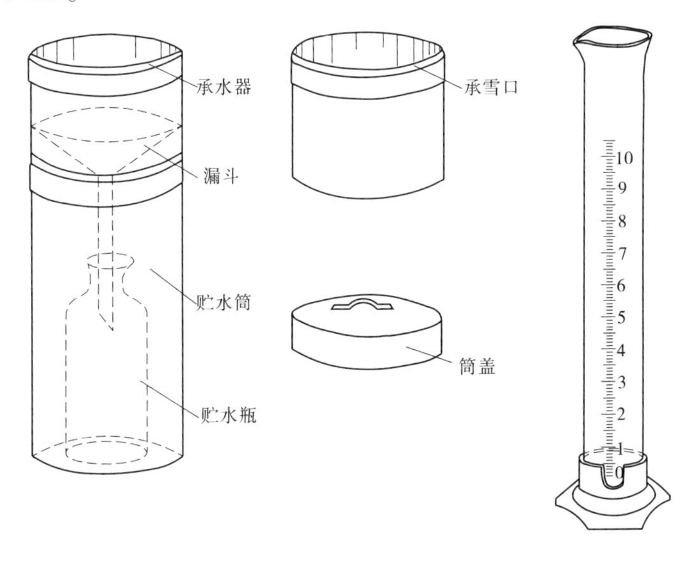

图 2-7　人工雨量器及量杯

自记雨量计是用来自动测量降雨量的仪器,主要由承水器(口径为 159.6 mm)、过滤漏斗、翻斗、干簧管和底座等组成(见图 2-8)。降水通过承水器,再通过一个过滤漏斗流入翻斗里,当翻斗流入一定量的雨水后,翻斗翻转,倒空斗里的水,翻斗的另一个斗又开始接水,翻斗的每次翻转动作通过干簧管转成脉冲信号(1 脉冲为 0.1 mm)传输到采集系统。仪器测量范围为 0 ~4 mm/min。

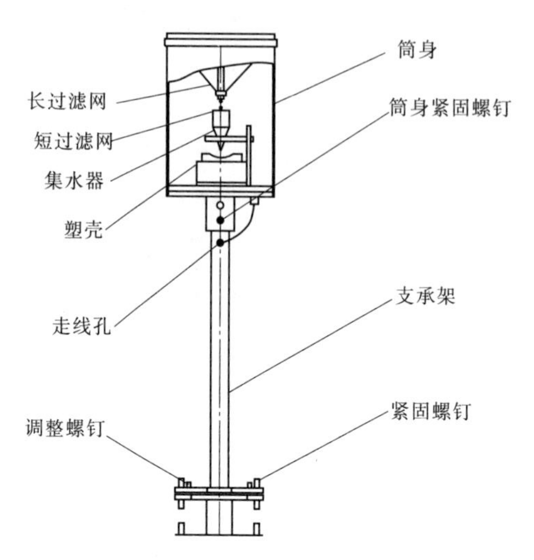

图 2-8　翻斗式自记雨量计

2.1.6　蒸发量

水由液态或固态转变成气态,逸入大气中的过程称为蒸发,而蒸发量是指在一定时段内,水分经蒸发而散布到空气中的量,通常用蒸发掉的水层厚度的毫米数表示。测量水面蒸发量的仪器常用的有蒸发皿、蒸发器等几种。测得的蒸发量值应减去同时段的降水量才是蒸发量。

蒸发皿是口径为 20 cm、高约 10 cm 的金属圆盆,盆口成刀刃状,为防止鸟兽饮水,器口上部套一个向外张成喇叭状的金属丝网圈,如图 2-9 所示。测量时,将仪器放在架子上,器口离地 70 cm,每日放入定量清水,隔 24 h 后,用量杯测量剩余水量,所减少的水量即为蒸发量,分人工观测和仪器自动记录两种。

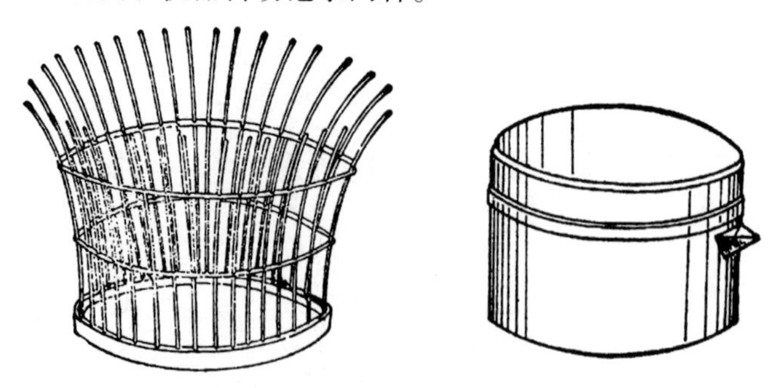

图 2-9　蒸发防护罩与小型蒸发器

大型蒸发器是一个器口面积为 0.3 m^2 的圆柱形桶,桶底中心装一直管,直管上端装有测针座和水面指示针,桶体埋入地下,桶口略高于地面。每天 20 时观测,将测针插入测针座,读取水面高度,根据每天水位变化与降水量计算蒸发量。仪器由蒸发桶、水圈、溢流桶和测针等组成,如图 2-10 所示。

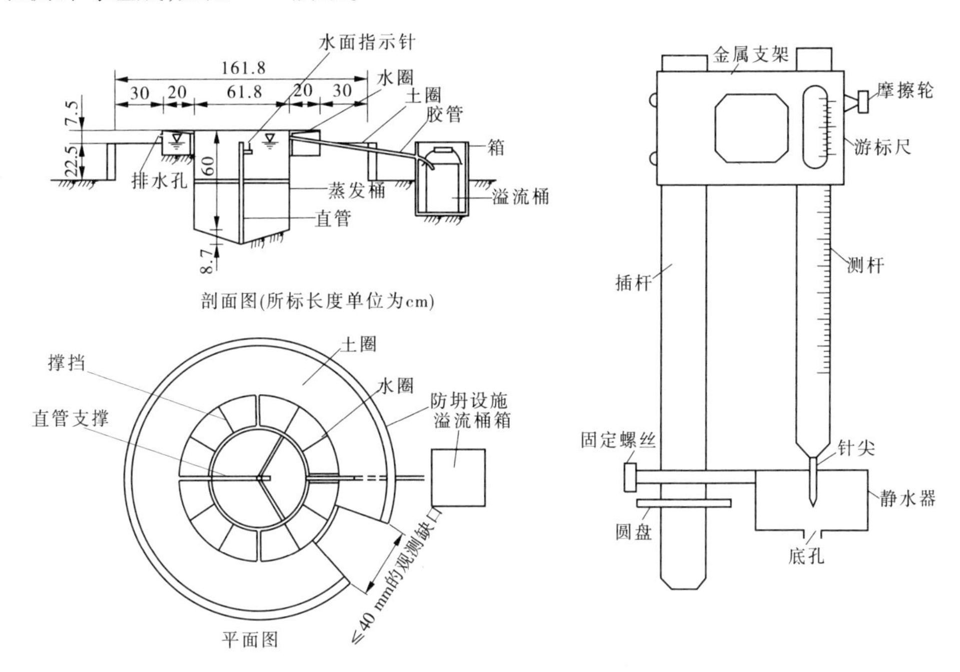

图 2-10 E601B 型蒸发器与测针示意图

为了提高准确率和实现不间断自记存储,在生产中也逐渐广泛使用数字蒸发器。

2.2 河道测绘技术

在江、河、湖、库进行地形测量的过程称为河道测绘。随着科技的进步,不断有各种新技术在河道勘测工作中得到广泛应用,并在测量精度和效率、安全性、可靠性上都有大幅提升。

2.2.1 河道平面控制测量

平面控制测量的任务就是用精密仪器和采用精确方法测量控制点间的角度、距离要素,根据已知点的平面坐标、方位角,从而计算出各控制点的坐标。河道控制测量分为三角测量、导线测量、全球定位系统 GPS(Global Positioning System)测量等方法,计算工具也由过去的对数表、计算尺、手摇计算机逐步过渡到计算器、微型计算机。

2.2.1.1 三角测量

三角测量是将各控制点组成互相连接的一系列三角形,如图 2-11 所示(图中 *BA*、*CD* 为已知方位和边长,*a*、*b*、*c* 为三角形待测内角),这种图形构成的控制网称为三角锁,是三角网的常用类型,所有三角形的顶点称为三角点。测量全部三角形内角,根据起算边、点的坐标与起算边的方位角,按正弦定律推算全部边长与方位角,并闭合到一个已知点和一个已知方位,从而通过平差计算出各点的坐标,这项工作称为三角测量。这种方法不仅需要使用精度高的经纬仪，而且角度观测工作量大、作业效率低、劳动强度高。

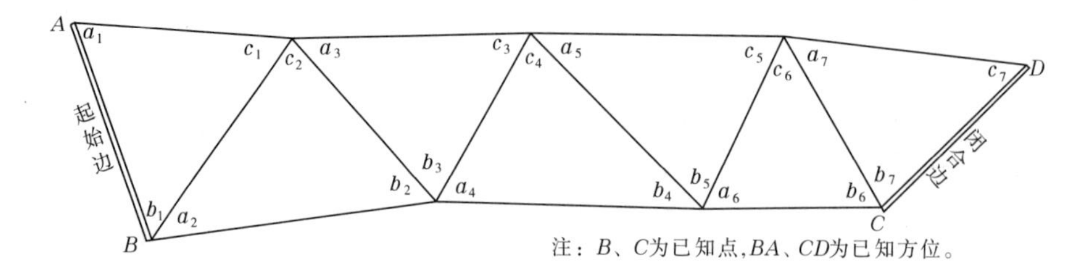

图 2-11　三角网布设示意图

2.2.1.2　导线测量

导线测量是将各控制点组成连续的折线，如图 2-12 所示，图中 *BA*、*CD* 为已知方位，a_1、a_2、a_3…a_6 为导线待测连接角，这种图形构成的控制网称为导线网，也称导线，转折点（控制点）称为导线点。测量相邻导线边之间的水平角与导线边长，根据起算点的平面坐标和起算边方位角计算各导线点坐标，这项工作称为导线测量。随着电磁波测距技术的发展，导线测量已经成为平面控制测量的常用方法，使用的主要观测仪器为全站仪（如图 2-13所示）。全站仪因其集水平角、垂直角、距离（斜距、平距）、高差测量功能于一身，通过仪器自动计算获得测点的三维坐标，广泛用于平面、高程控制测量和地形测量等，还能进行施工放样、悬高测量、对边测量、偏心测量、后方交会测量、面积测量等。在平面控制导线测量中，全站仪代替了经纬仪、测距仪完成电磁波测距导线测量，尤其对于山区地形起伏大的作业区，方便快捷是其突出优势，提高了工效，节约了人力。

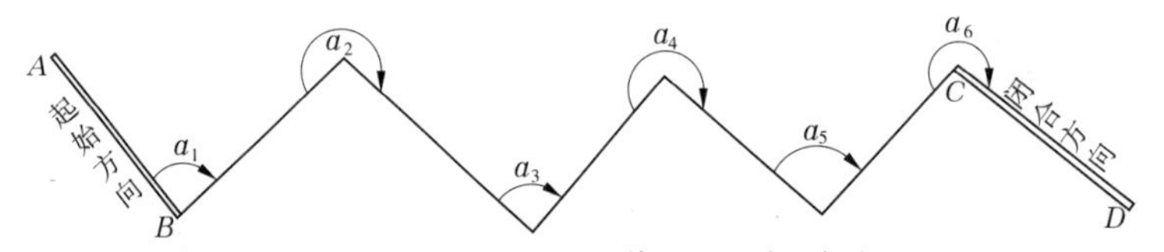

图 2-12　测距导线布设示意图

2.2.1.3　GPS 测量

GPS 测量是具有在海、陆、空进行全方位实时三维导航与定位能力的新一代卫星导航与定位系统。GPS 以全天候、高精度、自动化、高效率等显著特点，成功地应用于工程控制测量。GPS 测量是在一组控制点上安置 GPS 卫星地面接收机接收 GPS 卫星信号，解算求得控制点到相应卫星的距离，通过一系列数据处理取得控制点的坐标。

GPS 是最初由美国建立的一个卫星导航定位系统，利用该系统，用户可以在全球范围内实现全天候、连续、实时的三维导航定位和测速，还能够进行高精度的时间传递和高精度的精密定位。GPS 最初为单频、一个卫星系统，逐渐发展为双频、多国卫星组成系统 GNSS（Global Navigation Satellite System），主要包含了美国的 GPS、俄罗斯的 GLONASS 系统等，观测精度也大为提高。

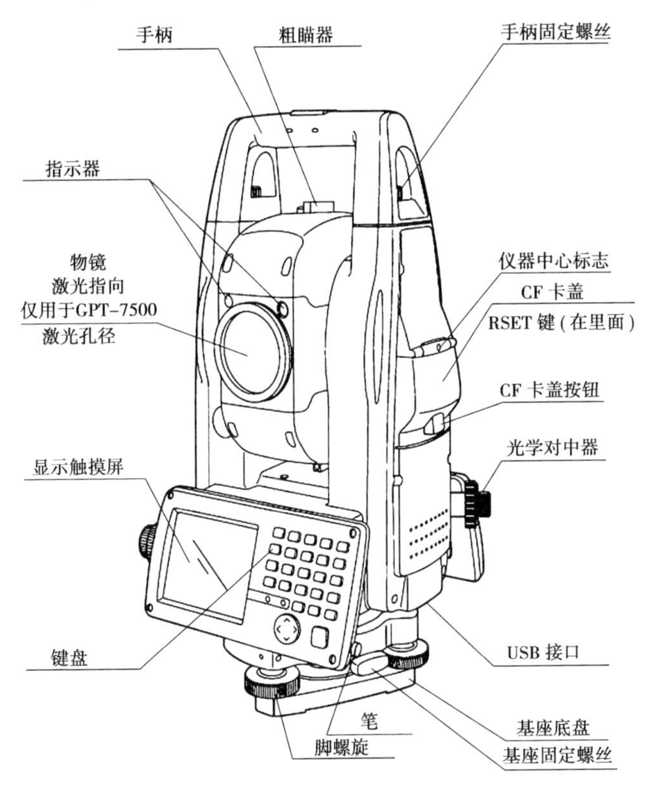

图 2-13　全站仪示意图

1. GPS 定位原理

GPS 定位的基本原理是将高速运动的卫星瞬间位置,作为已知的起算数据,采用空间距离后方交会的方法,确定待测点的位置。如图 2-14 所示,假设 t 时刻在地面待测点上安置 GPS 接收机,可以测定 GPS 信号到达接收机的时间 Δt,再加上接收机所接收到的卫星星历等其他数据,可以确定以下 4 个方程式:

$$[(x_1-x)^2+(y_1-y)^2+(z_1-z)^2]^{1/2}+c(v_{t_1}-v_{t_0})=d_1$$

$$[(x_2-x)^2+(y_2-y)^2+(z_2-z)^2]^{1/2}+c(v_{t_2}-v_{t_0})=d_2$$

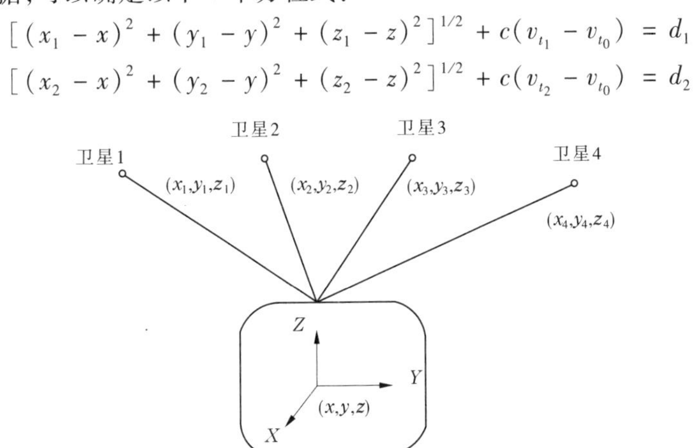

图 2-14　GPS 定位示意图

$$[(x_3-x)^2+(y_3-y)^2+(z_3-z)^2]^{1/2}+c(v_{t_3}-v_{t_0})=d_3$$
$$[(x_4-x)^2+(y_4-y)^2+(z_4-z)^2]^{1/2}+c(v_{t_4}-v_{t_0})=d_4$$

式中:x、y、z 为地面待测点的空间直角坐标;v_{t_0}为接收机的钟差;d_i 为卫星 i 到接收机之间的距离,$d_i=c\Delta t_i$,$i=1$、2、3、4,Δt_i 为卫星 i 的信号到达接收机所经历的时间,$i=1$、2、3、4;c 为 GPS 信号的传播速度,即光速;x_i、y_i、z_i 为卫星 i 在 t 时刻的空间直角坐标,可由卫星导航电文求得,$i=1$、2、3、4;v_{t_i}为卫星 i 的卫星钟的钟差,由卫星星历提供,$i=1$、2、3、4。

由以上 4 个方程即可解算出待测点的坐标 x、y、z 和接收机的钟差 v_{t_0}。

2. GPS 系统组成

GPS 系统包括三大部分:空间部分——GPS 卫星星座,地面控制部分——地面监控系统,用户设备部分——GPS 信号接收机。

1)空间部分——GPS 卫星星座

GPS 空间部分使用 24 颗高度约 2.02 万 km 的卫星组成卫星星座,其中 21 颗工作卫星和 3 颗在轨备用卫星,记作(21+3)GPS 星座。24 颗卫星均匀分布在 6 个轨道平面内,轨道倾角为 55°,各个轨道平面之间相距 60°,即轨道的升交点赤经各相差 60°。每个轨道平面内各颗卫星之间的升交角距相差 90°,一轨道平面上的卫星比西边相邻轨道平面上的相应卫星超前 30°。卫星的分布使得在全球的任何地方、任何时间都可观测到 4 颗以上的卫星,并能保持良好定位解算精度的几何图形(DOP)。这就提供了在时间上连续的全球导航能力。

2)地面控制部分——地面监控系统

地面控制部分包括 4 个监控站、1 个上行注入站和 1 个主控站。监控站设有 GPS 用户接收机、原子钟、收集当地气象数据的传感器和进行数据初步处理的计算机。监控站的主要任务是取得卫星观测数据并将这些数据传送至主控站。主控站设在范登堡空军基地。它对地面监控部分实行全面控制。主控站的主要任务是收集各监控站对 GPS 卫星的全部观测数据,利用这些数据计算每颗 GPS 卫星的轨道和卫星钟改正值。上行注入站也设在范登堡空军基地,它的任务主要是在每颗卫星运行至上空时把这类导航数据及主控站的指令注入到卫星。这种注入对每颗 GPS 卫星每天进行一次,并在卫星离开注入站作用范围之前进行最后的注入。

3)用户设备部分——GPS 信号接收机

GPS 的用户设备部分由 GPS 接收机(见图 2-15)、数据处理软件及相应的用户设备如计算机气象仪器等组成。GPS 接收机可接收到卫星用于授时的准确至纳秒级的时间信息;预报未来几个月内卫星所处概略位置的预报星历;计算定位时所需卫星坐标的广播星历,精度为几米至几十米(各个卫星不同,随时变化);以及 GPS 系统信息,如卫星状况等。

GNSS 中文译名为全球导航卫星系统。GNSS 包含了美国的 GPS、俄罗斯的 GLONASS、中国的 Compass(北斗)、欧盟的 Galileo 系统,可用的卫星数目达到 100 颗以上。这是一个多国卫星组成的大系统,是 GPS 的进步,减少了 GPS 的应用限制,方便了用户。

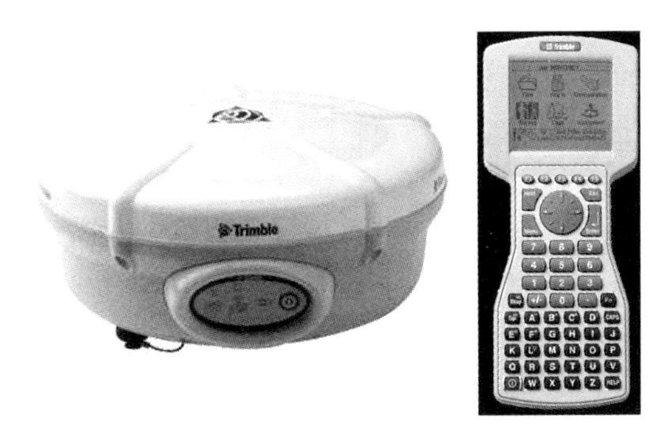

图 2-15　GPS 接收机与控制器

3. GPS 应用的限制

1)天空视角的限制

基于 GPS 系统的原理,GPS 接收机强烈依赖于直接接收的卫星信号,换句话说,严重依赖于接收机“看到”的天空范围,天空范围越大,接收机收到的来自不同卫星的卫星信号就越多,就越能准确地定位。在野外环境下,对 GPS 信号威胁最大的是山体和建筑物,如果接收卫星没有足够的数量(4 颗以上)及达到适当的几何图形强度指标,则观测不能有效进行。

2)被遮挡的限制

GPS 顶部有物体遮挡,如金属、水体、玻璃和塑料等实体,会遮闭 GPS 信号,衰减 GPS 信号,引起质量下降,以致数据不可用。

3)辐射的干扰

观测环境有电磁波等辐射干扰,也会导致观测数据质量低下而不可用。

4)多路径反射影响

光滑金属或非金属表面会反射微波信号,导致信号通过多个路径到达 GPS 接收机,由此影响 GPS 精度,这种现象在城市或者是在干湖床或平静的湖边进行测量的时候尤其明显。

4. GPS 平面控制测量

采用 GPS 进行平面控制测量,应使用不少于 2 台 GPS 实施同步观测。GPS 观测可根据控制测量等级、接收机数量及作业时间等要求,选择 GPS 网、星型网、附合导线等布设形式。观测时,应为静态模式,测量应达到控制等级相应的时间长度。观测后的数据应采用专业软件及时处理,分析甄别数据的数量与可靠性,如不能满足要求,应进行补充观测。数据收集完整后使用 GPS 平差软件进行系统平差以获得平面成果。

2.2.2　高程控制测量

为了在国家高程基准系统中,建立一个区域的高程控制网的工作称为高程控制测量,即以具有国家高程基准的高级水准点为依据,设立一批水准点,再用精密的方法测定各点高程,从而形成一个区域的高程控制系统,方便后续应用。进行高程控制测量的方法主要为水准仪法和三角高程法。

2.2.2.1　水准仪法

水准仪法即利用水准仪进行高差测量的方法,由水准仪提供一条水平视线,借助水准尺观测高差来得到地面点高程,其原理如图 2-16 所示。水准测量又称几何水准测量,做法是:从已知高程点开始,在地面两点间安置水准仪,观测竖立在两点上的水准标尺,按尺上读数推算两点间的高差。通常由水准原点或任一已知高程点出发,沿选定的水准路线逐站测定各点的高程。由于不同高程的水准面不平行,沿不同路线测得的两点间的高差将有差异,所以在整理国家水准测量成果时,须按所采用的正常高程系统加以必要的改正,以求得正确的高程。

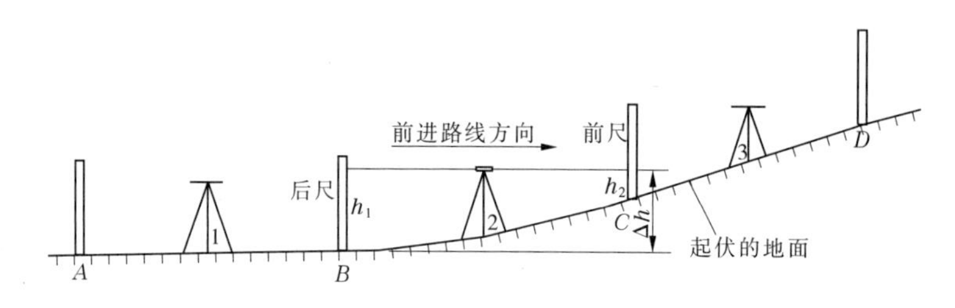

图 2-16　水准仪测量高差示意图

图 2-16 中,A、B、C、D 为放置水准尺位置,1、2、3 为水准仪安置点,h_1 为后尺读数,h_2 为前尺读数,Δh 为 B、C 点高差,$\Delta h = h_1 - h_2$。通过逐段观测,累积完成整个路线观测,能够得到路线高差,进而获得未知点高程。

水准仪因观测方式的不同又分为光学水准仪和数字水准仪。光学水准仪是一种传统仪器,由望远镜、管状水准器或补偿器等组成,由人工读取标尺的读数,读数的精确性受人为因素影响大。数字水准仪是 20 世纪 90 年代新发展的水准仪,集光机电、计算机和图像处理等高新技术于一体,是现代科技最新发展的结晶,是目前最先进的水准仪,配合专门的条码水准尺,通过仪器中内置的数字成像系统,自动获取水准尺的条码读数,不再需要人工读数,可大大降低测绘作业劳动强度,避免人为的主观读数误差,提高测量精度和效率。

2.2.2.2　三角高程法

利用具有测角、测距的仪器,得到两点间的距离和垂直角,进而由三角公式解算高差,再由已知高程点计算未知点高程的方法即为三角高程法,又称为代替水准测量,其原理如图 2-17 所示。三角高程测量按使用仪器分为经纬仪三角高程测量和光电测距三角高程

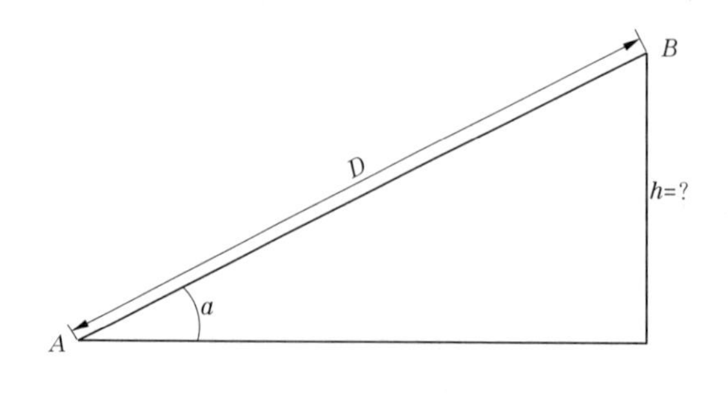

图 2-17　三角高程测量示意图

测量，前者施测精度较低，主要用于地形测量时测图高程控制，使用的仪器为经纬仪与测距仪；后者根据试验数据和作业实践证明可以替代三等水准测量，使用的仪器主要是全站仪。随着光电测距仪的发展和普及，光电测距三角高程测量已广泛用于实际生产。

图 2-17 中，a、D 分别为待测的垂直角和斜距，h 为待定高差，高差计算公式如下：

$$h = D\sin a + (1 - k)(D\cos a)^2/(2R) + i - v$$

式中：k 为折光系数，取 0.14；R 为地球曲率半径，取 6 369 000 m；i 为仪器高度；v 为觇牌高度。

2.2.3　陆上地形测量

陆上地形测量的方法较多，传统的测图方法按照使用仪器工具的不同有经纬仪测绘法、大平板仪测图法、小平板仪与经纬仪联合测图法等。传统的地形测图（白纸测图）主要是利用测量仪器对测区范围内的地物、地貌特征点的空间位置进行测定，然后以一定的比例尺并按统一的图式符号绘制在图纸上。其关键是将测得的观测值用模拟或图解的方法转化为图形，这种转化使得所测数据的精度大大降低，而且工序多，劳动强度大，质量管理难，并且纸质图难以承载诸多图形信息，变更、修测和使用也极为不便。随着科学技术的发展，数字测图已是目前测图的主要方法。由于社会经济的发展，国家对水电的需求越来越大，金沙江水电开发也对金沙江河道空间、地理信息的需求迅速扩大，地面数字测图测绘技术已成为金沙江河道地形测量的主要手段。

2.2.3.1　数字测图的特点

数字测图是将图形模拟量转换为数字量，经过电子计算机及相关软件编辑、处理得到内容丰富的电子地图，也可通过数控绘图仪输出数字地形图。其实质上是一种全解析、机助测图方法，与传统的白纸测图相比有以下特点。

1. 点位精度高

传统的测图方法，地物点平面位置的精度主要受展绘误差、视距误差、方向误差、测点误差的综合影响，实际的图上点位误差可达到 ±0.47 mm（1∶1 000），其地形点的高程误差（平坦地区，视距为 150 m）可达到 ±0.06 m。数字测图，碎部点一般采用全站仪测量其坐标，测量精度较高。如果距离在 450 m 以内，测定地物点平面位置的误差为 ±22 mm，地形点的高程误差为 ±21 mm；如果距离在 300 m 以内，平面位置的误差为 ±15 mm，高程误差为 ±18 mm。

2. 自动化程度高

传统的白纸测图，从外业观测到内业计算，基本上是手工操作。而数字测图从野外数据采集、数据处理到数据输出整个测图过程实现了测量工作的一体化，劳动强度小，绘制的地形图精确、规范、美观，同时避免了因图纸伸缩而带来的误差。

3. 成果更新快

当测区发生大的变化时，可以随时进行重测、补测。通过数据处理对原有的数字地图更新，以保持图面的可靠性与现势性。

4. 输出成果多样化

由于数字测图以数字的形式存储了地物地貌的各类图形信息和属性信息，可以根据用户的需要，输出各种不同图幅和不同比例尺的地形图，也可以绘制各类专题图，如房产图、管网图、人口图、交通图等。

5. 可作为 GIS 的信息源

数字测图能及时准确地提供各类基础信息，经过一定的格式转换，其成果可直接进入 GIS 的数据库，并更新 GIS 的数据库，以保证地理信息的可靠性与现势性。

2.2.3.2 数字测图系统及其配置

1. 数字测图系统

数字测图系统是以计算机为核心，在外连输入、输出硬件设备以及软件的支持下，通过计算机对地面地形空间数据进行采集、处理、输出以及管理的测图系统。由于数据的输入方式、输出成果以及软、硬件配置的不同，可产生多种数字测图系统，如电子平板测图系统、全站仪配合电子手簿测图系统等。

2. 数字测图系统的配置

数字测图系统包含硬件与软件两部分。硬件有测量仪器（如全站仪）、计算机、图形输出设备等。软件包括系统软件和应用软件两部分。系统软件包括操作系统和操作计算机所需的其他软件，而应用软件目前常用的有清华山维技术开发公司研制的 EPSW 电子平板测图软件、南方测绘公司的 CASS 成图软件、武汉瑞得 RDMS 数字测图软件等。

3. 数字测图作业模式

由于设备、软件设计思路不同，数字测图作业模式也不尽相同，目前国内流行的数字测图作业模式主要有以下几种：

（1）电子平板测图系统；

（2）全站仪 + 电子手簿；

（3）旧图数字化；

（4）平板仪测图 + 数字化仪；

（5）电子平板测图；

（6）镜站遥控电子平板测图；

（7）航测像片 + 解析测图仪。

其中，第一种作业模式自动化程度高，而且为绝大部分软件所支持，是一种最常用的模式，也是金沙江河道陆上测图的主要方式。电子平板测图系统是由全站仪及安装有地面数字测图软件的便携式计算机所组成的地形测图系统。测图时采用便携式计算机作为记录与绘图的载体，实现随测、随记、随显示和现场实时成图，并具有编辑和修正等功能。在室内用绘图仪进行地形图的输出，实现数字测图的内外业自动化和一体化，还可直接提供数字地面模型的空间信息，便于进行地形图的更新。

在针对金沙江多悬崖峭壁的地形，立尺员无法到达的情况，已引进使用无人立尺技术，即以激光全站仪（免棱镜）为核心，对陆上地形实施测量，取得了很好的效果。

2.2.4 水下地形测量

水下地形测量的意义在于把水下地貌通过一定的技术手段呈现在使用者面前。由于水下作业是一项比较复杂的工作,需要的设施设备和工作人员远比陆上地形作业多,一个完整的水下测量系统主要由定位设备、水深设备、水面高程测量设备及运载工具和数据处理等组成。因水面测量定位是水下地形测量的关键技术,所以按其使用的定位技术可以分为传统方法和现代方法。

2.2.4.1　传统方法

传统方法主要为经纬仪交会法,它通常由两台经纬仪从两个方向同时照准一个位置来确定测深点的平面位置,并同步测量水深,组合成一个点的完整数据,再使用计算机处理。此法操作简单,容易掌握,缺点是需要人员多、效率低、劳动强度大。

2.2.4.2　现代方法

现代方法主要有极坐标法和全球定位系统法两种。极坐标法是利用全站仪通过测角、测距来获得测深点坐标,再把同步观测的水深值组合在一起,形成一个水下点的三维信息,通过成图软件处理后成为地形图。该法在没有条件使用 GPS 时仍是一种常用手段。全球定位技术用于水下地形测量,就是测深点采用 GPS 以实时动态差分定位技术为核心组成的水下测量系统,重点介绍如下。

1. 观测系统组成

观测系统主要由陆上和水面两大部分组成,包括 GPS(包括一个基准站、一个或多个流动站、通信系统)、数字测深仪、计算机(含导航、水深数据处理软件)、电源及测船等,其结构如图 2-18 所示。其中,基准站负责计算差分改正数、记录载波相位等,传送基准站定位数据及改正数信息,它由 GPS 接收机(通常具有数据传输参数、测量参数、坐标系统设置功能)、GPS 天线、无线电台通信发射设备、电源、基准站控制手簿等设备组成;流动站负责接收 GPS 定位信号、GPS 差分改正数、载波相位数据、航向测量、定位、记录定位数据等,它由 GPS 接收机、GPS 天线、无线电台通信接收设备、电源、移动站控制手簿、GPS 工作背包等设备组成。对于高精度水下地形测量,还需传感器、姿态仪、多波束测深仪等设备。

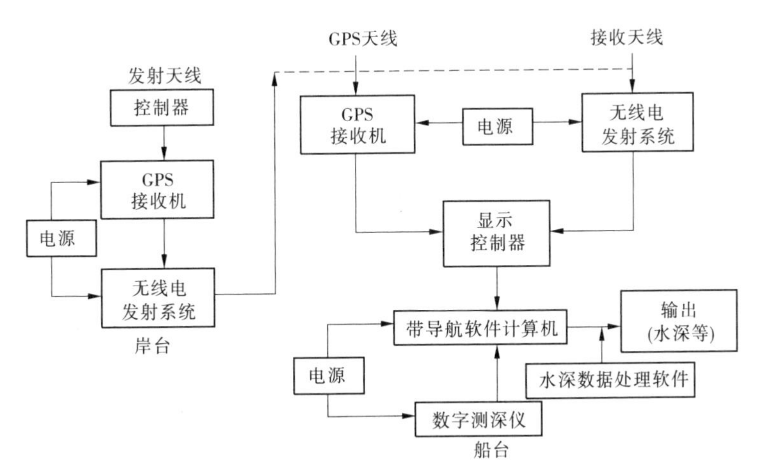

图 2-18　GPS 河道观测系统结构

2. GPS 河道观测系统测量原理

1) GPS RTK 定位技术

GPS RTK(实时动态载波相位差分)定位技术是在两台静态型测量仪器间加上一套无线电数据通信系统(又称数据链),将相对独立的 GPS 信号接收系统连成一个有机整体。其中,基准站把接收到的所测卫星信息(包括伪距和载波相位观测值)和基准站信息(如基准站的坐标、天线高等)通过通信系统传给流动站。当流动站完成初始化后,通过无线数据链接收来自基准站数据的同时,流动站本身也同步接收卫星数据,通过系统内差分处理求解载波相位整周模糊度,得到基准站和流动站之间的坐标差值(Δx、Δy、Δz),差值加上基准站坐标即可得到流动站点"WGS - 84"坐标,经过坐标转换和投影改正,便可实时计算并显示或存储流动站点位厘米级精度的三维坐标(X、Y、H)及坐标的相关精度指标。

实际上,GPS RTK 定位技术系统比较复杂,它除 GPS 定位技术外,还涉及大地测量、无线电通信、天气变化情况、测量环境、计算机及应用软件等多方面的问题。例如,目前采用的运动中快速求解整周模糊度的算法(OTF),已能在 1 s 之内实现整周模糊度快速准确求解,较好地解决了 GPS 信号在失锁状态下快速重新初始化;数据链中实时无线传输技术在一般情况下都是通过民用电台来实现的,特殊情况下也可以通过无线网络或有线网络传递;基准站位置的选择一般要求在周围没有遮挡、地势较高、开阔,且远离无线电发射源、高压电线及大面积水域的地方等。

在野外作业中,宜在测区选择较为理想的控制点作为基准站,安置 GPS 接收机,以便连续跟踪所有可接收的卫星;流动站应先在地势开阔地带进行初始化测量,在保持对所观测卫星连续跟踪而不失锁的情况下,流动站接收机再到待测点上进行观测。该方法要求在观测时段上最好有可供观测的卫星 5 颗以上,流动站到基准站的距离不宜过长,5 ~ 8 km 较好,但最大距离不超过 15 km。在观测过程中,流动站接收机所测卫星信号不能失锁,否则应重新初始化测量工作。

2) 测深仪基本工作原理

数字测深仪主要利用发射换能器垂直向水下发射一定频率的声波脉冲,当声波遇到障碍物后产生回波,回波被接收换能器所接收。根据声波往返的时间和所测水域中声波传播的速度,就可以求得障碍物与换能器之间的距离:

$$H = \frac{1}{2}CT$$

式中:H 为换能器至水底的距离;T 为声波在水中的往返时间;C 为实用声速。

声波在水中的传播速度为

$$C = 1\ 410 + 4.21t - 0.037t^2 + 1.14S$$

式中:t 为水面 1 m 以下约经 3 min 测定的水温,取为 0.1 ℃;S 为含盐度,以‰计。

测深仪的种类较多,如单频测深仪仅用于一般的水深测量,双频测深仪则可以利用两次回声测量淤泥表面深度和积岩深度,从而获得淤泥厚度。测深仪如图 2-19 所示。

3) 水下地形测量工作原理

水下地形测量包括两部分:平面定位与水深测量。平面定位主要采用 GPS RTK 定位

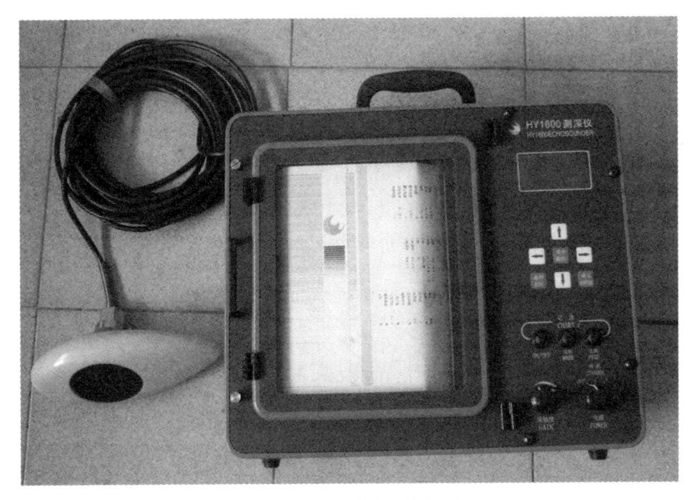

图2-19 测深仪探头和主机

模式;水深测量主要采用数字测深仪测深,以确定河底点的高程:

$$H = W - (h + D)$$

式中:H 为待测河底点的高程;W 为测时断面水位;h 为测量水深(换能器至水底的距离);D 为换能器的静吃水深。

4)GPS 河道观测系统的优点

在 RTK 出现以前,平面定位常用极坐标法、交会法及电磁波定位系统法等,存在精度低、定位与水深测量同步性差、作业效率低等共同缺点。随着 GPS 河道观测系统的日趋完善,其优势逐渐突显,表现在以下几个方面:

(1)测点精度高。RTK 定位精度可达厘米级,测深仪标称精度为(1 +0.1%)cm;水下测点综合平面、水深误差均可控制在 ±0.2 m 内。

(2)同步性好。导航软件同步接收 RTK 定位信号和测深仪测深信号,并将处理后的数据存储在指定文件中,而传统作业方法存在部分数据获得滞后的现象,严重影响测点质量。

(3)可实时定位。在水下测量过程中,主要采用横断面法施测,测船是在导航软件中预先设计航线上行驶,作业时屏幕上实时显示定位信息、测船位置及与设计航线的相对位置图,可准确导航,实时定位。

(4)工作高效率。在作业过程中,测量人员一般不作干预,定位、测深数据将自动存储在指定文件中,实现了数字化、自动化,快速准确,作业人员劳动强度降低,工作效率得到较大提高。

(5)可全天候作业。只要水域上空开阔,卫星信号遮挡少,可全天候作业,极大地发挥了 RTK 的效能。

2.3 新技术展望

在各项新技术高速发展的今天,水文河道监测新技术向着高自动化与高智能化、高时效与高成本方向变化,而对使用者掌握与维护的技能要求也会越来越高。

2.3.1 水文监测技术

水文监测经过几十年的发展,已取得了长足进步,一般水流条件下的水文要素观测已没有问题,但少部分项目如流量、泥沙观测在时效性上仍然需要突破。特殊水流如工程河段高速紊乱水流条件下的流量、泥沙、断面观测,风险很大,精度难以保证,依然尚待技术创新。

2.3.1.1 流量测验

新型仪器 ADCP 在走航状态下使用,能够实现快速、精度高的流量测验,但含沙量和流速制约着它的应用。水平式 ADCP(固定在河床上)能够达到实时在线观测,在几个水文站的观测试验表明,对于水位变幅较大的断面,精度不能满足相关规范要求,应用范围受到限制。通过进一步拓展研究,这些问题将会寻找到新的手段解决。

2.3.1.2 泥沙测验

泥沙测验样品分析含沙量指标和颗粒级配周期长,受到时效不高的影响,目前使用浊度仪试验测定含沙量,取得阶段性成果,正在继续进行深度研究。该法具有投资小、测沙速度快等优点,但容易受人为因素影响。

泥沙颗粒级配分析,使用激光粒度仪,经过试验研究,目前已进入生产试运行阶段,该手段具有速度快、劳动强度小等优点,只是投资大。

目前正在开展 ADCP 测沙试验研究,已取得一些成果,尚需研究改进。

2.3.2 河道测绘技术

随着空间技术、计算机网络技术等的发展,大地测绘新技术、新手段会不断在生产中得到应用。

金沙江河道具有条状性、长宽比大等特点,航空摄影受河道下切深、地形起伏大(一般在 1 km 左右,有的在几千米)等影响,用于河道大比尺测量效果不好而且成本高,因此河道地形测量不太适合使用航空摄影完成。在金沙江,制约河道监测的主要因素是水流太急和陆地坡陡与河道狭窄,水流流速大造成测船航行困难或无法前进,使得水下测量不能进行。当前的做法是,对于水流湍急的河段放弃水深测量,选择在水流条件允许的河段实施,这就会留下空白区。

2.3.2.1 陆上地形测量

1. 数字测图技术

陆上地形近几年推行数字测图,其发展大约经历了两个阶段:

第一个阶段,数字测记模式阶段。用全站仪或测距仪配合经纬仪测量,电子手簿记录,同时人工配合画草图,符号标注,然后交由内业,依据草图人工编辑图形文件,自动成图。

第二个阶段,电子平板模式阶段。在该阶段,野外现场测图,实时成图,尤其是便携机的出现,给数字测图提供了发展机遇。它利用便携机现场读取数据,用高分辨计算机的显示屏作为图画,即测即显,外业实时成图,实时编辑,纠正错误,使成图的质量与精度大大超过了白纸测图,从硬件意义上讲,完全代替了图板、图纸等绘图工具。随着人类社会的不断进步和科学技术的进一步发展，测绘技术也不断地向前发展。全站仪自动跟踪测量模式、GPS 测量模式必将成为数字测图的主流。

2. 航空测量微型化

对于狭谷地形，通过激光全站仪解决了不需要立尺员到达地形点而进行地形测量的问题，但仍需要人员近距离观测，因此面对峡谷过长（3 km 以上）或者危险区域的测量，就需要有一种类似于航空摄影测量的手段来实施，如微型无人机测量技术。

近几年来，正在试验以微型模型机为平台，以数码相机为传感器，通过分析数码相机拍摄的数字影像来获取地面信息的技术。通过一些试验研究，已在部分条件适合的地区开展试运行测量。

该技术的特点是：超低空飞行受空域管制少，成本低，效率高，体积小，质量小，飞行灵活，可以通过软件控制使其较好地匹配地形变化，以及起飞降落方便，不需要起飞降落场地等。随着无人机技术的发展，很快会应用到类似金沙江峡谷的陆地地形测量中，从而较好地实施人迹无法到达区域的地形测量。

2.3.2.2 水下地形测量

1. 水下扫描（水下 CT）

水下地形测量多波束测深系统（俗称水下 CT）由海洋测绘发展到内河测量，使河道水下测量迎来飞速发展。20 世纪 60 年代，美国首先开发出第三代测深产品——多波束测深系统（相对单波束，一次同时发射多条波束），这是当今世界上最先进的海底地形测绘设备。条带测深仪是一种多传感器的复杂综合系统，是现代信号处理技术、高性能计算机技术、高分辨显示技术、高精度导航定位技术、数字化传感器技术及其他相关高新技术等多种技术的高度集成，自问世以来就一直以系统庞大、结构复杂和技术含量高、价格昂贵著称，世界上仅有美国、加拿大、德国、挪威等少数国家能够生产。

1）条带测深仪的工作原理

条带测深仪是利用安装于船底或拖体上的声基阵向与航向垂直的水底发射超宽声波束，接收海底反向散射信号，经过模拟/数字信号处理，形成多个波束，同时获得水底条带上几十个甚至上百个采样点的水深数据。其测量条带覆盖范围为水深的 2 ~ 8 倍，与现场采集的导航定位及姿态数据相结合，绘制出高精度、高分辨率的数字成果图。与单波束回声测深仪相比，条带测深仪具有测量范围大、测量速度快、精度高和效率高的优点。它把测深技术从点、线扩展到面，并进一步发展到立体测深和自动成图，特别适合大面积的海底地形探测。条带测深仪使海底探测经历了一个革命性的变化，深刻地改变了海洋学领域的调查研究方式及最终成果的质量。

2）内河应用

该系统较早由长江水利委员会水文局引进，用于长江中下游河道水下地形测量和长江口水下测量，因其一条航线测得一片水域的效果，使得测量效率数十倍于单波束而受到青睐。尤其其水深越大效率越高的特点，特别适合进行大比尺的河道地形、水库库容测量。随着市场的需要，国内有许多单位陆续引进并投入到海洋与内河各项工程中。

3）内河应用缺点

（1）换能器大。多波束系统因其水下换能器部分体积过大、质量大，需要的机动船动力和船身要适合装载;否则携带困难,会影响使用效果。

(2)效率不高。由于河道水深一般在30 m以下、河宽几百米,边滩更浅,多波束一条航线测量宽度有限,边滩还需用单波束补测,不能有效发挥作用。

(3)范围受限。由于需要一定尺度的机动船为载体,机动船只能在通航河道航行,非通航河流无法使用。

4)改进

多波束测深系统应生产小型化,方便携带安装,就可以在更广的水域如金沙江类型的山区性河流上和水库中发挥效用,有助于提高作业效率。

2. 遥控水上测量船

近年来,有企业开展遥控水上测量船装载GPS、测深仪集成系统,从事水下地形测量研究,单体船在湖泊上的试验已取得一些成果,但单体船体积小、稳定性差易翻覆、动力不足续航能力差、易失控等问题,尚不适宜在天然河流中使用。正在进行双体船改进试验,假以时日,如果能解决稳定性、续航能力、抗高流速等问题,再应用到像金沙江这样的河流进行水下地形测量,将能极大地降低劳动风险和提高作业效率。

3. 水下测量机器人

在国内,有的工程单位开始开展使用水下测量机器人试验,用于水下地貌和冲淤形态等的观测,尤其对危险区域的水下情况进行勘测,是非常有帮助的。

2.4　本章小结

本章简要介绍了金沙江流域进行的水文测验、河道测绘的技术手段和基本方法,既有传统的方法,也融入了现代科技成果的水文河道勘测技术,是金沙江水文、河道勘测技术的概貌,并对新的测验技术提出展望。

第3章　水文监测

3.1　水文站类别

水文站根据其作用和目的及观测要素精度又分为多种类别，按作用和目的划分如下：

(1)基本站。基本站是为综合需要的公用目的，经统一规划而设立的水文测站。基本站应保持相对稳定，在规定的时期内连续进行观测，收集的资料应刊入水文年鉴或存入数据库。基本任务有两个：近期的是为防汛抗旱提供及时水文信息；远期的是为水电开发、水资源管理、水量调配长期积累基础资料，为国民经济建设服务，金沙江的多数站属于这一类。

(2)实验站。实验站是为深入研究某些专门水文课题而设立的一个或一组水文测站，实验站也可兼作基本站。

(3)专用站。专用站是为特定目的而设立的水文测站，不具备或不完全具备基本站的特点。金沙江上的这类站主要为水电站的设计、施工服务而设立。

(4)辅助站。辅助站是为帮助某些基本站正确控制水文情势变化而设立的一个或一组站点，是基本站的补充，用以弥补基本站观测资料的不足。

对于基本水文站，还有的按流量和泥沙观测精度划分为一、二、三类流量、泥沙精度测站，只是流量和泥沙可以不是同一类精度，如一类流量站、二类泥沙站可以是同一个测站。精度是按照测站流量和泥沙观测要求确定的。金沙江干流水文站大部分是一类流量精度站，二类泥沙精度站；支流水文站一般为二类流量精度站，三类泥沙精度站。

3.2　水文站网分布

水文站是进行水文观测的基本平台，是构成流域水文站网的基本单元，包括水位站和水文站，由它们组成一个观测站群，共同为流域的防洪抗旱、工农业用水、水电开发、水资源管理等提供基础数据，以满足社会经济发展的需要。金沙江下游区域的站网分布情况见图3-1。

金沙江下游水系发达，支流众多，较大的支流有22条，其中乌东德水电站5条，分别为雅砻江、龙川江、勐果河、普隆河、鲹鱼河；白鹤滩水电站5条，分别为普渡河、大桥河、小江、以礼河、黑水河；溪洛渡水电站6条，分别为尼姑河、西溪河、牛栏江、金阳河、美姑河、西苏角河；向家坝水电站5条，分别为团结河、细沙河、西宁河、中都河、大汶溪；向家坝坝下游1条横江。面积10 000 km^2 以上的有4条，3 000～10 000 km^2 的有4条，1 000～3 000 km^2 的有6条，300～1 000 km^2 的有8条，支流的基本情况见表3-1。

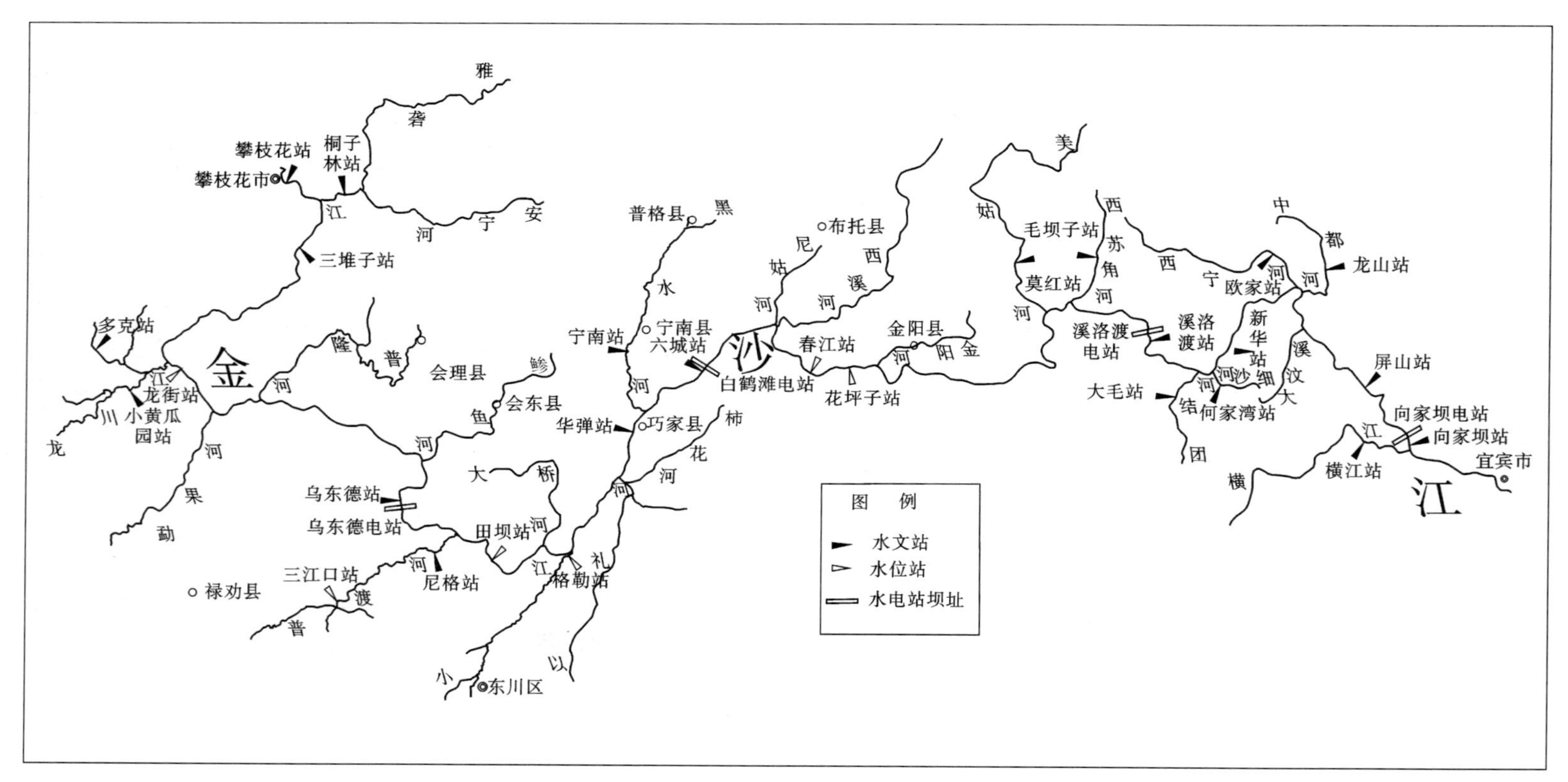

图 3-1　金沙江下游水系和站网分布

表 3-1　金沙江下游支流基本情况

河名	流域面积（km^2）	河长（km）	发源地
雅砻江	129 660	1 368	青海省尼产纳玛克山与各拉岗山之间
龙川江	6 500	261	云南省南华县苴力铺山
勐果河	1 740	90	云南楚雄彝族自治州武定县
普隆河	2 330	156	四川会理县
鲹鱼河	1 390	90	四川会理县与宁南县交界处的鲁南山
普渡河	11 089	380	发源于云南昆明滇池
大桥河	802	70	四川会东县境
小江	3 120	134	滇东北高原的鱼味后山
以礼河	2 560	121	乌蒙高原上的野马川
黑水河	3 600	174	四川省昭觉县妈姑梁子
尼姑河	373	32	四川省布拖县境内
西溪河	2 920	152	四川省凉山彝族自治州县蘑菇山
牛栏江	13 320	423	云南省嵩明县的杨林海
金阳河	382	46.3	四川省大凉山南麓
美姑河	3 240	162	四川省美姑县西北阿米特洛山
西苏角河	699	45.7	四川省雷波县黄茅埂东南侧
团结河	780	65	云南省大关县境内
细沙河	680	53	云南省绥江县境内
西宁河	1 038	75	四川省雷波县烂坝子乡境内的大风顶
中都河	600	62.5	四川省马边县烟子山
大汶溪	324	44.4	云南省绥江县
横江	14 900	305	云南省威宁县乌蒙山系陆家大营山

3.2.1　水位站

金沙江下游水系的水位站都分布在干流，主要用于监测干流水面线变化，以弥补水文站的不足，随着金沙江下游梯级水电站工程的发展，金沙江干支流相继建立了几十个水电站专用水位站，属于长江水利委员会水文局统一管理的水位站布设位置见表 3-2。

表 3-2　金沙江下游干流水位站位置

站名	测站位置	设站时间	观测项目
龙街	云南省元某县龙街镇江边村	1939 年	水位、降水、水温、蒸发
田坝	云南省东川市田坝乡付升地村	1971 年	水位、降水
花坪子	云南省昭通市小田乡花坪子村	1956 年	水位、降水

3.2.2 水文站

3.2.2.1 干流水文站

金沙江干流攀枝花至宜宾现有水文站8个,各站基本情况见表3-3。

表3-3 金沙江下游干流现有水文站基本情况

站名	位置	设站时间	控制流域面积比(%)	观测项目
攀枝花	四川省攀枝花市江南三路三村	1965年	55	水位、流量、悬沙、颗分、降水、水环境、水温
三堆子	四川省攀枝花市安宁乡三堆子村	1957年	60	水位、流量、悬沙、降水、水质、卵石、沙质推移质、蒸发
乌东德	云南省禄劝县大松树乡金江村	2003年	86	水位、流量
华弹	四川省宁南县华弹乡红旗村	1939年	90	水位、流量、悬沙、颗分、降水、水环境、水温、蒸发
六城	四川省宁南县六城镇六城村	1997年	91	水位、流量、悬沙、降水、蒸发
溪洛渡	四川雷波县白铁坝乡新胜村	1999年	91	水位、流量、悬沙
屏山	四川省屏山县锦屏乡高石梯	1939年	97	水位、流量、悬沙、颗分、降水、水环境、水温、蒸发
向家坝	向家坝水电站坝下	2008年	98	水位、流量、悬沙、颗分、降水、水环境、水温、蒸发

3.2.2.2 支流水文站

金沙江下游22条较大支流中,目前只有13条支流有控制性水文站,各站基本情况见表3-4。

表3-4 金沙江下游支流现有水文站基本情况

河名	站名	位置	设站时间	观测项目
雅砻江	桐子林	攀枝花市盐边县金河乡田村	1998年	水位、流量、悬沙、降水
龙川江	小黄瓜园	云南省元谋县黄瓜园镇	1953年	水位、流量、悬沙、降水
普渡河	尼格	云南省禄劝县雪山乡尼格村	2009	水文、流量、悬沙、水质
黑水河	宁南	四川省宁南县披惠乡码口村	1953年	水位、流量、悬沙、降水
牛栏江	小河	云南省巧家县坝统乡	1971年	水位、流量、悬沙、降水
美姑河	莫红	四川省雷波县莫红镇	2006年	水位、流量、降水
西苏角河	毛坝子	雷波县曲依乡木洛村	2006年	水位、流量、降水
团结河	大毛村	云南省永善县团结乡大毛村	2006年	水位、流量、降水

续表 3-4

河名	站名	位置	设站时间	观测项目
细沙河	何家湾	云南省永善县何家湾乡油坊村	2006 年	水位、流量、降水
西宁河	欧家村	四川省屏山县新市镇欧家村电站	2006 年	水位、流量、降水
中都河	龙山村	四川省屏山县太平乡春风村	2006 年	水位、流量、降水
大汶溪	新华	云南省绥江县田坝镇田坝村	1961 年	水位、流量、降水
横江	横江	四川省宜宾县石城乡板桥村	1941 年	水位、流量、悬沙、降水

3.3　水文观测实施

水文测站的观测任务(项目)是由其设立的目的和作用决定的,因此同一江河的水文站观测内容有可能不同,但同一项目应用的观测手段和遵循的技术规程规范是基本一致的。观测工作通常是按照一个自然年度来确定的,一个水文站从按照规定选择适当位置建成开始运行,一般包含如下工作。

3.3.1　测站任务的确定

测站任务是根据站网规划时的测站定位以及水利水电开发利用要求、水资源管理等拟定进行哪些观测项目。任务通常是由测站的上级技术部门每年根据工作内容和要求变化而制定。

3.3.2　制定测验方案

为保证观测任务的实行,还需要根据规范规程、观测技术手段,并结合本站的具体条件,编制切实有效的测验方案,经主管机关审批后执行。方案的主要目的是安全可靠地收集到规定的水文要素资料,编制内容应包含观测起止时间、测次数量、观测频次,使用的手段和人员分工,尤其是特殊水情下的备用方案,还有测流断面和泥沙取样的垂线与测点布置,以及安全措施等。

3.3.3　项目观测

水文站的测验项目,有的是定时观测,定时测验项目的观测时间均以北京标准时的 8 时为基准,按 1 h、2 h、3 h、6 h、12 h、24 h 固定时间间隔开展观测,如水位、雨量、蒸发、水温等需要人工直接观读的项目;有的是不用定时观测,如流量、含沙量、输沙率、悬沙颗粒分析等。随着自动记录存储技术的成熟,水位、雨量等观测时间已不限于整点进行,而可以根据需要在自动记录中摘取使用。

3.3.3.1　水位观测

水位作为水文站、水位站的基本观测项目,是其他项目的基础资料,其普遍使用的方法是利用水尺进行人工观测,何时观测是按照任务书要求进行的。现在大部分测站也使用适合的自记仪自动完成观测记录，如测井配合浮子式自记仪或气泡式压力水位计等，自记测井与水尺见图 3-2；而人工观测只是自记无法进行时的辅助手段。

图 3-2　自记测井与水尺

3.3.3.2　雨量观测

雨量项目只是在部分测站观测，其普遍使用的方法是利用雨量计进行人工观测，遵循“有雨就要观测”的原则，具体观测时间是按照任务书要求进行的。雨量观测在大部分测站也使用适合的自记仪自动记录，如翻斗式自动存储雨量计（见图 3-3）和虹吸式自动记录（不存储）雨量计，人工观测是自记仪的辅助方法。

图 3-3　翻斗式自动存储雨量计

3.3.3.3　蒸发观测

水文站一般情况下是不进行蒸发观测的，蒸发观测只是在部分对流域有一定代表性的水文站或者水位站进行。通常，对水面蒸发量开展观测使用的仪器分为小型蒸发器和通用标准蒸发器两种。小型蒸发器如图 3-4 所示，通用型 E601 蒸发器如图 3-5 所示。每日 20 时按照《地面气象观测规范》要求进行观测。

目前，逐步推行使用自动蒸发器，便于自动存储，它是由超声波传感器和不锈钢圆筒组成的，如图 3-6 所示。根据超声波测距原理，选用高精度超声波探头，对蒸发器内水面高度变化进行测量，转换成电信号输出，并配置温度校正部分，以保证在使用温度范围内的测量精度。它的测量范围为 0 ~ 100 mm，分辨率为 0.1 mm，测量准确度为 ±1.5%（0 ~ 50 ℃）。

图3-4　小型蒸发器——蒸发皿

图3-5　通用型E601蒸发器

图3-6　超声波数字蒸发器

3.3.3.4　断面观测

水文站的断面测量主要是为流量测验服务的，其工作内容包括水深、测深垂线起点距、水位和偏角测量。水深测量因水流等条件的不同，有回声仪测深、铅鱼测深、杆测等方法，垂线起点距测定有经纬仪交会法、计数器法、索记法，水位使用相应方法观测。在水流速度较大时，铅鱼在水中会偏离断面一定角度，导致测得水深偏大，因此需要通过测量偏角来改正，变为正确的水深值。偏角测量的方法有量角器和同步电磁法。断面测量的次数根据河床的冲淤变化特性安排，一般断面变化大的，每次流量测验时均须观测，使用实测水深；断面变化不大的，可间隔一段时间测一次，测流时水深为借用。通常情况下，一个新的水文站，为了摸清断面变化特性，在最初的几年里应加强断面观测，收集足够的资料以分析测验河段特性。

图 3-7　流速仪法仪器安装实景

3.3.3.5　流量观测

金沙江上水文站的流量测验通常使用缆道式流速仪法。该法是在获得断面(垂线水深)资料的前提下进行的，其工作的主要过程为：安装流速仪于铅鱼上(见图 3-7)，接通信号，驱动铅鱼至河流中，按测验方案(任务书)逐点、逐线地测量流速(当流速大产生偏角时，测点深要作相应改正)，直至测完所有点，再依照流速、水深、垂线间距组合规则计算部分流量和断面流量。由于水流的不稳定性(流速脉动性)，在测流的过程中应注意测点流速与水深的相应性规律分析，即沿水深和横断面方向分布合理性检查，如有异常应实施验证性重测。当流量结果出来时，还需与水位对应比较流量的合理性。这些检查分析概括为"随测、随算、随整理、随分析"的现场四随工作。结果分析没有问题即可收回仪器，清洗后装箱即完成一次流量测验。对于新建成的水文站，需要进行大量的多线多点流速测验工作，为分析研究确定常规测流方案收集足够的资料。

由于金沙江支流有时水位涨落较快，为了缩短测流历时，减少由于水位变化引起水道断面面积计算不准，导致流量精度偏低的状况，也常采用简化方法，如表面流速法，包括水面流速仪法(水下一点法)、水面浮标法、电波流速仪法等，这样只需要花较少的时间获得流量。这类方法应用的前提是,前期应做足够的对比观测分析工作,才能保证简测法获得的结果有可靠的精度。

还有一种快速方法,即水平式 ADCP 测流法,如三堆子水文站正在用此法进行试验,已取得初步成果。该法是将 ADCP 水平安装于河床固定位置,用传输线连接室内计算机控制在短暂的时间内即可完成流量测验,也可接入网络,通过遥控实现实时在线测量,以便及时掌握流量信息,服务于相关工作。该法运用成功需要做好以下几项工作:

(1)选择适合安装 ADCP 的河床位置,要求水流顺直,传感器至河床应有适当的距离,水面下要有足够的淹没水深,对断面水体有较好的代表性。

(2)安装要牢固,在水流冲击下不能晃动和损坏,传输线要埋置妥当并兼顾维护方便。

(3)认真与常规测流方法进行对比观测,寻找相关关系,为正式使用提供技术基础。

3.3.3.6　**含沙量观测**

河流中的泥沙包含悬移质、砾卵石推移质、沙质推移质和床沙,其中悬移质占大部分,因此对悬移质的观测显得尤为重要。进行悬移质观测的主要作用在于了解在一个年度内流过断面的沙量以及年内分布,而实现这个目标的关键环节就是取得含沙量资料,输沙量等于含沙量与流量、时间的乘积。

含沙量项目一般只在干流和大支流开展,采用的主要手段是利用缆道驱动采样器进入水体,按测验方案逐点、逐线地取得水流样品,如图 3-8 所示。样品取到后需要量取水样容积,然后通过沉淀、烘干、称重等程序处理得到水中泥沙含量。

图 3-8　积时式采样器取样实景图

为了保证泥沙测验的精度,取样位置对水流的代表性至关重要,因此取样的点线位置跟测流一样需要通过大量试验性测量分析获得,这是一个新建泥沙观测站必须要进行的工作。

水样取得的方式还有简测法,如水面一点法、水边人工舀水;使用的仪器也有横式采样器等。

3.3.3.7　**悬移质颗粒分析**

悬移质颗粒分析是泥沙测验的另一个工作内容,其作用是在取得泥沙样品后,测定泥沙样品的沙粒粒径和各粒径组的沙量占样品总量的百分比,也称为颗粒级配测定。通过这一分析,可以知道河流中悬移质的粒径大小,同时分析样品中每组沙的最大粒径、平均粒径、中值粒径和分布情况等,这是反映河流泥沙群体性特征的一个指标。此项工作的意义在于对泥沙开展研究,比如通过对比一条河流从上游到下游泥沙粒径和级配的变化,可以大致知道是多大粒径的泥沙被沉积在河道里,还可以结合流量和流速特征,分析研究什么粒径的泥沙容易被水流带走等。

悬移质颗粒分析的方法有尺量法、筛析法、粒径计法、吸管法、消光法、离心沉降法,每种方法有适合的样品粒径与沙重范围,由于河流泥沙颗粒级配的粒径变幅太宽,因此对各类泥沙样品往往要用两种以上的方法进行分析。具体的分析操作应严格按相关规范要求执行,并注意各种方法分析结果的衔接。

3.3.4　资料整编

水文资料整编是水文观测的最后一项内容,是在收集了一系列原始水文资料之后,按科学方法和统一规格进行的整理、分析、统计、审查、汇编、存储等工作。水文资料整编以前是手工完成的,随着自记化程度的提高和计算机的应用,整编技术得到很大发展,工作效率大为提高,劳动强度大大降低,差错率也大为减少。从原始观测资料到整编成果,通常经过在站(队)整编、业务主管机构审查、流域机构复审、测验成果汇编等过程,整编的目的就是向社会提供可靠合理的水文成果。

3.3.4.1　在站整编

此项工作是由收集资料的水文站或勘测队进行的,按照《水文资料整编规范》(SL 247—2012)要求完成的工作内容有编制测站考证,对原始资料进行审核,确定整编方法,给流量、悬沙进行定线,数据整理和输入,整理编制成果,单站合理性检查,编写单站整编说明。在站整编是一个基础性的工作,它贯穿整个资料收集过程,不是在年度结束时集中进行的,这样不便于发现问题、指导现场观测工作,若到年底检查才发现问题,就不能及时纠正,失去意义。

3.3.4.2　业务主管机构审查

审查阶段的各项工作应由业务主管机构组织其所管辖的所有队站集中完成,其主要工作内容应包括:抽查原始资料,对考证定线数据整理表和数据文件及整编成果进行全面检查,审查单站合理性,检查图表,作整编范围内的流域水系上下游站或邻站的综合合理性检查,统计错误情况,编制测站一览表及整编说明,对成果质量进行评价。

3.3.4.3　流域机构复审

复审阶段由流域机构在次年上半年组织完成,其主要工作内容应包括:抽取一定比例的站队考证定线数据整理表、数据文件及成果表进行全面检查,其余只作主要项目检查,对全部整编成果进行表面统一检查,作复审范围内的综合合理性检查,评定质量,对整编成果进行验收。

3.3.4.4　测验成果汇编

汇编工作应由国家水行政主管机关主持或委托流域机构在次年上半年代为组织进行。其主要工作内容应包括:经验收合格的整编成果的打印及存储,按流域水系编制测站一览表、测站分布图和水文要素综合图表,编写全面的整编说明和整编总结,整理并刊印水文资料。

3.4　金沙江推移质监测

推移质包含砾卵石推移质和沙质推移质，影响推移质输沙率大小的因素有河段的水力条件（流速、比降、水深等）、河床组成（床沙颗粒大小、形状、排列情况等）以及上游补给等。推移质输沙率是一个随机变量，随时间脉动剧烈，即使在水力条件和补给条件基本不变的情况下，也是忽大忽小的。由于推移质输沙率变化与流速的高次方成正比，因此推移质输沙量主要集中在汛期，特别是几场大洪水过程中。河道上推移质输沙率横向分布非常不均匀，一般是在某一部分运动强烈，而在其他位置推移质输沙率却很小，甚至为零，推移质强烈输移的宽度远比河宽小得多。推移质运动的以上特点，导致推移质测验难度较大，施测较困难，至今仍是世界各国江河泥沙测验的薄弱环节。

因推移质输沙量与悬移质泥沙输移量相差悬殊，所占比重很小，因此我国对其远不如悬移质测验那么重视。金沙江是高含沙量河流，其下段的推移质输沙量较大，随着金沙江梯级水电站的开发，推移质泥沙对水电工程施工和运行均造成一定影响，非常有必要收集河道推移质资料，开展相关研究，寻找解决途径。根据金沙江各个河段不同特点，开展了推移质测验工作，系统收集了金沙江推移质资料，为电站的设计和运行提供了技术支持。

在金沙江下游共建设了 3 个推移质测验站，分别是三堆子水文站（于 2007 年开始进行砾卵石测验、2008 年开展沙质推移质测验工作至今）、溪洛渡水电站（2009 ~ 2010 年在 6#导流洞尾水处开展推移质测验）、向家坝水电站下游砾卵石推移质测验（2009 ~ 2011 年）。因推移质测验工作在国内外涉及较少，此处就分别详细叙述，以供借鉴。

3.4.1　三堆子推移质测验

3.4.1.1　三堆子水文站简介

三堆子水文站位于金沙江下段四川省攀枝花市安宁乡三堆子村，测验断面距雅砻江与金沙江汇合口约 3 km，是金沙江下游攀枝花—宜宾河段乌东德、白鹤滩、溪洛渡、向家坝四个水电梯级的入库控制站，集水面积为 388 571 km^2，设立于 1957 年 6 月，为基本水位站，2006 年改为专用水文站，2008 年升为基本水文站。

3.4.1.2　测验必要性

金沙江下游干流河谷地区的输沙模数在 3 000 t/(km^2 · a)以上，是长江上游水土流失最严重的地区。金沙江流域山高坡陡，地形起伏变化巨大，破碎的岩石、碎屑丰富，在水文气象条件作用下，这些岩石与碎屑以滑坡、泥石流、崩塌等方式，汇入金沙江流域中的干、支流，为金沙江推移质提供了丰富的来源，同时，由于金沙江为山区性河流，水流流速大，挟沙能力强，为推移质运动提供了强大的水流动力。

推移质对于水库变动回水区河床的冲淤有直接影响，推移质泥沙运动与水位抬升、有效库容损失和泄流建筑物安全有密切关系。与悬移质不同的是，推移质在水库里总是要淤积的，而且持续时间很长，只要上游有推移质泥沙供应，即使悬移质淤积平衡后，推移质仍然会淤积。尽管与悬移质泥沙相比，推移质总量通常不大，但其淤积造成的后果却比较严重。由于推移质常常淤积在回水末端,对水位抬高和翘尾巴比同等数量的悬移质淤积要严重得多。此外,金沙江下游支流众多,支流进入金沙江的推移质量较大,在支流口门淤积会直接减少有效库容。当泥沙淤积到一定程度后,推移质通过泄流建筑物,造成洞体的磨蚀,影响泄流安全。因此,金沙江下游梯级水电站的推移质泥沙问题不容忽视。

由于对金沙江推移质认识不足等,长期以来,金沙江未开展过推移质测验,从而使金沙江泥沙成果中缺少推移质部分,亟待填补该项资料的空白。

3.4.1.3　测验方式设计

1. 河道条件

三堆子河段实测河道地形表明,河床主槽平坦,采样器可以较好地伏贴河床,能够正常取样,不易发生采样器被河床乱石卡住而丢失仪器的危险。该河段两岸的地形地貌具备架设缆道的条件。通过调查走访了解各级水位下河道的水流特性,结合长江寸滩等站推移质观测经验,在三堆子水文站开展卵石推移质测验是可行的。

2. 测验方式

结合分析几十年大江大河缆道与吊船测验推移质方式和缆道测验推移质试验研究成果,在分析三堆子河道河床和水流条件下,采用缆道吊船,在船上悬挂采样器实施推移质测验是合适的,技术是成熟的,手段是可靠的。

3. 测验仪器

根据现有推移质采样器的使用范围和条件,三堆子水文站推移质采样器选用的是AYT300 型砾卵石采样器,如图 3-9 所示。AYT300 型砾卵石采样器是一种压差式砾卵石推移质样本采集器,是利用进口面积与出口面积的水动压力差,增大器口流速,使器口流速与天然流速接近,增加采样效率,达到采集天然样本的目的。其主要技术指标如下:

图 3-9　三堆子使用的砾卵石采样器

(1)适用范围为流速≤6 m/s、水深≤40 m、推移质粒径 2 ~ 250 mm 的卵石夹沙及砾卵石;

(2)口门宽 300 mm,软底网,承样袋为 2 mm 孔径的尼龙网袋;

(3)仪器总长 1 800 mm、总高 438 mm,器身长 900 mm,质量为 350 kg。

3.4.1.4　卵石推移质测验

三堆子水文站的卵石推移质测验从 2007 年 6 月 16 日开始,为了摸清楚卵石推移质在断面上的分布以及寻找推移边界,于测验初期开展了大强度试测工作,测得样品见图 3-10。经过反复测量,初步确定推移带的宽度和需要布设的测线,并不断加以调整,形成固定的测验布置,在每年观测中施行。

图 3-10　三堆子河道的砾卵石样品

1. 测次布置

(1)测次布置以能控制推移质输沙率的变化过程,满足准确推算逐日平均输沙率为原则。

(2)较大洪峰不得少于 3 次,一般洪峰不得少于 1 次,涨水面日施测 1 次,退水面 1 ~ 3 日施测 1 次。

(3)当水位变化缓慢时,3 ~ 5 日施测 1 次,枯季每月施测 1 ~ 2 次。

(4)洪峰起涨落平附近应布置测次。

(5)4 月 1 日及 11 月 30 日各测 1 次。

2. 采样要求

(1)在下列 8 条固定垂线上采取样品,起点距分别为 95 m、110 m、125 m、140 m、155 m、170 m、180 m、190 m。

(2)每条垂线取样 3 次,每次历时 3 min,靠两岸边垂线取样 2 次,历时 3 min。推移边界以测至两岸边输沙率为 0 的固定垂线为止。

(3)每年在推移质垂线上用五点法测速 2 次,同步施测的平均水位差应在 0.1 m 以内。

(4)每次取得的样品,均应现场分级称重,当总重量与分级重量之和相差大于 ±2% 时,应重复称重,找出原因。

3. 颗粒分析

(1)每次所取样品均应作颗粒分析。

(2)粒径(mm)组级分别为2.0、4.0、8.0、16.0、32.0、64.0、128、250、500等。

(3)分析方法为筛分法。

4. 卵石推移质资料整编

三堆子卵石推移质测次分布均匀,输沙率使用过程线法获得:日测1次的,以该次实测值作为日平均值;日测多次的,日平均为各次输沙率加权计算平均值;缺测的,输沙率统一于当日8时在输沙率过程线上查读。

颗粒级配计算,采用输沙率加权:1个月内只有1 d颗粒级配资料时作为该月平均颗粒级配,1月内有多日颗粒级配资料时按时段输沙量加权法计算。年平均颗粒级配按月平均输沙率加权法计算。

5. 三堆子卵石推移质特点

推移质量大,2007~2010年卵石输沙量为13.6万~46.0万t。发生卵石推移质的时间在一年中的5~10月,且主要集中在7~9月,3个月的推移质沙量超过全年的90%。

泥沙颗粒粒径为2~250 mm的均有分布。

卵石推移输沙带集中,在垂线140~190 m处。

在卵石推移量的变化趋势上,高水时向右岸移动,低水时向左岸偏移。

3.4.1.5　沙质推移质测验

1. 测验及分析

为了进一步了解更小粒径的推移质情况,继砾卵石推移质测验之后,从2008年5月16日开始施测沙质推移质。测量仪器使用Y901改进型,质量为200 kg,有效最大容量为15 kg,适用范围流速≤3.5 m,水深30 m,粒径0.1~10 mm,仪器如图3-11所示。测验垂线与卵石推移质完全相同,均为8条。每线测量2次×2 min/次,如果超过采样器容积的1/3,应缩短历时增加测次。

图3-11　Y901型沙质推移质采样器

颗粒分析根据粒径采用相应方法分析确定。

2. 资料整编

输沙量整编采用水力因素法,经过3年的资料分析,流量与输沙率有较好的关系,通过建立流量(Q)—输沙率(G)相关关系,如图3-12所示,进而推求沙质推移质输沙量,并按相关规程进行级配统计。

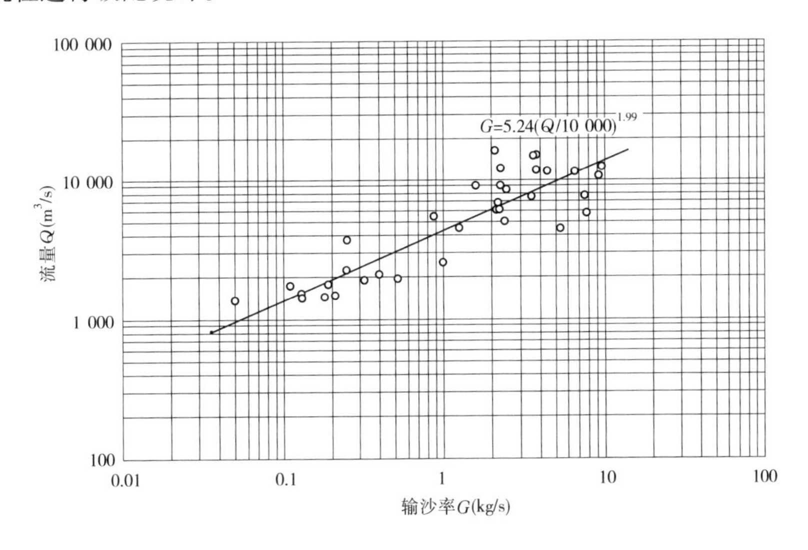

图3-12　三堆子流量与沙质推移质输沙率的关系

颗粒级配计算,输沙率加权:一个月内只有1 d颗粒级配资料时作为该月平均颗粒级配,一个月内有多日颗粒级配资料时按时段输沙量加权计算,年平均颗粒级配按月平均输沙率加权法计算。

3. 沙质推移质的特点

三堆子沙质推移质输沙量主要集中在起点距140~200 m,全年有沙质推移质运动。沙质推移质2008~2010年输沙量为3.33万~8.64万t,泥沙粒径为0.062~2 mm。

3.4.2　溪洛渡导流洞推移质测验

3.4.2.1　溪洛渡工程布置概况

溪洛渡水电站工程枢纽由拦河大坝、泄洪建筑物、引水发电建筑物及导流建筑物组成,泄洪采取"分散泄洪、分区消能"的原则布置,在坝身布设7个表孔、8个深孔与两岸4条泄洪洞共同泄洪,坝后设有水垫塘消能;发电厂房为地下式,分设在左、右两岸山体内。

水电站截流期导流工程包括6条断面导流洞(18.0 m×20.0 m)、上游土石围堰及下游土石围堰。1#、2#、5#导流洞进口底板高程为368.00 m,出口底板高程为362.00 m;3#、4#导流洞进口底板高程为368.00 m,出口底板高程为364.50 m;6#导流洞进口底板高程为380.00 m,出口底板高程为362.00 m,溪洛渡水电站采用全年围堰断流、隧洞过水的导流方式,其中左、右岸各有2条导流洞拟与厂房尾水洞相结合,将剩下的2条中的1条改建为泄洪隧洞。

本次开展的推移质测验的断面选在6#导流洞,其特性见表3-5。

表 3-5　溪洛渡工程右岸 6#导流洞特性

断面型式	尺寸(m×m)	进口高程(m)	出口高程(m)	洞身长度(m)	洞身纵坡(%)
城门洞	18.0×20.0	380.00	362.00	1 677.11	2.203

3.4.2.2　测验必要性

高速含沙水流对施工期导、泄水建筑物过流面混凝土的磨损冲击和空蚀破坏会导致表层混凝土大面积剥蚀，严重影响泄水建筑物的正常运行。国内许多座水电站，如黄河干流上的刘家峡、八盘峡、三门峡，长江流域的葛洲坝、二滩、龚嘴、映秀湾等工程，泄水建筑物包括水电站机组均遭受泥沙磨蚀破坏，有的还十分严重。在金沙江下游这种多泥沙河段，推移质量大，级配宽，高含沙水流对施工期导泄水建筑物的冲蚀破坏作用亦特别明显。溪洛渡水电站截流后，导流洞运行一年后，发现导流洞存在比较严重的磨蚀现象，个别部位钢筋外露磨损严重，如图 3-13 所示，且在 6#导流洞内发现有推移质存在。在此背景下，开展 6#导流洞的推移质测验试验工作，以研究卵石推移质对溪洛渡水电站导流建筑物及泄洪建筑物的磨蚀影响。

图 3-13　冲磨蚀后的导流洞底板

3.4.2.3　测验方案设计

经过多次现场查勘和调研，并经业内专家审查设计方案，决定在 6#导流洞出口(见图 3-14)段采用缆道悬挂采样器加拉偏的方式测量卵石推移质。

为了满足溪洛渡 6#导流洞推移质试验监测适用条件，经过反复研究，对该缆道采用了“超常规”、“超标准”设计。一是专门设计制造了高性能磁束向量控制交流变频三维拖动系统，卧式电动启动绞车电机功率达到 22 kW，该电机具有电机过载、过电压和过电流等多项保护功能，以保护导流洞出口汇流和巨大泡漩对电机的损坏。二是为了减小主索在工作中因采样器受力引起的上下游摆动而设计布设拉偏绳两组，一组设在闸门混凝土横梁的两侧墙壁上，架设拉偏缆道；另一组为导流洞底板两侧的转向系统到坝顶“人字型”动力拉偏系统，该系统为水文缆道中高流速、回流泡漩水流条件下的一种新型拉偏方式。在大流速和水流紊乱的复杂流态下，采用缆道主索+副索双拉偏+超重型推移质采

图3-14 溪洛渡水电站6#导流洞出口

样器的方式，实现了6#导流洞卵石推移质测验缆道（见图3-15），布设如图3-16所示。

图3-15 建成的卵石推移质缆道

3.4.2.4 推移质采样器研制

由于溪洛渡水电站6#导流洞流速大、水流非常紊乱、流态十分复杂，现有标准AYT300型卵石推移质采样器已不适应在该恶劣水流条件下进行测验。因此，对AYT标准型卵石推移质采样器进行攻关设计，主要从加重和放大器身及保持良好形态方面考虑，制造了口门宽分别为400 mm、500 mm，质量分别为600 kg、800 kg的系列采样器，以满足

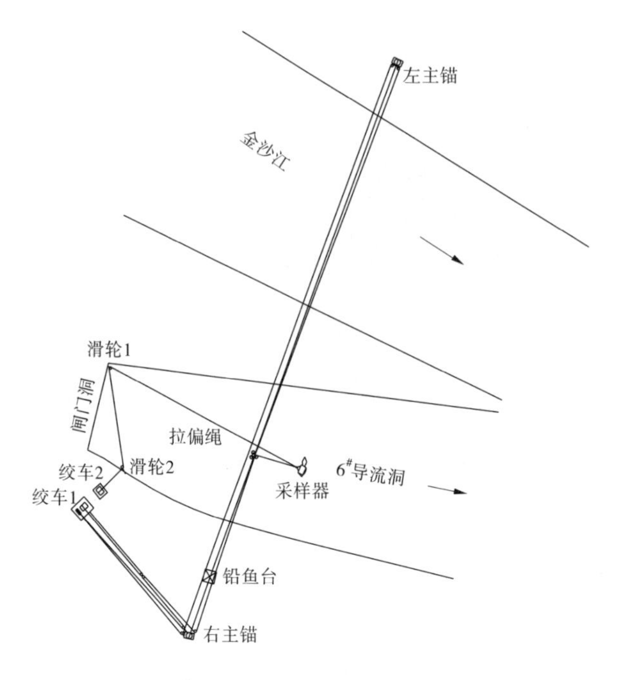

图 3-16　6#导流洞卵石推移质缆道布设示意图

试验观测的需要。溪洛渡推移质试验站主要采用 AYT 型砾卵石推移质采样器，辅助使用 Y64 型采样器。溪洛渡推移质试验站测量采用口门宽分别为 400 mm 和 500 mm 的采样器，该仪器口门高 240 mm，器身长 1 900 mm，质量为 800 kg。其特点是利用进口面积与出口面积的水动压力差，增大器口流速，使器口流速与天然流速接近，达到采集天然样本的目的，见图 3-17。Y64 型推移质采样器是在标准口门宽 500 mm、质量 300 kg 的基础上，针对溪洛渡水电站的测验条件，进行了加重至 800 kg、延长器身、保持口门宽等改进措施，增加其着床的稳定性，以达到采样的目的，见图 3-18。

图 3-17　研制的 AYT 型(600 ~ 800 kg)推移质采样器

图3-18　改进的Y64型(800 kg)推移质采样器

其适用范围为:流速≤5 m/s、水深≤40 m、推移质粒径为2~500 mm的卵石夹沙及砾、卵石;口门宽400 mm、500 mm,软底网;承样袋为2 mm孔径的尼龙网袋;仪器总长1 900 mm、总高438 mm、器身长900 mm;质量为800 kg。

3.4.2.5　导流洞流量测验

1. 水位观测

溪洛渡推移质试验站根据现场条件,建立了水尺进行人工观测,同时选用澳大利亚生产的HAWK型超声波气介式水位仪(见图3-19),配置数据记录仪、GSM通信模块和接收处理软件组成水位自记系统,现场可直接查询水位过程线,后方可监视水位,实现了复杂环境下的水位自记,建设了超声波自记水位系统,进行自动采集和记录,当系统稳定并满足观测精度要求后,主要采用自记水位,人工每天观测一次进行校验。

图3-19　超声波水位仪

2. 流量测验

由于导流洞口的特殊水流状况,不适合采用常规流速仪法进行流量测验,选用无线传输的 ADCP 走航式实施流量观测。采用缆道悬挂推移质采样器,将 ADCP 附在采样器上,数据传输采用 WI-FI 技术,建立 ADCP 无线联网服务器,从而实现无线传输,这是对 ADCP 走航式测流量的创造性运用。

测验采用的缆道牵引走航法,即由缆道牵引推移质采样器和 ADCP 沿断面进行走航横渡方式测验(见图 3-20)。测量过程中严格保持沿断面匀速行驶,前进速度尽量小于断面平均流速。

图 3-20　ADCP 安装在采样器上测流

2009 年收集流量 19 次,2010 年走航式 ADCP 测流 57 次。

3.4.2.6　6#导流洞推移质测验

溪洛渡水电站导流洞卵石推移质测验于 2009 年 7 月 21 日开始,至 2010 年 10 月结束,采用缆道运行 AYT 型和 Y64 型卵石采样器实施采样。为了完整地收集各种量级的卵石推移质资料,根据水情加强测次,认真把握测验时机,在导流洞水流极为紊乱和采样施放非常困难的条件下(见图 3-21),付出了采样器丢失和缆道工作索拉断的代价,适时出测,取得了十分宝贵的砾卵石推移质资料(见图 3-22),为开展高速挟沙水流对导流洞的

图 3-21　推移质采样器在紊乱的水流中

冲磨蚀研究提供了基础数据。

图3-22　从导流洞采集到的砾卵石

2009年，溪洛渡水电站卵石推移质测验110次（其中有推移量的38次）。实测最大粒径为310 mm，质量为31 kg，发生在8月3日；实测最大断面输沙率为43.4 kg/s（8月31日）；日平均最大输沙率为618 kg/s（2009年8月16日）。经测验和推算，全年输沙量为23.9万t，最大粒径为310 mm，中值粒径为18.6 mm，平均粒径为24.6 mm。

2010年溪洛渡水电站卵石推移质测验275次。实测最大粒径为164 mm（8月27日），实测最大断面输沙率为101 kg/s（9月5日），最大日平均输沙率为81.6 kg/s（9月5日）。经测验和推算，全年输沙量为7.82万t，最大粒径为164 mm，中值粒径为21.0 mm，平均粒径为26.3 mm。

经过两个年度观测资料整编分析，采用水力因素法推求断面推移质输沙率，成果是基本合理的，流量—输沙率具有较好关系，见图3-23。

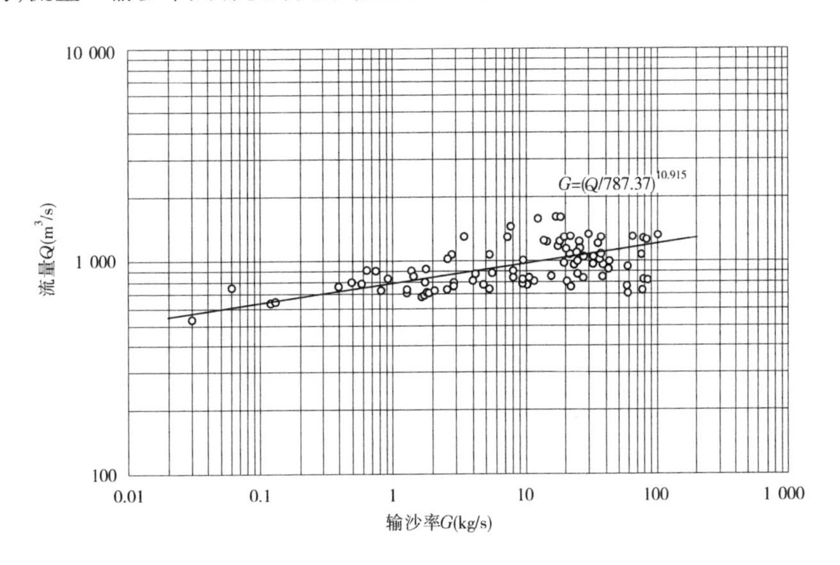

图3-23　6#导流洞流量—输沙率关系

3.4.3　向家坝推移质测验

3.4.3.1　测验必要性

通过对金沙江三堆子水文站推移质测验和金沙江下游推移质沙量调查与模型试验研究工作，系统研究了金沙江下游梯级水电站干流入库推移质输沙量和区间支流推移质输沙量，取得了阶段性成果。鉴于推移质泥沙在沿程运动中存在区间补给、磨蚀、冲淤、粗化或细化等现象，金沙江下游梯级水电站的出库推移质输沙量并不是干流入库三堆子水文站推移质输沙量和区间支流推移质输沙量的简单叠加。向家坝水电站运行后，由于水库对入库泥沙的部分拦截，下游河道水沙关系发生变化，坝下河段将有一个河床下切、水位降低及河势重新调整的过程，从而对航运、港口、岸坡稳定等产生影响。而下游河道为砂卵石河床，将来冲刷主要是推移质冲刷，有必要开展向家坝水电站泥沙推移质测验工作，为了解金沙江下游出口推移质输沙量，研究金沙江下游推移质输沙沿程变化规律积累基本资料，实现水沙优化调度，也是确保金沙江下游梯级水电站水库长久发挥效益。

3.4.3.2　测验方案设计

向家坝坝下推移质测验方案涉及测验河段、观测方式、安全因素等内容。通过对坝区30 km河段进行查勘选择5个位置（见图3-24），并拟订6个测验方案进行比较（见表3-6），综合安全、经济与方案建设时间等因素，确定选择在坝下、以机动测船抛锚方式实施卵石推移质观测。

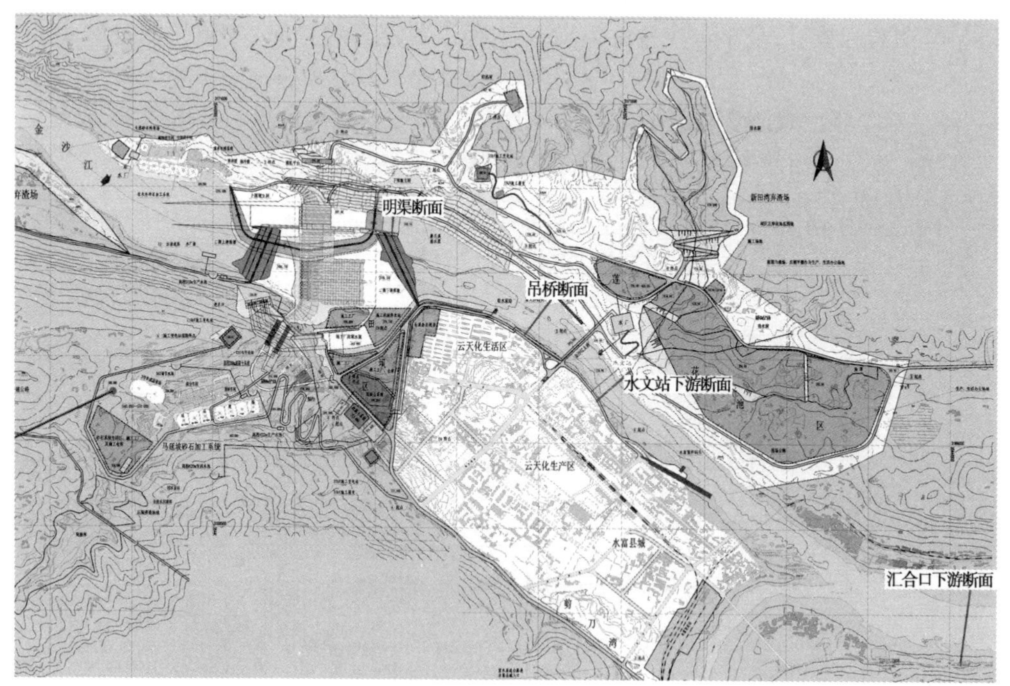

图3-24　向家坝水电站推移质测验查勘断面布设示意图

表3-6 向家坝水电站推移质测验不同方式综合条件对比情况

断面名称	测验方式	水流条件	新增设施	主要优点	主要问题
屏山水文站	吊船	流速、流态较好，水深≥37 m	测船、趸船、码头	1. 河道为天然状态，输沙率代表性好； 2. 无征地，协调难度较小； 3. 不影响通航	1. 建设周期长，投资较大； 2. 中高洪受围堰回水影响； 3. V形断面，布线受到限制
明渠断面	缆道	流速大，水深≥28 m	排架、缆道系统		技术上实现困难（流速很大，偏角大，明渠为混凝土底板导致采样器在床面难以固定）
向家坝水文站（中南院）	缆道	流速、流态紊乱，水深≥40 m	架拉偏缆道	1. 用现有缆道和站房，只需再架设一拉偏缆道； 2. 无征地，协调难度较小	1. 流态比较紊乱，资料可靠性难以保障； 2. 水深已超越现行《水文缆道测验规范》（SL 443—2009）； 3. 下距金沙江大桥很近，吊船测验难开展
向家坝专用水文站	吊船	流速大，流态紊乱，水深≥35 m	右岸排架、测船、趸船、码头	增加一吊船缆道，水沙测验和推移质测验互不影响	1. 右岸排架建设、水文码头建设征地协调难度大，建设周期长； 2. 影响通航安全； 3. 下游为内昆铁路桥，存在测验风险
汇合口下游（缆道吊船）	吊船	流速、流态较好，水深≤25 m	两岸地锚、测船、趸船、码头	1. 水流平稳、断面控制较好，流速流态较好； 2. 建设周期较短； 3. 通航影响小	1. 横江支流影响，可以通过相应措施解决； 2. 投资较大
汇合口下游（抛锚定船）	测船抛锚定船	流速、流态较好，水深≤25 m	测船、GPS	1. 水流平稳、断面控制较好，流速流态较好； 2. 无建设周期； 3. 通航影响小； 4. 投资小	受横江支流影响，可以采取相应措施解决

3.4.3.3 推移质测验

向家坝卵石推移质测验自2009年9月15日开始，至2011年结束，共进行83次。实测最大粒径为254 mm，质量为19.2 kg；实测最大日平均输沙率为154 kg/s（2010年8月

29 日)，日平均输沙率为 11.2 kg/s，3 年输沙量为 25 万～35.4 万 t，中值粒径为 29.8 mm，平均粒径为 43.7 mm。

1. 采用的测验方式

向家坝推移质测验采用的测验方式为机动测船挟带卵石采样器通过抛锚方式，结合 GPS 给测验垂线定位，进行卵石推移质测验。主要测验设备为水文测船和 AYT300 型卵石推移质采样器，以及 GPS 定位系统。

2. 测次布置

(1)测次布置以能控制推移质输沙率的变化过程，满足准确推算逐日平均输沙率为原则。

(2)较大洪峰不得少于 3 次，一般洪峰不得少于 1 次。

(3)当水位变化缓慢时，3～5 d 施测 1 次。

(4)洪峰起涨落平附近应布置测次。

(5)当枯季(参考 Q <4 000 m^3/s)推移量为 0 时，停止施测；当汛期(参考 Q >18 000 m^3/s)超过测洪能力时，为保障安全建议停止施测。

3. 垂线布置与样品采集

向家坝卵石推移质测验断面共布置 12 条垂线，以摸索推移边界，分别是起点距 55.0 m、65.0 m、75.0 m、85.0 m、95.0 m、120 m、150 m、175 m、200 m、225 m、250 m、275 m 的 12 条垂线。

通过采样器取得的样品现场筛分，计算级配。

4. 资料整编

推移质资料整编主要是根据实测资料，分析计算日、月、年平均输沙率、年推移量以及月、年颗粒级配，输沙率推求采用流量—输沙率相关法。

1)输沙率

经过 3 年的资料分析，向家坝坝下的卵石推移质输沙率与流量具有较好的关系(见图 3-25)，因此推移质输沙率采用水力因素法推求。当 1 d 内相应水力因素变化较小时，以日平均流量计算日平均输沙率；当 1 d 内相应水力因素变化较大时，采用各时刻输沙率按面积包围法计算日平均输沙率。月、年平均输沙率分别以月、年各日平均输沙率的总和除以相应月、年的日总数，年推移量等于年总输沙率乘以日秒数。

2)月年级配

当 1 个月内有多日颗粒级配资料时，按时段输沙量加权法计算，时段输沙量加权法的代表时段以输沙率变化的转折点分界；年平均颗粒级配采用月平均输沙率加权法计算。

5. 向家坝卵石推移质特点

通过 3 年推移质测验获得的资料分析，可以发现向家坝坝下(金沙江出口河段)推移质具有数量大、粒径大、时间集中、强推带集中、推移带随水位左右摆动的特征。

向家坝水电站推移质断面卵石推移质输沙率较大的垂线集中在起点距 95.0～225 m，其间的部分输沙量占整个断面输沙量的 90% 以上。

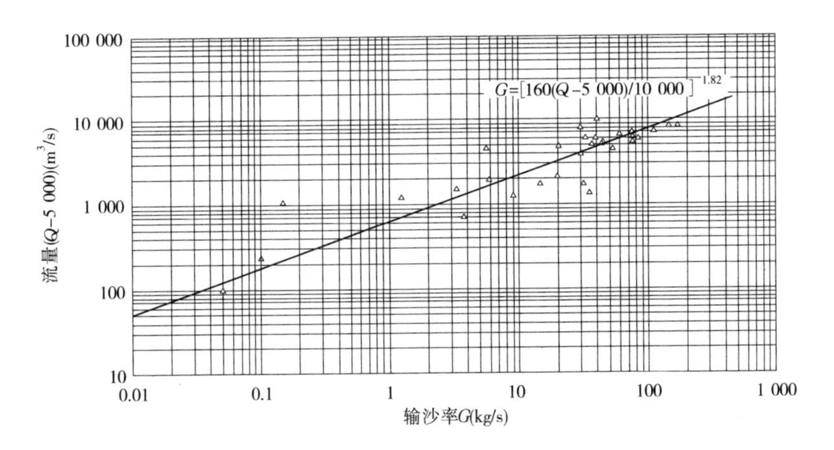

图 3-25　2010 年向家坝站流量与砾卵石推移质输沙率关系

最大卵石粒径一般为 120 ~ 225 mm，最大粒径达 254 mm 以上。卵石推移质级配以 16 mm 以上粗粒径颗粒为主。

向家坝水电站卵石推移质输沙量主要集中在 7 ~ 9 月，占全年输沙量的 90% 以上。

当断面流量小于 4 000 m^3/s 时，卵石推移质未启动，4 000 m^3/s 可作为向家坝坝下卵石推移质的参考启动流量。

3.5　本章小结

本章主要介绍了金沙江下游流域水文监测站网，以及运用传统和现代观测技术进行水文测验的概况。测验项目既有常规水文测验的水位、断面、降水、蒸发、含沙量、输沙率、悬沙颗分、流量等，也有为水电工程服务而进行的推移质测验，特别是在溪洛渡水电站水工泄水建筑物上成功开展的砾卵石测验，是国内乃至国际上的测验创新。

第 4 章　河道地形测量

河道地形测量是利用一系列的测量技术,对江河湖泊地形和纵横断面进行测量与成果整理的全过程,分为陆上测量和水下测量两部分。由于金沙江水电建设规划的需要,于 20 世纪 50 年代在中下游河段进行过陆上地形测量,因其地形险峻和水流恶劣,同时受水下测量技术的限制,只在局部开展了水下地形测量。金沙江作为我国水电资源最丰富的区域,在大力开发能源的形势下,金沙江的水电开发进入实施阶段。河道地形作为水电开发的前期成果,为梯级水电站规划设计提供了科学依据,满足工程建设和运行的需要,因此随着金沙江下游梯级水电站的设计、开工与建设,陆续开展了各水电站水库河道的控制、地形与断面测量。本章选取部分在建水电站相关内容予以介绍。

4.1　溪洛渡河道观测设施

进行河道测量需要建立河道控制与断面布设,即建立河道观测设施,以此为基础实施陆上、水下地形与河道纵横断面测量。金沙江攀枝花至宜宾河段大部分已建立基本控制和断面标志设施,每个水库分段进行。金沙江下游梯级采用统一的基准:平面为 1954 年北京坐标系,高程为 1956 年黄海高程系。

下面以溪洛渡水电站水库的河道观测设施为例来介绍金沙江河道观测情况。

4.1.1　库区范围

溪洛渡库区河道范围下起金沙江干流溪洛渡水电站坝址,上至白鹤滩坝坝址,并覆盖其区间入汇的较大支流,其中金沙江干流长约 199 km,6 条主要支流观测长度为 51 km。

4.1.2　河段概况

白鹤滩至溪洛渡属于金沙江的下游河段,总的流向是自西南向东北,区内地势东北高西南低,东北部的大凉山脉海拔 3 000 ~ 4 000 m,西南部的鲁南山及龙帚山脉海拔 2 500 ~ 3 000 m,而金沙江河谷海拔则在 260 ~ 1 000 m。干支流沿河大都为高山峡谷,河窄岸陡,仅干流少数河段及一些支流中上游有局部宽谷盆地。本河段地质构造较复杂,西宁河口(新市镇)以西属川滇南北构造带,中间有黑水河—巧家—小江大断裂穿过,其两侧为川滇台背斜中段,基底是太古界变质杂岩,岩性为二叠三叠系灰岩、玄武岩、板岩和侏罗白垩系的砂岩、泥岩,其东侧为川滇台向斜的凉山台凹,出露古生—中生界灰岩、玄武岩及砂板岩等。西宁河口以东属四川地台西南边缘,主要出露侏罗白垩系的砂岩、泥岩等。区内断层及褶皱均较发育,沿断层带岩石较破碎,其余地段岩石尚完整。由于地形陡峭,物理地质作用较强烈,不少地段出现崩塌滑坡。

测区为高山峡谷地带,山势陡峻,河谷深切,河道呈“V”字形河谷,峰谷高差在 1 000

m以上,测量定位条件困难,特别是GPS的使用受到明显限制,测深技术和设备也会受到局部限制。干支流均不通航,且滩多流急。作业区域处于金沙江的干热河谷地区,气候条件恶劣,陆路交通甚为困难;测区大部分食宿条件很差,测量和生活条件十分艰苦。

4.1.3　平面控制布设

平面控制布设分为两个层次,一是基本平面控制,二是加密平面控制。

4.1.3.1　基本平面控制

溪洛渡水电站水库覆盖范围广,采用D级GPS控制网,以国家三等以上等级三角点为引据点建立基本平面控制。

1.点位布置

干流上每隔8 km布设一对GPS点,在重要居民地、支流口等处需布设GPS控制点,支流在库尾部布设一对GPS点,每对点间距离控制在1~2 km。在库区新设46个GPS点,组成D级GPS网,形成测区的骨干平面控制网,见图4-1。为方便永久利用,D级点均设置于溪洛渡正常蓄水位600 m以上、通视良好、基础牢固、能够长期保留、没有电磁干扰的地方。GPS点采用混凝土地面标结构。

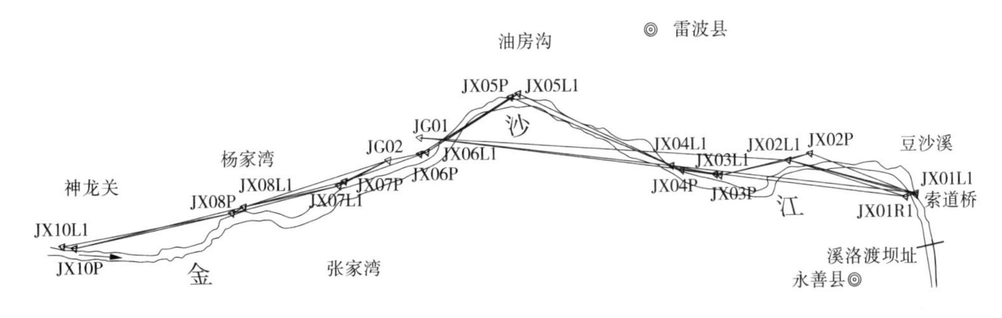

图4-1　溪洛渡库区(坝上游部分)控制布设示意图

2.GPS观测

因河道为狭长形,GPS网型采用附合路线形式构网,观测采用边连接方式传递同步环,采用4台Trimble R7 GPS同步观测。测区范围较大,实行分区观测。施测前,编制了GPS卫星可见性预报表和观测计划表指导作业生产,作业时依照实际作业的进展及时调整。GPS静态测量执行表4-1的规定。

表4-1　GPS控制测量基本技术规定

编号	名称	技术规定
1	卫星高度角	≥15°
2	有效观测卫星总数	≥4
3	时段中任一卫星有效观测时间	≥15 min
4	观测时段数	≥ 2
5	时段长度	≥45 min

续表 4-1

编号	名称	技术规定
6	数据采样间隔	15 s
7	PDOP(位置精度因子)	≤10

3. GPS 观测数据的处理

对观测的原始数据进行预处理,核对点名、天线高等是否正确。

基线处理,采用 GPS 商用软件 TGO 对数据进行分析处理,查看基线解算结果,剔除误差大的数据,再重新解算基线,对于不能满足要求的基线,则安排重测。

GPS 网平差,根据已知高程点的分布情况,进行 GPS 网平差解算获得可靠结果。GPS 控制网平差后的精度情况:最短基线 M21—M23 边长 548.722 m(位于支流美姑河库尾),最长基线 JG15—JG18 边长 13 411.414 m,基线平均边长 5 870.030 m;边长平均相对精度 1/133 万;精度最弱边 M21—M23 的边长相对精度 1/31 万;点位坐标精度最弱点 NG02 的坐标中误差 ΔX 为 ±0.021 3 m、ΔY 为 ±0.029 m(支流牛栏江库尾)。

4.1.3.2　加密平面控制

加密平面控制,是通过利用沿河道每 2 km 布设一个断面来实现的,即每 2 km 设置一对断面标志作为加密点。观测方法:有条件使用 GPS 的,以 GPS E 级附合导线闭合到 D 级点上;其他使用全站仪做五等平面测距导线完成。

断面的布设应具有代表性,在横断面形态显著变化、支流入口、分汊口门、支汊、河道急弯、主要浅滩、主流顶冲段等有关部位适当进行了加密。

溪洛渡水库干流共布设 106 个断面 212 个 GPS E 级标石点。支流按每 1 km 一对点要求进行埋设,共布设 35 个断面,埋设 65 个 GPS E 级标石点。

4.1.4　高程控制布设

高程控制布设分为基本高程控制和加密高程控制。

4.1.4.1　基本高程控制

采用三等水准测量作为测区的基本高程控制,并对布设的 GPS D 级点进行联测。鉴于地形起伏大,布设几何水准路线异常困难,改用三角测距高程法代替。在运用中,使用 1 s 的高精度全站仪,采取以垂直角(不大于 15°)、边长(不大于 700 m)进行严格控制,并采取增加天顶距测回数等措施来保证测量精度。事实证明,在这种困难环境下,这个方法是有效的,经评定后,水准测量达到三等水准精度要求,闭合差不大于 $\pm 12\sqrt{K}$(K 为高程路线长度,以 km 为单位)。

4.1.4.2　加密高程控制

以四等水准进行高程加密,并联测 GPS E 级点,含布设的断面标志。用三角测距高程法代替四等水准测量。在实施中,严格控制了垂直角、视线长度,达到的实际精度符合四等水准要求,闭合差不大于 $\pm 20\sqrt{K}$。

4.2　向家坝河道地形测量

在向家坝水库新市镇(西宁河河口)至向家坝坝址以及坝下至宜宾干支流河段实施本底1:2 000地形测量,干流观测长度109 km。河道地形测量的工作内容包括陆上地形测量、水深测量和水位控制,水深测量还包含水深点的平面位置测量。

4.2.1　陆上地形测量

陆上地形采用Leica TC－702、Topcon GPT－3002LN全站仪配合清华山维EPSW2005电子平板,现场实测至设计规定高程(5年一遇洪水位以上1 m,1956年黄海高程系)。测区内溪沟、冲沟均测至河口以内,并反映出河口形式。测时严格遵循"看不清不测绘"的原则,坚持现场随测随绘,做到点点清、站站清。对自然地物、地貌特征位置均适当加密了测点。

陆上地形每日测绘前均按相关规范及设计要求进行全站仪垂直角指标差检校,开测前或新设站后均进行已知点坐标、高程检校及重点检查。其检校差平面位置图上<1.5 mm,高程差<0.4 m。陆上地形测量过程中每观测25～30个测点(或间隔30 min)检查后视方向一次,归零差未超过2′,测站设站、检校信息均详细记录在地形测量记录簿中。

陆上地形测量最大作业视距按设计要求严格控制在规范测程范围以内(个别特殊情况适当放宽了作业视距,但最大视距均未超过1 500 m(仪器允许测程内)),在地形复杂处作业视距一般减小至200～300 m以内,以真实反映测区自然地物、地貌特征。

测区内的县(区)以上境界均按设计要求测出,测区地名现场调查、标注,各种公路、房屋、管线、通信线、护坡质地、沙滩、地物、植被等均按规定测绘、注记,所有水工、通航建筑物亦按设计规定测绘、标注,各种护坡、岸坎及质地均准确标出界线,并对重要地物重点进行了详细记录。

4.2.2　水位控制

水位观测是通过水深推求水下点高程的依据,对保障水下地形测量的质量十分关键,它直接影响到测点的测量精度,主要采用全站仪接测。每日开工、收工及中间均及时观测水位,若水位变化快,则增加测次;若断面处于滩碛,落差较大,应适当增加水位接测次数(在滩上、滩下接测了水位),以很好地控制水位变化过程。

全站仪接测水位方法和精度要求如下:

在水边选择有代表性的固定点,安置棱镜测取固定点高程(两镜站高程之差≥0.2 m)。当两点高程之差>0.05 m时,则重测;当两点高程之差<0.05 m时,则取其两点高程的平均值为水位。

水位推算严格按照相关规定执行,即当上、下游接测水位落差≥0.10 m时,按距离推算断面水位;当上、下游接测水位落差<0.10 m时,断面水位取上、下游接测水位平均值。有条件时,接测与推算水位均进行了合理性检查。

4.2.3 水深与测深点位置测量

水下地形测量的主要内容包括水深与测深点位置测量。近年来,金沙江的水下地形测量采用由测深仪、GPS(2008 年 8 月开始使用 GNSS)、导航软件、计算机组成的水下测量集成系统,装载于机动船上完成水深与测深点位置测量。整个测量过程一般分三步进行,即测前准备、外业数据采集和数据后处理。

4.2.3.1 测前准备

在室内根据已有资料、测区情况、测图精度要求以及相关规范,按照一定的断面间距(断面方向一般与主流方向垂直)作好计划线。

外业开始前,首先需要进行测量坐标系统转换,常采用的方法为一步法,即将 GPS 基准站架设在已知点上,设置好参考坐标系、投影参数、差分电文数据格式、发射间隔及最大卫星使用数,关闭转换参数和七参数,输入基准站(该点的单点 WGS-84 坐标)后设置为基准站。再将 GPS 流动站架设在另一已知点上,设置好参考坐标系、投影参数、差分电文数据格式、接收间隔,关闭转换参数和七参数,求得该点的固定解(WGS-84 坐标)。通过这两点的 WGS-84 坐标及 1954 年北京坐标(或当地坐标),求得转换参数。然后,建立新任务,设置好需要的坐标系统、投影、一级变换及图定义等。

4.2.3.2 外业数据采集

基准站仍架设在求转换参数时架设的已知点上,成果输入 1954 年北京坐标(或当地坐标)。待流动站、数字测深仪和便携机等设备连接好后,打开电源,启动导航软件,在相应菜单中选取采用的 GPS、测深仪等设备型号,并进行接口参数设置:接口号、传输率、数据位、记录速度及文件格式等,同时应设置测点采集间距或间隔多少时间采集测点。

所有仪器设备连接、参数设置好后,先应进行 GPS 检校、测深仪比测。利用岸上流动站在一级图根点以上已知点进行检验,再用此流动站与船台流动站进行相互校核,两次校核的平面位置差应满足限差要求;也可采用全站仪极坐标法与船台 GPS 天线进行检校。测深仪每日开工前须进行水温量测、声速计算及吃水深改正等,并用比测板或测深锤进行比测。比测应选在 3 m 以上水深处进行,比测 2 点及以上,比测误差应小于限差规定。满足上述条件,即可开始水下测量。

通过导航软件驱使河道观测系统同步采集 GPS RTK 平面定位数据及数字测深仪采集的水深数据;同时通过导航软件将计划线、测量船和采集数据实时显示在屏幕上,及时判定航行是否与计划线一致,以便随时修正航向,保证采集数据的质量。在水下作业前,还应按测时船速在同一断面上往返施测一次,以确定 GPS RTK 定位与测深仪采集水深之间存在的数据延迟时间,并加以修正。

4.2.3.3 数据后处理

外业完成后,需利用河道数据处理系统或导航软件对水下测量数据进行后期处理,主要包括依据回深纸或回深影像对部分水深数据的修改、特征点的插补及延时改正等,从而形成所需要的测量结果。随后利用相应断面接测水位来推算水下测点高程。

4.2.4　地形成图

金沙江河道地形成图,采用清华山维 EPSW 全息测绘系统软件按照相关规范要求进行数字化成图,需要以下过程来完成。

4.2.4.1　数据完整性检查

对于从野外观测的数据,内业人员要按任务规定,检查测量范围是否满足,有没有出现技术规定不允许的空白区,陆上与水下部分有没有不衔接等。

4.2.4.2　数据合理性检查

水下部分的点三维数据计算过程是否符合规定,计算结果是否正确,有没有不合理的数据差错,反映在地形图上,地形如果出现畸变,应仔细查找原因,加以纠正。

4.2.4.3　点的属性与分层准确性检查

地形点的代码、属性和分层应严格遵循技术规定进行设置,不能模糊不清或者出现混乱,妨碍使用。

4.2.4.4　地形图的整饰与分幅

地形图应按照对应比例尺图式要求进行编辑和整饰,使用符号及规格要准确,符号与注记要配合恰当,不能影响阅读和理解。

地形图的分幅与编号按《国家基本比例尺地形图分幅和编号》(GB/T 13989—2012)要求进行,1:2 000 及以上比例尺使用 50 cm×50 cm 规格自由分幅,其他比例尺则应用国际分幅成图。

4.3　溪洛渡库区固定断面测量

溪洛渡库区的固定断面是在实施河道加密控制时一并布设的,干流固定断面观测 106 个,支流固定断面观测 35 个。

河道横断面是位置相对固定的一个大致垂直于综合水流流向的剖面,断面测量包括岸上断面测量和水下断面测量。

4.3.1　岸上断面测量

(1)断面陆上地形高程应测至测区最高洪水位以上 1 m,边滩、洲滩应全部施测。

(2)断面陆上地形一般采用全站仪测距法进行施测,如遇淤泥、悬岩,人员无法到达,可在无障碍物情况下采用激光测距仪或激光全站仪通过无人立尺法施测。断面测量的最大测距长度及测点间距按表 4-2 执行。

表 4-2　断面测量的最大测距长度及测点间距　(单位:m)

测量比例	测距仪最大测距		最大点距
	地物点	地形点	
1:2 000	500	700	20

注:在满足精度条件下,测距可适当加长。

(3)各个断面接测的水边高程必须与上、下游邻近断面的水边高程进行比较，并做合理性检查。

(4)断面陆上地形测量必须详细测记出地形转折点及特殊地形点，如陡坎、悬崖、坎边、水边等，并详细填记测点说明，如堤顶、堤脚、山坡、岩石、卵砾、泥沙、树林、草地、耕地、建筑物等。

(5)断面陆上测量遇有障碍物无法通视时，可在断面线两侧转放旁交点(或图根点)，用旁交法施测断面地形。

4.3.2 水下断面测量

4.3.2.1 水位观测

由于测区属天然河道，水位比降较大，断面水位需采用全站仪在每个断面接测水位。

(1)在水边选择代表水面的一个固定点，安置棱镜测取固定点高程，边长不超过1 000 m，变动仪器高或棱镜高两次(无法立棱镜时可变动仪器高，变动0.1 m)，按图根电磁波测距三角高程导线进行仪高、棱镜高观测，但边长、天顶距每次只观测一测回。两次高程之差应小于0.1 m，取两次平均值作为水位观测值。

(2)接测水位计算时，每测回消除正、倒镜指标差后再计算水位。严格控制接测或观测水位时间，水位推算时间不能外延。

当断面水位存在横比降时，断面水位推算应考虑横比降影响。

当断面水位接测时，应与上、下游邻近断面水位进行比较，并进行断面水位合理性检查。

4.3.2.2 平面定位

(1)水下地形测量采用DGPS定位、回声测深仪测深、横断面法测量。测点布置见表4-3，测量成果应达到规范要求；否则应采用其他方法(如杆、划测)补测达到规范要求，陆上与水下之间不能有空白区。

表4-3 水下断面测量测点间距基本规定

测量比例	测点间距(m)	说明
1:2 000	15～25	在陡岸及深泓处须加密测点，以测出河床真实情况为原则，一般规定近陡岸50 m内测点间距在图上应小于3～5 mm

(2)DGPS测量主要技术指标见表4-4。

表4-4 DGPS测量主要技术指标

项目	技术要求	说明
卫星高度角(°)	≥15	
有效观测卫星数	≥4	
数据采样间隔(″)	1	
PDOP	小于6	适用于Trimble GPS

续表 4-4

项目	技术要求	说明
天线高量取	量取 3 次,3 次较差不应超过 3 mm	取 3 次结果平均值(参考站)
作业范围	≤10 km	作业范围指流动台与参考站间距离
数据记录格式	压缩格式(Compacted)	

(3)DGPS 测量应注意以下事项:

①参考台应设置于视野开阔处,周围 100 m 范围内应无高压线、微波通信线路、大功率电台等影响卫星接收信号的设施。

②流动台天线位置应与测深仪换能器位置一致。

③测量期间,应注意观察卫星变化情况及电台工作情况,并作好参考台和流动台外业手簿记录,当卫星信号接收不满足技术要求或电台工作不正常时,应立即停止测量,另选卫星信号好的时段施测。

④水下地形测量时应尽可能匀速行驶,且船速不应超过 3 m/s。

(4)水下地形施测时应严格控制测船在断面线上,测船偏离航距不应超过 ±1 m。对支流流速较大、横断面法无法施测的断面,可采用纵断面上、下拉锯法(见图 4-2)施测,但应控制点距在规范要求之内。

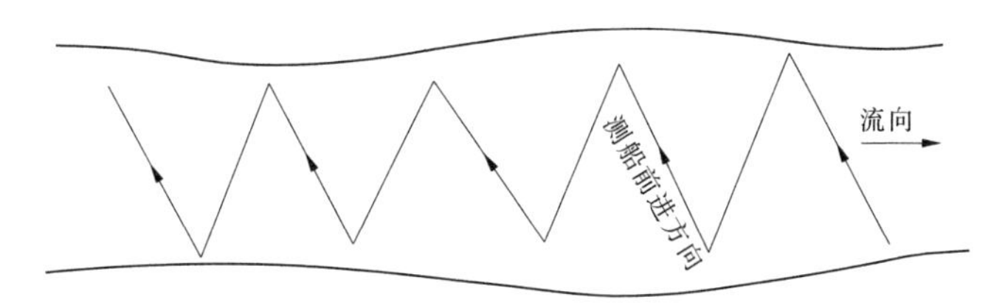

图 4-2　断面上、下拉锯法布置示意图

(5)采用 GPS 无法施测的断面,可采用经纬仪测角交会法或使用全站仪以极坐标法进行观测。

4.3.2.3　**水深测量**

(1)水深测量采用单波束测深仪测深,部分浅滩、隐蔽处辅以锤测、杆测,作好相关记录并归档。

(2)在水下地形施测过程中,测深仪操作人员应密切注意测深仪运行状态,并根据水深变化情况及时调整测深仪有关参数以保证最佳测深效果。每个断面结束后应及时校对计算机采集水深点数与测深仪打印点数是否一致,不一致时应现场查明原因,无法更正时应重测。当天采集数据应备份。

(3)内业处理测深数据时,应根据断面回声纸记录数据插补特征点(须在断面线上)。

4.3.3　断面资料整理

(1)对野外观测获得的陆上数据和水下数据进行衔接检查,确保没有遗漏。

(2)对数据进行校核与合理性检查,保证数据正确。

(3)按照断面成果编制规定,统一以左岸断面桩 L1 为起点距零点,编制成断面成果表。采用适当的纵横比例尺与图形格式(如 CAD)绘制断面图。

(4)编制断面测量说明,对测量中使用的方法、测图比尺、问题等进行陈述。

(5)制作断面分布图。

4.4　影响 GPS 河道观测质量精度的因素讨论

在水道地形测量中,普遍采用了验潮方式进行水下地形测量,其测量结果精度主要受船体的摇摆、采集速率、同步时差、水位接测站点布设及 GPS RTK 的可靠性等因素影响,前四种误差远远大于 GPS RTK 定位误差。

4.4.1　船体摇摆姿态的改正

水下地形测量应根据天气、风浪、潮汐等情况,合理安排施测时间,当风浪较大、气候恶劣、影响人身安全和仪器安全时,应立刻停止作业。这些因素对船体的姿态影响较大,将严重影响水深测量精度。

船的姿态可以利用电磁式姿态仪进行修正,修正包括位置的修正和高程的修正。姿态仪可输出船的航向、横摆、纵摆等参数,通过专用的测量软件接入进行修正。

4.4.2　采集速率和延时造成的误差

GPS 定位输出的更新率将直接影响到瞬时采集的精度和密度,大多数 RTK 方式下 GPS 输出率可以高达 20 Hz,而测深仪的输出速度因品牌不同差别很大,数据输出的延时也各不相同(如采用天宝 R8 GNSS 与 HY－1600 使用 10 Hz 的输出率较为合适)。因此,GPS RTK 定位数据的定位时刻和水深数据测量时刻的时间差造成定位延时,需要选择突出的转折地形进行多次反复测量,并用软件计算延时量,再置入导航软件予以改正。

4.4.3　水位接测点布设误差

因各河段的水流特性不尽相同,局部存在激流、跌坎、内外弯道、横比降较大等特殊河段,所以水位不能仅仅局限在开、收工时接测,还需在节点位置增加水位接测个数,包括左、右岸的水位接测,保证测时断面的水位与推算水位基本一致。

4.4.4　GPS RTK 可靠性的问题

个别时段、个别区域如下午 1～2 时,卫星分布状况差及卫星数量减少,RTK 偶尔会出现失锁或产生跳点,在地形图绘制时容易被发现,与回深纸对照可得到及时的修正。但采用天宝 R8 GNSS 进行平面定位,这种情况有所缓解。

4.5　本章小结

本章以溪洛渡、向家坝水电站河道地形测量为例,介绍了金沙江下游河道运用现代测量技术进行河道测量的概况。金沙江河道测量采用了现代科技成果运用在测绘上的全球卫星定位系统技术、激光测距技术、无线电传输技术、计算机网络技术等,使金沙江这样的高山峡谷、水流湍急河道测量工作才能得以实施,为水电开发的科研、设计、验证等提供完整的及翔实的基础勘测成果,最后还讨论了金沙江影响 GPS 河道观测质量精度的四种因素,以期提高测量精度。

第5章　金沙江水电工程截流水文监测

5.1　截流水文监测的意义

水利水电工程是在江河上拦江筑坝，形成水库，调节江河水资源，实现兴利（发电、灌溉、城镇用水等）除害（防洪抗旱等）的工程措施。为了修筑大坝，水利水电工程都必须截断天然河流，构筑大坝基坑围堰，形成大坝的施工场地。因此，在工程施工进展到一定阶段后，实现截断江河水流，导流设施过流，是工程建设的关键性步骤。

截流是向天然河道不断堆砌土石料以逐步缩窄水面宽，最后达到阻断河流，使江水改道由导流设施通过的全过程。截流施工顺利与否直接关系工程建设的整体进度。水电工程截流有模型试验与施工设计，而由于截流过程影响因素复杂，每个工程河段情况不同，水力要素实际出现的时间、大小、分布会与模拟情形相距较远，有必要进行截流期的实时水力要素监测。截流水文监测主要是为截流施工提供技术咨询服务，围绕截流前期龙口地形的选择；河床覆盖层组成对龙口护底；围堰河段的原型流速流态（流速纵横向分布）和龙口落差、流量、流速、水面宽、分流比对抛投材料、施工工艺、施工措施的选择和围堰稳定性的影响；截流施工期围堰及河道冲蚀刷及边坡稳定性；导流明渠分流效果和水力学要素对截流龙口施工的影响；截流平抛垫底加糙和明渠围堰爆破后河床再造的河道地形和水流条件的变化；截流施工对围堰间和下游河道的地形和通航条件的影响；坝区河段沿程水面线和上下游围堰落差对上下游围堰协调进占的影响；围堰合龙至闭气前的渗漏流量等要素进行系统监测，掌握截流全过程的水文要素的变化特征及规律性，并根据施工进占计划结合实际发生值与模型设计差异对截流时段工程河段的水情和龙口水力学要素进行预测，为截流施工组织、调度决策提供科学依据。

5.2　截流水文监测的特点

虽然截流施工受地形、水情、水流条件等影响，差异较大，截流水文监测的内容和实施过程有区别，但作者通过在金沙江鲁地拉、观音岩、溪洛渡、向家坝等水电站截流水文监测的实践，发现了一些共同的特点。

5.2.1　监测时间紧和强度高

水电站截流施工从投资和安全角度来讲，需要快速地完成，通常在12～48 h就要实现合龙，水文监测工作要与施工高度一致，而每个实时要素值的获得需要一个过程，要素变化越急剧，监测频次就越高，因此在整个施工过程中，监测不能间断，具有时间紧和强度高的特点。

5.2.2　监测要求高、风险大

为了有效地指导截流施工,必须保证各要素监测的高精度,而对于截流过程中波浪翻滚的高速水流以及施工形成的松散地面,要实施高强度、高精度的观测,作业难度和风险很大。

5.2.3　监测环境恶劣

受截流区域特定的地形限制,施工作业面狭窄,数百台大型机械聚集在一个不大的范围内,数十小时不间断作业,尾气、尘土弥漫。监测场地受施工挤压、观测仪器受环境干扰等,导致监测工作实施难度急剧增大。

5.2.4　运用手段多

在截流施工中,自然与人文环境恶劣,单纯采用常规的水文观测手段或单纯采用一种新技术难以满足截流期高时效性的需要,必须依靠水文测验、河道测绘等多种技术联合运用。根据河床坡降大、水流湍急、河床狭窄、水流落差大、流速大且流态非常紊乱等特点,必须进行多种技术准备和监测技术方案的研究,制订翔实、科学、实用、高效的实施方案,才能确保准确、及时、完整地收集到各项水文监测资料,最大限度地为截流施工决策提供科学依据。

5.3　监测的内容与技术路线

截流水文监测根据工程的要求,其具体监测内容会有所不同,但每项监测内容采用的技术路线是基本一致的,下面简要介绍通常观测的内容与采用的技术手段。

5.3.1　水位、落差监测

水位监测包括戗堤上下游、进出口、下游围堰上下游、坝轴线等截流河段各部位布置。监测导流设施进出口、截流全河段水位及落差,以获得监测河段的沿程水面线资料,有的工程还布置有横比降观测。

水位监测采用人工水尺观测和电磁波三角高程测量方式结合进行,在观测员不能到达观测地点的情况下,采用无人立尺测量技术。通过对测距和天顶距精度的控制,可取得满足规范要求的水位精度。截流期根据施工进度进行24段次或更高段次测报。

5.3.2　龙口流速监测

龙口流速是截流戗堤进占最重要的水力学指标,监测难度大。随着龙口口门宽度的缩小,龙口最大流速位置不断变化,受戗堤进占施工工作面的限制及截流河段水流特性影响,龙口最大流速不能用常规方法(缆道法、动船法)施测,主要采用非接触式电波流速仪并辅以浮标法监测。

流速监测以能根据施工要求掌握流速的变化规律,指导截流施工对抛投物选用为原则,在截流戗堤河段布设多个测速点。观测频次视截流进度需要,可采用逐时测量或更高段次观测,以满足施工调度组织的需要。

5.3.2.1 电波流速仪法

在截流戗堤下游左岸或右岸选定测量站点(一般根据电波流速仪的最大有效测程,以及水平角、垂直角的自动补偿极限值确定),使用电波流速仪测量龙口纵横断面或戗堤头挑角等处流速。

5.3.2.2 浮标法

采用经纬仪或全站仪前方交会,等时距测定浮标运行轨迹,利用计算机制成流态图或直接计算沿程水面流速。

5.3.3 龙口形象及水面宽监测

龙口形象及水面宽监测,即戗堤堤头宽,龙口水面宽。戗堤堤头宽是左、右岸堤头间的距离,龙口口门宽指围堰截流戗堤口门宽(截流戗堤轴线两水边点间距)。它们是掌握截流工程施工进度、有效地服务截流工程施工预报、水文及水力学计算的重要参数。

龙口水面宽、堤头宽采用如下两种方案测量:

首选方案:将激光全站仪设置在戗堤轴线上,在龙口的两岸直接进行对向观测,获得截流戗堤两水边点最小间距。

备选方案:受施工影响,在测量人员无法靠近龙口边缘的情况下,采用高精度免棱镜全站仪无人立尺进行龙口水面宽(截流戗堤轴线两水边点间距)测量。

计算公式如下:

平距
$$D = L[\cos\alpha - (2\theta - \gamma)\sin\alpha]$$

高差
$$Z = L[\sin\alpha + (\theta - \gamma)\cos\alpha]$$

其中
$$\theta = L\cos\alpha/(2R)$$
$$\gamma = 0.14\theta$$

宽度
$$B = \sqrt{D_1^2 + D_2^2 - 2D_1D_2\cos\beta}$$

式中:L 为斜距;α 为垂直角;D_1、D_2 分别为仪器至龙口左、右水边的平距;β 为水平夹角。

口门宽、堤头宽监测根据施工进度进行 24 段次或更高段次监测。

5.3.4 流量监测

截流流量项目包含河道总流量、龙口流量、分流量和分流比等。

龙口流量是计算明渠分流比、龙口单宽功率的关键要素。一般情况下,合龙过程中的河道流量(截流设计流量)Q_r 可分为四部分,即

$$Q_r = Q_l + Q_d + Q_{ac} + Q_s$$

式中:Q_l 为龙口流量;Q_d 为导流建筑物分流量;Q_{ac} 为河槽中的调蓄流量;Q_s 为戗堤渗透流量。

在 Q_{ac} 和 Q_s 作为安全储备不予考虑的情况下,实测总流量 Q_r 减去实测龙口过流量 Q_l 即得明渠导流建筑物分流量 Q_d,从而计算明渠的分流比。

明渠分流比为

$$f = Q_d / Q_r$$

5.3.4.1　总流量

选择在截流河段上游或下游适当位置利用 ADCP 进行走航式测验获得总流量,有条件的可利用附近水文站配合截流实测流量。

5.3.4.2　龙口流量

龙口流量监测断面选在上、下围堰之间适当位置。龙口流量监测以 ADCP 走航测量,某些特殊河段,无法采用 ADCP 或常规缆道测量,可以考虑参考截流物理模型辅以三等标法测流或比降法测流,尽管测量精度稍差,但也可以满足截流需要。

5.3.4.3　导流设施分流量

总流量减去龙口过流量,可得明渠分流量,即 $Q_{渠} = Q_{总} - Q_{龙}$。截流期,河道龙口流量是最重要的监测项目之一,其测验频次视截流的进展和分流比的变化要求布置。

5.3.5　水道断面(地形)测量

截流前,为验证截流物理参数,开展截流参数预报,保障截流工作顺利进行,应实施水道断面测量。通常采用冲锋舟装载由 GPS RTK(双星系统)定位、回声仪测深集成的系统施测。地形图由清华山维数字成图系统现场成图。

5.3.6　监测信息传输

截流水文监测获得的信息应及时传送到截流决策指挥机构,以供截流施工指挥与决策机构分析使用。为了信息传输顺畅,一般选用网络、移动电话、对讲机、短信等方式完成,现场工程千变万化无论采用何种手段,都应提前进行试验确定,而且应有备用方案。

5.4　鲁地拉水电站截流水文监测

5.4.1　工程概况

鲁地拉水电站位于云南省丽江市永胜县与大理白族自治州宾川县交界处的金沙江干流上,为金沙江中游水电规划 8 个梯级水电站中的第 7 个梯级。枢纽建筑物由碾压混凝土重力坝、泄洪表孔、右岸地下厂房等建筑物组成,开发的主要任务是发电。水电站正常蓄水位为 1 223 m,总库容为 17.18 亿 m^3,装有 6 台 360 MW 机组,总装机容量为 2 160 MW,多年平均发电量为 99.57 亿 kW·h,年利用小时数为 4 610 h,属Ⅰ等大(1)型工程。工程总布置为碾压混凝土重力坝、河床坝身泄洪、右岸地下厂房方案。坝顶高程 1 228 m,最大坝高 140 m,坝顶长 622 m(含进水口坝段)。引水发电系统布置在右岸山体中,由进水口、引水隧洞、地下厂房、主变室、调压室、尾水隧洞、尾水出口组成。

工程地处高山峡谷地区,河谷地形为不对称的 V 形,左岸较缓,右岸陡峻,且坝顶高程附近为Ⅲ级阶地平台,地形条件良好。河谷底宽 80 m,正常蓄水位时谷宽约 430 m。河床覆盖层厚一般为 10～18 m,最厚处为 22 m,左侧较右侧厚。坝下游顺直河段较长,泄洪条件好。坝基为青灰色浅变质砂岩夹灰黑色泥质粉砂岩,局部有正长岩脉。

鲁地拉水电站工程采用枯水期隧洞导流、汛期基坑过水的导流方式。导流标准采用20年一遇洪水，相应导流流量为2 170 m^3/s。导流洞布置在右岸，断面尺寸为14.5 m×17.0 m，洞长865.0 m。上游围堰为土石和碾压混凝土混合过水围堰，堰顶高程为1 153.0 m，最大堰高30.5 m；下游围堰采用土石过水围堰，堰顶高程为1 137.5 m，最大堰高16.0 m。

5.4.2　截流施工方案

截流时段的选择应兼顾截流难度和围堰施工等因素，选择流量较小时段可降低截流难度，保证截流工程的顺利进行，经分析比较，截流时段定为2008年11月下旬。截流标准为10年一遇旬平均流量，相应设计流量为1 180 m^3/s。龙口站最大平均流速（戗堤轴线上）约为6.92 m/s，相应于龙口宽50 m；最大单宽流量为63.89 $m^3/(s \cdot m)$；最大单宽功率为372.76 $t \cdot m/(s \cdot m)$，相应于龙口宽30 m；截流最终总落差为12.70 m。

工程采用双向进占，合龙时以左岸进占为主，右岸进占为辅（左岸进占强度约80%，右岸进占强度约20%），单戗立堵截流方式，截流戗堤顶宽30 m，戗堤顶高程为1 145.7 m。龙口位置在中部偏向右岸。截流戗堤龙口段主要采用全断面推进和凸出上游挑角法两种进占方式。

（1）全断面推进：在水力条件较好、流速较小时一般材料可满足，4～5个卸料点进占不分先后、齐头并进。

（2）凸出上游挑角：在堤头上游侧与戗堤轴线成30°～45°角的方向，用大块石和钢筋石笼串抛填形成一个防冲矶头，在防冲矶头下游侧形成回流区，中小石、石渣混合料尾随进占。

在截流过程中，以布置在右岸的导流洞分流，应根据实时龙口落差、流速、分流比资料，随时调整抛投时的材料大小与强度。

5.4.3　截流水文监测内容与布置

5.4.3.1　监测内容

（1）水位监测，即上下戗堤、下围堰、导流洞进出口水位监测。

（2）流速监测，即龙口流速测量。

（3）流量监测，即总流量、龙口流量测验、分流比分析计算。

（4）龙口形象及水面宽监测，即戗堤堤头宽、龙口水面宽监测。

（5）水道断面测量，即龙口断面、流量监测断面。

（6）水文要素信息传送。

5.4.3.2　监测控制与站网布设

按照截流施工布置，截流监测区域位于水电站导流洞进出口河段。为满足截流施工、科研、设计、施工决策对水文监测的要求，需要进行平面高程控制测量与观测站网布置，共布设：6个水位监测站；2个流量监测站，其中1个河道总流量监测站（导出下游水尺处），1个截流龙口流量监测站；1个龙口流速监测站；1个龙口宽度观测站。水文监测站网分布见图5-1，表5-1为鲁地拉水电站截流水文监测站网一览表。

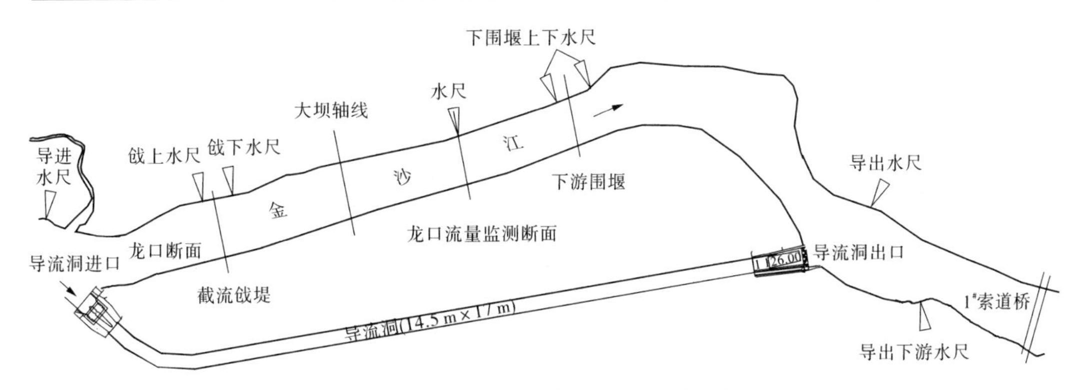

图 5-1 鲁地拉水电站截流监测布置示意图

表 5-1 鲁地拉水电站截流水文监测站网一览

序号	站名	功能	说明
1	导进水尺	导流洞进口水位	已有
2	上围堰上水尺	上围堰上水位	新设
3	上围堰下水尺	上围堰下水位	新设
4	下围堰上水尺	下围堰上水位	新设
5	下围堰下水尺	下围堰下水位	新设
6	龙口流量断面水尺	围堰间水位	新设
7	导出下水尺	推算总流量	新设
8	龙口流速监测站	观测龙口流速	新设
9	龙口宽监测站	观测堤头宽、水面宽	新设

5.4.4 截流施工与监测过程

截流正式施工时间比原计划推迟约40 d,于2009年12月11日开始实施预进占(水面宽约60 m),至1月13日形成龙口(水面宽30 m、分流比为42%)。由于戗堤位于导流洞进口下游约200 m,围堰需要克服的河流比降大,预进占的效果没有达到设计的分流指标。为了更稳妥地进行合龙施工,在形成龙口后对戗堤进行了加固施工。

龙口截流从18日20时开始,实施高强度进占,经过15 h的紧张施工,于2009年1月19日10:30成功合龙,如图5-2所示。

监测工作与施工同步开展,于1月11日进入现场开展监测。

截流期主要监测过程及内容:1月11~12日进行现场仪器测具检校、作业区查勘、断面布设、控制点选点、控制点测量和内业工作场所布置;从1月13日开始按照截流技术方案进行水文要素资料收集,内容包括坝址流量测验、龙口流量测验、龙口落差测量、下围堰落差测量、导流洞落差测量、口门堤头宽测量、龙口水面宽测量和分流比计算等。各要素监测工作量为:13~14日为每日2次,15~17日为每日7次,18日为每日11次,19日为

图 5-2　鲁地拉水电站截流合龙

每日 18 次。水文监测随着合龙的推进频次增加，18 日 20 时至 19 日 2 时，每小时监测一次；19 日 3 时至 10 时 30 分为每半小时监测一次。

5.4.5　监测成果与分析

5.4.5.1　水位、落差成果及变化分析

1. 戗堤水位变化过程

鲁地拉水电站截流期间，水位受上游来水、导流洞分流和龙口束窄等多方面因素影响而变化。

（1）在龙口进占阶段（1 月 13 日 10:00 至 18 日 23:00），导流洞进口水位和戗堤上游水位（简称戗上水位）缓慢上升，戗堤下游水位（简称戗下水位）、坝轴线水位和下围堰上水位缓慢下降；下围堰下水位降低较多。

（2）在合龙阶段（1 月 19 日 01:00～10:30），导流洞进口水位和戗堤上游水位上升较快，每小时上升 0.141 m；戗堤下游水位、坝轴线水位和下围堰上水位迅速下降，每小时下降 0.229 m；下围堰下水位降低缓慢，每小时下降 0.06 m。1 月 13 日 10:00 至 15 日 10:00，水位上涨缓慢，从 1 130.83 m 涨至 1 131.26 m；但 1 月 15 日 11 时，水位突然下降至1 129.97 m。

截流戗堤监测点的水位观测值见表 5-2。水位变化符合截流期河道水流变化实际情况，随着龙口的变窄，戗堤上游和导流洞进口因水流壅阻，水位逐渐抬升，而戗堤下游水位及下围堰上水位因水量减少而逐渐降低；合龙时期，龙口迅速变窄，各处的水位变化也迅速增大。坝轴线处在戗堤下游附近，河道水流条件与戗堤下游相同，两者水位变化过程及变化量十分相近。各点水位变化情况见图 5-3。

2. 落差变化

为掌握截流期截流围堰分担落差、大坝河段总落差、戗堤水面线的变化情况开展水位观测，包括戗堤轴线上游水位、戗堤轴线水位、下围堰上水位、下围堰下水位、导流洞进口水位、导流洞出口水位、其他坝区专用水尺水位和测流断面水位；观测时段为 2009 年 1 月 13～19 日。

表 5-2 鲁地拉水电站截流戗堤观测水位一览

时间	戗上水位(m)	戗下水位(m)	落差(m)	时间	戗上水位(m)	戗下水位(m)	落差(m)
13 日 10:00	1 137.18	1 136.80	0.38	18 日 11:00	1 137.71	1 137.03	0.68
13 日 13:00	1 137.21	1 136.81	0.40	18 日 14:00	1 137.70	1 137.04	0.66
14 日 10:00	1 137.24	1 136.84	0.40	18 日 15:00	1 137.71	1 137.04	0.67
14 日 15:00	1 137.21	1 136.75	0.46	18 日 16:00	1 137.71	1 137.04	0.67
15 日 09:00	1 137.38	1 136.86	0.52	18 日 20:00	1 137.70	1 137.04	0.66
15 日 10:00	1 137.39	1 136.86	0.53	18 日 21:00	1 137.67	1 136.98	0.69
15 日 11:00	1 137.41	1 136.87	0.54	18 日 22:00	1 137.66	1 136.96	0.70
15 日 14:00	1 137.46	1 136.81	0.65	18 日 23:00	1 137.70	1 136.78	0.92
15 日 15:00	1 137.49	1 136.81	0.68	18 日 24:00	1 137.80	1 136.70	1.10
15 日 16:00	1 137.47	1 136.81	0.66	19 日 01:00	1 137.85	1 136.63	1.22
15 日 17:00	1 137.50	1 136.73	0.77	19 日 02:00	1 137.91	1 136.54	1.37
16 日 09:00	1 137.61	1 136.89	0.72	19 日 03:00	1 138.01	1 136.40	1.61
16 日 10:00	1 137.60	1 136.93	0.67	19 日 03:30	1 138.04	1 136.32	1.72
16 日 11:00	1 137.62	1 136.87	0.75	19 日 04:00	1 138.14	1 136.14	2.00
16 日 14:00	1 137.65	1 136.84	0.81	19 日 04:30	1 138.21	1 136.08	2.13
16 日 15:00	1 137.65	1 136.82	0.83	19 日 05:00	1 138.31	1 135.92	2.39
16 日 16:00	1 137.64	1 136.83	0.81	19 日 05:30	1 138.40	1 135.81	2.59
16 日 17:00	1 137.63	1 136.81	0.82	19 日 06:00	1 138.50	1 135.66	2.84
17 日 09:00	1 137.69	1 136.87	0.82	19 日 06:30	1 138.64	1 135.53	3.11
17 日 10:00	1 137.68	1 136.89	0.79	19 日 07:00	1 138.68	1 135.44	3.24
17 日 11:00	1 137.69	1 136.86	0.83	19 日 07:30	1 138.75	1 135.35	3.40
17 日 14:00	1 137.70	1 136.86	0.84	19 日 08:00	1 138.86	1 135.08	3.78
17 日 15:00	1 137.70	1 136.86	0.84	19 日 08:30	1 138.98	1 134.93	4.05
17 日 16:00	1 137.70	1 136.86	0.84	19 日 09:00	1 139.09	1 134.66	4.43
17 日 17:00	1 137.68	1 136.84	0.84	19 日 09:30	1 139.20	1 134.60	4.60
18 日 09:00	1 137.72	1 137.04	0.68	19 日 10:00	1 139.29	1 134.52	4.77
18 日 10:00	1 137.72	1 137.04	0.68	19 日 10:30	1 139.35	1 134.41	4.94

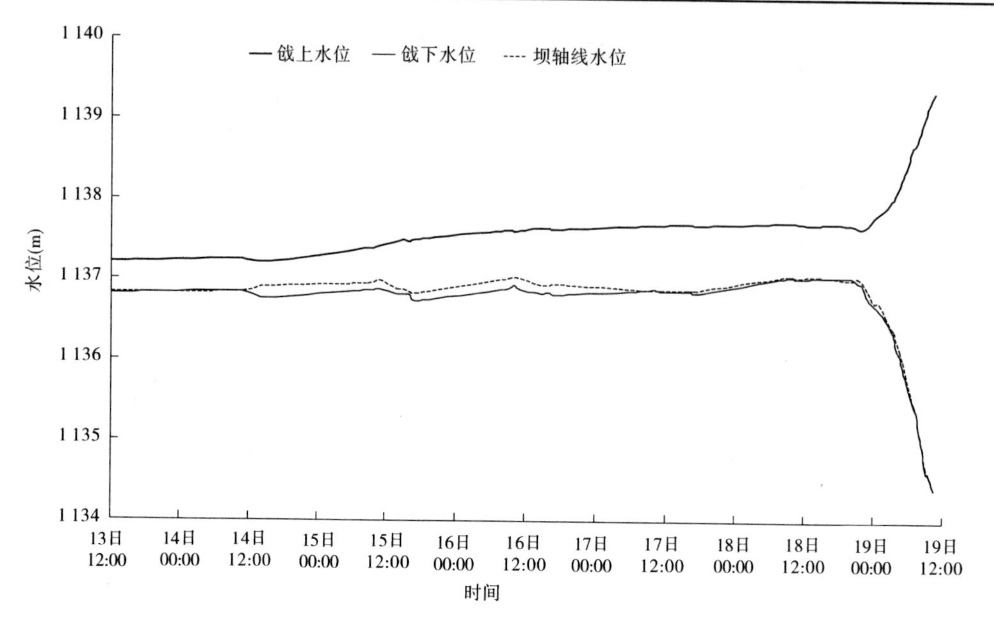

图 5-3 鲁地拉水电站截流戗堤水位过程线(2009 年 1 月)

(1)龙口水位落差。由于鲁地拉水电站截流河段采取单边缩窄河道措施,故在龙口缩窄的同时河道流量逐渐减小,龙口上游水位抬高,而下游水位降低,龙口落差逐渐增大,从开始的 0. 38 m 到最终落差 4. 94 m,变化过程见表 5-2 和图 5-4。

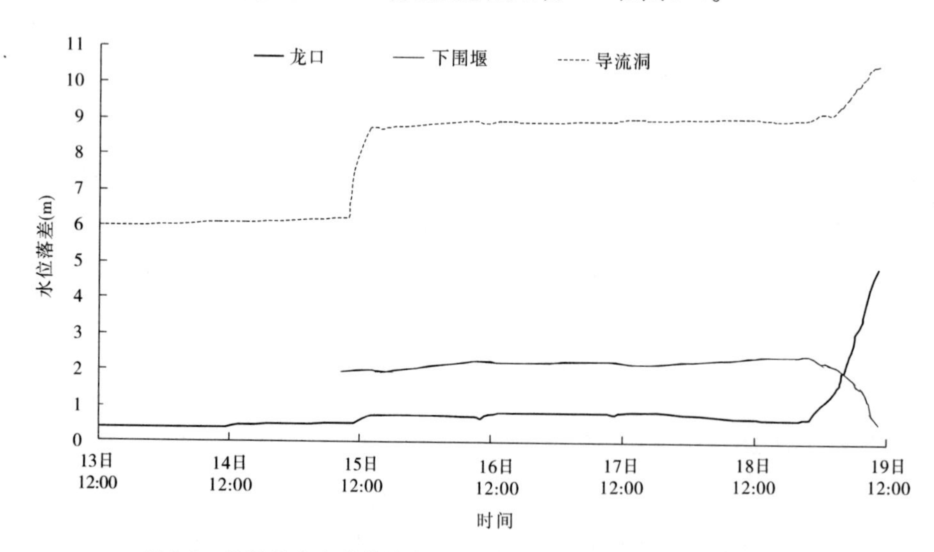

图 5-4 鲁地拉水电站截流龙口、下围堰、导流洞水位落差变化过程

(2)下围堰水位落差。截流期间,下围堰进占较为缓慢,河道保持畅流状态,围堰上、下水位落差变化不大。自 18 日正式合龙开始,随着导流洞分流比的提高,河道流量减小,下围堰上、下水位落差逐渐变小,合龙最后时刻落差为 0. 56 m,变化过程见表 5-3 和图 5-4。

表 5-3　鲁地拉水电站截流下围堰水位落差

时间	下围堰水位及落差(m)			时间	下围堰水位及落差(m)		
	上水位	下水位	落差		上水位	下水位	落差
15 日 09:00	1 136.93	1 134.96	1.97	18 日 14:00	1 137.04	1 134.60	2.44
15 日 10:00	1 136.95			18 日 20:00	1 137.02	1 134.59	2.43
15 日 11:00	1 136.96			18 日 21:00	1 137.02	1 134.56	2.46
15 日 14:00	1 136.86	1 134.87	1.99	18 日 22:00	1 137.02	1 134.55	2.47
15 日 15:00	1 136.83			18 日 23:00	1 136.89	1 134.48	2.41
15 日 16:00	1 136.81			18 日 24:00	1 136.72	1 134.47	2.25
15 日 17:00	1 136.78	1 134.82	1.96	19 日 01:00	1 136.70	1 134.43	2.27
16 日 09:00	1 137.03	1 134.77	2.26	19 日 02:00	1 136.58	1 134.37	2.21
16 日 10:00	1 137.03			19 日 03:00	1 136.44	1 134.30	2.14
16 日 11:00	1 137.01			19 日 03:30	1 136.37	1 134.27	2.10
16 日 14:00	1 136.95	1 134.71	2.24	19 日 04:00	1 136.24	1 134.21	2.03
16 日 15:00	1 136.95			19 日 04:30	1 136.15	1 134.19	1.96
16 日 16:00	1 136.94			19 日 05:00	1 136.00	1 134.08	1.92
16 日 17:00	1 136.95	1 134.71	2.24	19 日 05:30	1 135.87	1 134.02	1.85
17 日 09:00	1 136.85	1 134.59	2.26	19 日 06:00	1 135.69	1 133.93	1.76
17 日 10:00	1 136.85			19 日 06:30	1 135.56	1 133.92	1.64
17 日 11:00	1 136.85			19 日 07:00	1 135.46	1 133.90	1.56
17 日 14:00	1 136.86	1 134.65	2.21	19 日 07:30	1 135.36	1 133.77	1.59
17 日 15:00	1 136.86	1 134.66	2.20	19 日 08:00	1 135.10	1 133.70	1.40
17 日 16:00	1 136.86	1 134.65	2.21	19 日 08:30	1 134.94	1 133.72	1.22
17 日 17:00	1 136.84	1 134.65	2.19	19 日 09:00	1 134.68	1 133.85	0.83
18 日 09:00	1 137.04	1 134.68	2.36	19 日 09:30	1 134.61	1 133.85	0.76
18 日 10:00	1 137.04			19 日 10:00	1 134.52	1 133.85	0.67
18 日 11:00	1 137.03			19 日 10:30	1 134.41	1 133.85	0.56

(3)导流洞水位落差。随着上围堰戗堤进占与龙口缩窄,导流洞进口水位逐步抬升,导流洞分流能力逐渐增强,导流洞进口与出口水位落差逐渐增大,由先期的 8.73 m 变为合龙最后时刻的 10.57 m,变化过程见表 5-4 和图 5-4。

表 5-4　鲁地拉水电站截流导流洞水位落差

时间	导流洞水位及落差(m)			时间	导流洞水位及落差(m)		
	导进口	导出口	落差		导进口	导出口	落差
15 日 15:00	1 137.57	1 128.80	8.73	18 日 20:00	1 137.73	1 128.71	9.02
15 日 16:00	1 137.59	1 128.84	8.75	18 日 21:00	1 137.73	1 128.70	9.03
15 日 17:00	1 137.60	1 128.82	8.78	18 日 22:00	1 137.75	1 128.68	9.07
16 日 09:00	1 137.69	1 128.74	8.95	18 日 23:00	1 137.80	1 128.66	9.14
16 日 10:00	1 137.70	1 128.77	8.93	18 日 24:00	1 137.84	1 128.61	9.23
16 日 11:00	1 137.72	1 128.81	8.91	19 日 01:00	1 137.88	1 128.66	9.22
16 日 14:00	1 137.74	1 128.78	8.96	19 日 02:00	1 137.93	1 128.73	9.20
16 日 15:00	1 137.73	1 128.78	8.95	19 日 03:00	1 138.03	1 128.66	9.37
16 日 16:00	1 137.72	1 128.77	8.95	19 日 03:30	1 138.10	1 128.66	9.44
16 日 17:00	1 137.72	1 128.79	8.93	19 日 04:00	1 138.10	1 128.65	9.45
17 日 09:00	1 137.76	1 128.79	8.97	19 日 04:30	1 138.25	1 128.66	9.59
17 日 10:00	1 137.77	1 128.79	8.98	19 日 05:00	1 138.30	1 128.66	9.64
17 日 11:00	1 137.77	1 128.77	9.00	19 日 05:30	1 138.45	1 128.65	9.80
17 日 14:00	1 137.73	1 128.70	9.03	19 日 06:00	1 138.52	1 128.65	9.87
17 日 15:00	1 137.73	1 128.71	9.02	19 日 06:30	1 138.63	1 128.65	9.98
17 日 16:00	1 137.72	1 128.71	9.01	19 日 07:00	1 138.67	1 128.64	10.03
17 日 17:00	1 137.72	1 128.72	9.00	19 日 07:30	1 138.79	1 128.64	10.15
18 日 09:00	1 137.75	1 128.69	9.06	19 日 08:00	1 138.88	1 128.66	10.22
18 日 10:00	1 137.75	1 128.68	9.07	19 日 08:30	1 139.01	1 128.64	10.37
18 日 11:00	1 137.75	1 128.68	9.07	19 日 09:00	1 139.12	1 128.63	10.49
18 日 14:00	1 137.74	1 128.70	9.04	19 日 09:30	1 139.21	1 128.67	10.54
18 日 15:00	1 137.75	1 128.71	9.04	19 日 10:00	1 139.25	1 128.70	10.55
18 日 16:00	1 137.73	1 128.72	9.01	19 日 10:30	1 139.29	1 128.72	10.57

5.4.5.2　龙口要素成果与变化分析

截流期龙口流速是非常重要的水力学指标,龙口流速的分布和龙口流速的变化直接决定了截流施工的现场指挥和调度。通过将实测的龙口流速与水工模型和截流水力计算的成果进行比较,从而改变和调整施工方案和措施。在本次截流过程中,截流水文监测成果在截流施工指挥中发挥了重要的作用。

鲁地拉水电站截流期流速测验主要采用电波流速仪,观测时段为 2009 年 1 月 13 ~ 19 日。1 月 13 ~ 18 日为预进占阶段,1 月 19 日为合龙阶段,全程监测数据表明龙口流速与龙口进占、口门宽、龙口流量等有着直接关系。龙口流速、口门宽、流量成果见表 5-5。

表5-5 鲁地拉水电站截流龙口要素成果

时间	口门最大流速(m/s)	水面宽(m)	龙口流量(m^3/s)	时间	口门最大流速(m/s)	水面宽(m)	龙口流量(m^3/s)	时间	口门最大流速(m/s)	水面宽(m)	龙口流量(m^3/s)
13日10:00	3.00	29.5	373	17日09:00	5.32	20.9	245	19日01:00	5.80	17.0	205
13日13:00	3.04	29.2	371	17日10:00	5.35	20.9	245	19日02:00	5.80	16.6	200
14日10:00	3.10	28.5	365	17日11:00	5.35	20.9	245	19日03:00	5.85	14.7	185
14日15:00	3.16	28.0	361	17日14:00	5.37	20.9	245	19日03:30	5.90	14.5	180
15日09:00	3.82	26.5	350	17日15:00	5.37	20.9	245	19日04:00	6.00	13.3	170
15日10:00	3.84	26.4	345	17日16:00	5.37	20.9	245	19日04:30	6.00	13.3	167
15日11:00	4.17	26.3	340	17日17:00	5.37	20.9	245	19日05:00	6.00	12.7	162
15日14:00	4.38	26.0	330	18日09:00	5.32	21.0	240	19日05:30	5.90	10.3	150
15日15:00	4.41	23.7	310	18日10:00	5.32	21.0	240	19日06:00	5.90	10.0	130
15日16:00	4.62	23.6	305	18日11:00	5.32	21.0	240	19日06:30	5.90	9.5	120
15日17:00	4.76	23.1	295	18日14:00	5.32	21.0	240	19日07:00	5.60	8.3	115
16日09:00	4.95	27.5	275	18日15:00	5.32	21.0	240	19日07:30	5.20	7.1	110
16日10:00	4.97	22.6	270	18日16:00	5.32	21.0	240	19日08:00	5.10	6.3	95
16日11:00	5.03	18.0	255	18日20:00	5.32	21.0	240	19日08:30	5.10	4.4	60
16日14:00	5.12	21.9	260	18日21:00	5.35	21.0	228	19日09:00	5.00	2.6	55
16日15:00	5.16	21.8	255	18日22:00	5.45	20.5	225	19日09:30	4.96	2.6	50
16日16:00	5.16	21.8	255	18日23:00	5.62	18.8	220	19日10:00	4.64	2.0	30
16日17:00	5.20	21.1	250	18日24:00	5.76	17.6	210	19日10:30	0	0	26

1. 龙口流速变化

鲁地拉水电站截流期间龙口流速随时间变化的过程比较客观地反映了河道水流的基本特性和规律。由于截流期间,单面缩窄的同时龙口断面逐步减小,上下落差逐渐增大,使得龙口流速逐步增大,从开始的3.00 m/s一度增大至6.00 m/s,而当导流洞分流比达到74.6%时,由于龙口流量较小,龙口流速减小直至合龙时为零。龙口流速变化过程见图5-5。

2. 龙口流速与龙口水面宽的关系

鲁地拉水电站截流龙口流速与龙口水面宽的关系见图5-6。

从图5-6可见,龙口流速与龙口水面宽点群比较集中,关系较为良好,通过点群重心的关系曲线揭示了二者之间的影响关系。当水面宽大于15 m时,龙口流速与水面宽成反比,水面宽越大流速越小。这符合流量一定时,断面面积越大流速越小的河道水流特性。当水面宽小于15 m时,龙口流速与水面宽成正比,水面宽越小流速越小。这是由于随着龙口的变窄和戗堤上游水位的抬升,导流洞分流能力逐渐提高,当分流比超过74.6%时,龙口流速逐渐变小直至合龙时为零。

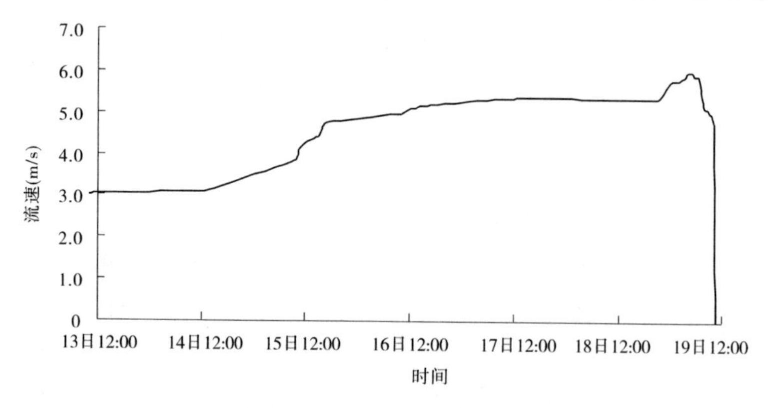

图 5-5　鲁地拉水电站截流龙口流速变化过程

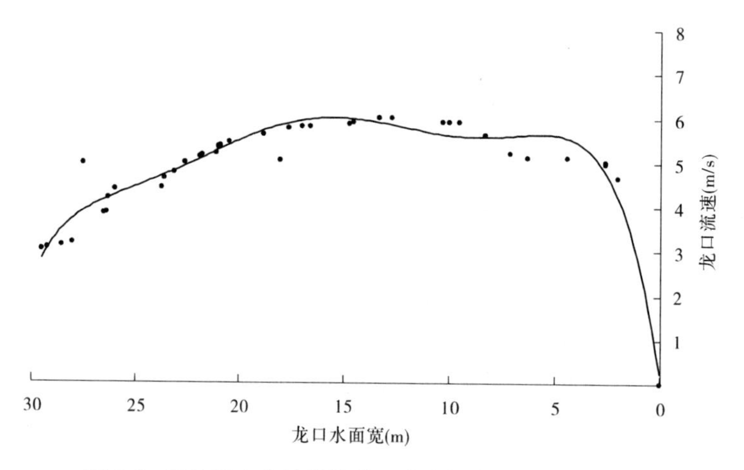

图 5-6　鲁地拉水电站截流龙口流速与龙口水面宽的关系

3. 龙口流速与龙口流量的关系

截流期间,用电波流速仪在龙口施测流速,在上下围堰间施测流量,用全站仪施测水面宽。

龙口流速与龙口流量和龙口宽(间接反映断面面积)直接相关,龙口流速与龙口流量关系见图 5-7。根据水文原理,流速、流量和断面之间的关系为流速 = 流量 ÷ 断面面积。当流量为 170 m^3/s 时,流速最大达到 6.0 m/s;当流量从 350 m^3/s 向 170 m^3/s 减小时,流速则随之增大,原因是在流量变小的同时,龙口宽(间接反映断面面积)在以更快的速度减小;当流量从 170 m^3/s 向零减小时,流速则随之减小,直至为零,原因是随着导流洞分流能力的提高,通过龙口的流量迅速减少,虽然龙口宽(间接反映断面面积)也在减小,但其减小速度小于流量,合龙完成,龙口流量为零,流速也就为零。

4. 龙口宽变化分析

龙口宽包括堤头宽和水面宽。随着进占的加快,龙口宽逐渐减小,但先期减小速度缓慢,至合龙时便迅速减小至零。这是由于先期江面较宽,龙口断面较大,以同样的速度抛石量堆垒河岸进占缓慢,而接近合龙时龙口断面较小,抛石量堆垒河岸较快。鲁地拉水电站截流龙口宽变化见图 5-8,堤头宽和水面宽随进占变化过程虽有突变现象(表明在进占过程中有局部坍塌发生)，但总体上反映了这一客观事实。

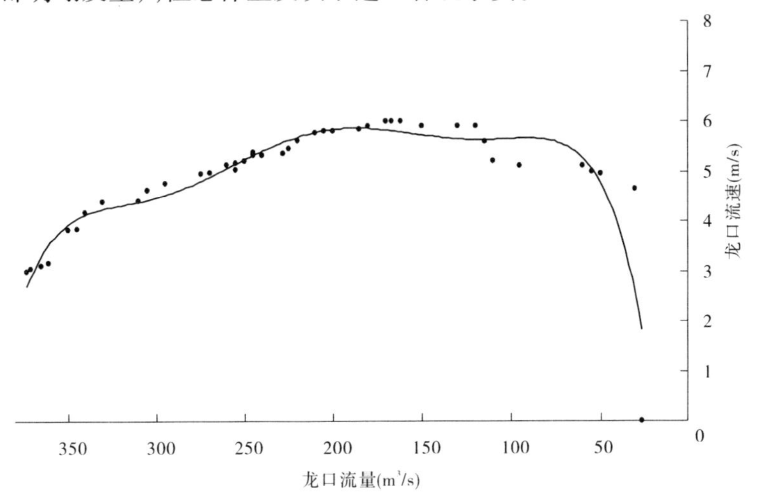

图5-7 鲁地拉水电站截流龙口流速与龙口流量关系

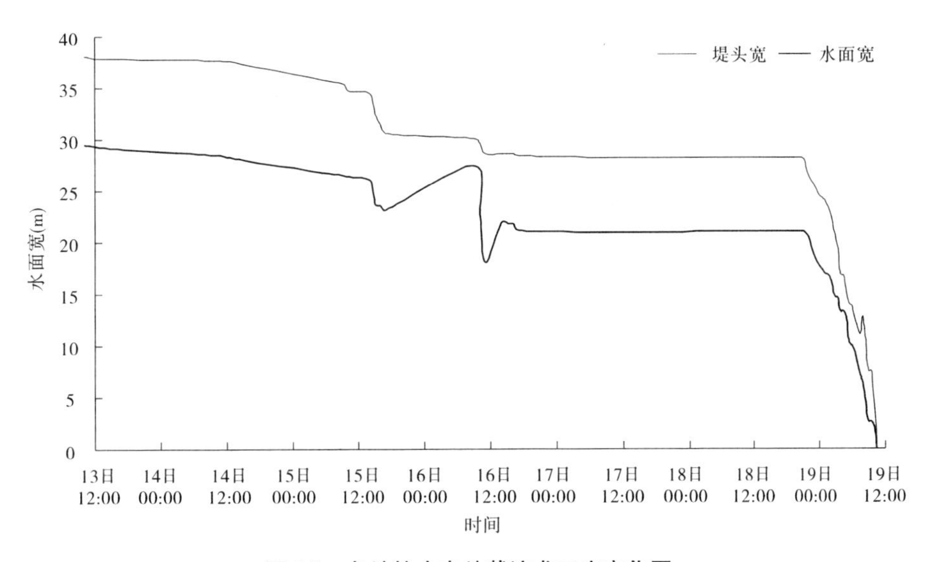

图5-8 鲁地拉水电站截流龙口宽变化图

从图5-8可见，在合龙前堤头宽始终大于水面宽，在两者逐渐变小的过程中，堤头宽与水面宽的差值也逐渐变小，即由8.5 m(13日10:00)依次到7.3 m(17日09:00)、6.0 m(19日03:30)、4.9 m(19日09:00)、0 m(19日10:30)。

在15日09:00至16日16:00期间，水面宽一度出现突然变大的现象，分析认为是水流冲刷抛石堆岸所致。16日17:00至18日21:00，堤头宽和水面宽没有变化，这与此间停止进占的实际情况相符。

概言之，水电站截流期间的堤头宽和水面宽监测，不仅为水电站决策指挥部门正确制订截流方案、科学部署截流工作、及时调整截流方法提供了科学依据，而且真实地反映了截流进占施工情况。

5.4.5.3　流量成果及变化分析

鲁地拉水电站截流期间由一个导流洞承担分流任务，表 5-6 是截流期监测坝址、龙口与导流洞流量成果，图 5-9 是根据截流期坝址流量、龙口流量、导流洞分流量和导流洞分流比资料点绘的各部位流量变化过程。由图 5-9 可见，各流量之间的变化关系符合实际情况，无异常现象发生。导流洞分流量及分流比的计算公式为

导流洞分流量 = 坝址流量 − 龙口流量

分流比 = 导流洞分流量 ÷ 坝址流量

表 5-6　鲁地拉水电站截流期流量成果

时间	坝址流量(m^3/s)	龙口流量(m^3/s)	分流量(m^3/s)	分流比(%)	时间	坝址流量(m^3/s)	龙口流量(m^3/s)	分流量(m^3/s)	分流比(%)
13 日 10:00	645	373	272	42.2	18 日 11:00	600	240	360	60.0
13 日 13:00	645	371	274	42.5	18 日 14:00	600	240	360	60.0
14 日 10:00	635	365	270	42.5	18 日 15:00	600	240	360	60.0
14 日 15:00	630	361	269	42.7	18 日 16:00	600	240	360	60.0
15 日 09:00	620	350	270	43.5	18 日 20:00	600	240	360	60.0
15 日 10:00	620	345	275	44.4	18 日 21:00	590	228	362	61.4
15 日 11:00	620	340	280	45.2	18 日 22:00	590	225	365	61.9
15 日 14:00	620	330	290	46.8	18 日 23:00	590	220	370	62.7
15 日 15:00	620	310	310	50.0	18 日 24:00	590	210	380	64.4
15 日 16:00	620	305	315	50.8	19 日 01:00	590	205	385	65.3
15 日 17:00	620	295	325	52.4	19 日 02:00	590	200	390	66.1
16 日 09:00	605	275	330	54.5	19 日 03:00	590	185	405	68.6
16 日 10:00	605	270	335	55.4	19 日 03:30	590	180	410	69.5
16 日 11:00	605	255	350	57.9	19 日 04:00	590	170	420	71.2
16 日 14:00	605	260	345	57.0	19 日 04:30	590	167	423	71.7
16 日 15:00	605	255	350	57.9	19 日 05:00	590	162	428	72.5
16 日 16:00	605	255	350	57.9	19 日 05:30	590	150	440	74.6
16 日 17:00	605	250	355	58.7	19 日 06:00	590	130	460	78.0
17 日 09:00	600	245	355	59.2	19 日 06:30	590	120	470	79.7
17 日 10:00	600	245	355	59.2	19 日 07:00	590	115	475	80.5
17 日 11:00	600	245	355	59.2	19 日 07:30	590	110	480	81.4
17 日 14:00	600	245	355	59.2	19 日 08:00	590	95	495	83.9
17 日 15:00	600	245	355	59.2	19 日 08:30	590	60	530	89.8
17 日 16:00	600	245	355	59.2	19 日 09:00	590	55	535	90.7
17 日 17:00	600	245	355	59.2	19 日 09:30	590	50	540	91.5
18 日 09:00	600	240	360	60.0	19 日 10:00	590	30	560	94.9
18 日 10:00	600	240	360	60.0	19 日 10:30	590	26	564	95.6

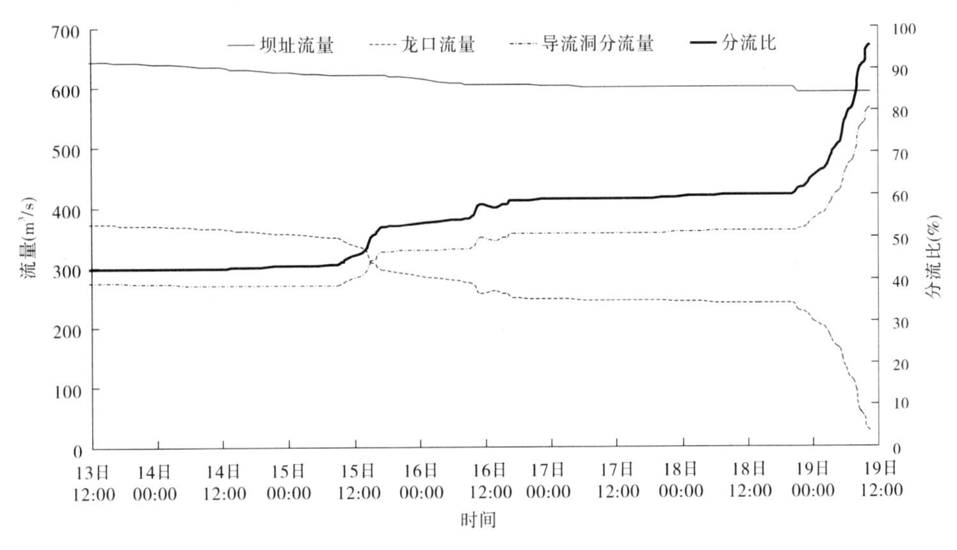

图5-9　鲁地拉水电站截流流量过程线

1. 坝址流量变化

从图5-9可见，整个截流期间，坝址流量(来水量)2009年1月13日10:00为645 m^3/s，到1月19日10:30为590 m^3/s，流量的变化趋势总体是持续减小。在龙口强进占阶段流量变化较小，从1月18日14:00至19日10:30期间流量变化范围为590~600 m^3/s，相差仅10 m^3/s。

2. 龙口流量变化

龙口流量的变化主要受上游来水和导流洞分流的影响，在截流进占阶段，导流洞分流量增加，所以龙口流量呈持续减小的趋势(见图5-9)，同时在此期间导流洞泄流和冲渣，导流洞过流时大时小，因此在龙口流量过程线出现小的起伏，但减小的总趋势未变。在进占阶段(2009年1月13日10:00至18日20:00)龙口流量从373 m^3/s变化到240 m^3/s。

从2009年1月18日21:00开始，龙口截流施工进入强进占阶段，以后随着龙口的束窄，龙口流量持续减小，至19日02:00流量减小到200 m^3/s，在此期间流量减小的幅度随时间的变化均匀。龙口继续推进直至龙口合龙(19日10:30)，流量减小为26 m^3/s，此流量为截流合龙后戗堤的渗漏流量，戗堤需要进行加固和堵漏。

3. 导流洞分流量及分流比变化

在龙口进占阶段，导流洞的分流能力由于受导流洞泄流和上游来水量的影响，其分流能力不断提高，从前期(1月13日10:00)的272 m^3/s，到龙口强进占前期(1月18日20:00)的360 m^3/s，口门水面宽21.0 m，导流洞的分流比为42.2%~60.0%，基本达到设计的分流效果。

从1月18日21:00起龙口截流施工进入强进占阶段，导流洞分流能力进一步增加，分流量从362 m^3/s、分流比从61.4%开始增加，到19日05:30导流洞分流量达到440 m^3/s，分流比达到74.6%；1月19日10:30合龙，导流洞分流量564 m^3/s，分流比达到95.6%，少量的流量从戗堤渗漏。

从龙口水面宽与导流洞分流比关系(见图 5-10)可见,随着截流进占,龙口水面宽逐渐变小,戗堤上游水位抬升,导流洞流量逐渐增大,分流比增大。其间截流进占一度暂停(16 日 14:00 至 18 日 20:00),水面宽不变,导流洞分流比也不变。从 18 日 23 时开始截流强进占至 19 日 10:30 合龙,导流洞分流比从 62.7% 增加至最后的 95.6% 。

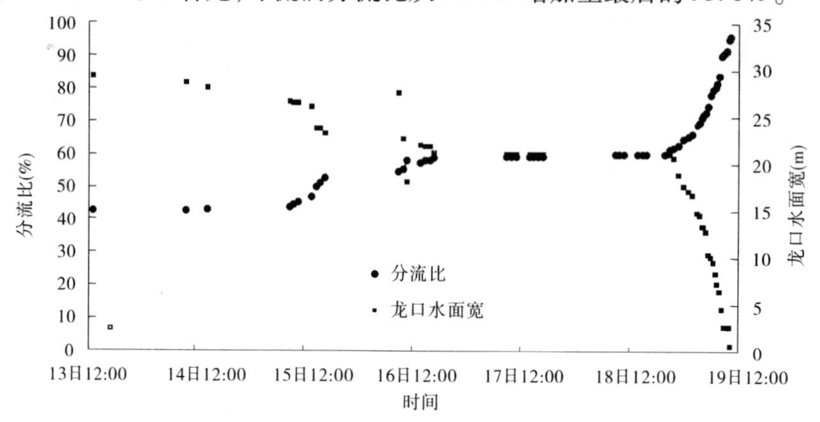

图 5-10　鲁地拉水电站截流龙口水面宽与导流洞分流比关系

5.4.5.4　截流期水文监测资料综合分析

根据截流期水文监测的资料来分析各要素之间的相关关系,反映了水电站截流期各水力要素的变化特征和基本规律。水电站截流期的各项水力学参数的变化都是以随龙口束窄而变化为主要特征的,口门宽减小,其他水文、水力学参数也相应发生改变。

1. 龙口水面宽与龙口落差的关系

截流前龙口河段水面比降为天然状态,截流进占使龙口缩窄,戗堤上游壅水以及戗堤下游水量减少使龙口上下水位落差变大。资料显示:1 月 13 日 10:00 龙口落差为 0.38 m,1 月 19 日 10:30 合龙时龙口最大落差为 4.94 m。在整个截流过程中,龙口水面宽与龙口落差关系稳定,二者变化符合水文、水力学特性,见图 5-11。

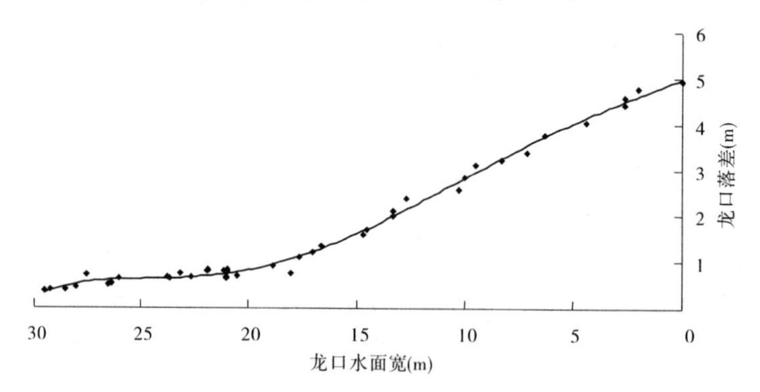

图 5-11　鲁地拉水电站截流龙口水面宽与龙口落差关系

2. 龙口流速与龙口落差的关系

河道水流速度的大小受河道落差和龙口流量综合影响。在戗堤进占过程中,龙口落差越大流速越大,落差越小流速越小。图5-12反映出流速与落差的这种自然关系:当龙口落差为0.38 m时(1月13日10:00),龙口流速为3.04 m/s;当龙口落差为2.00 m时(1月19日04:00),龙口流速为6.00 m/s。

在强进占合龙过程中,导流洞分流能力提高,龙口流量逐渐减小,这时龙口落差越大,流速越小,直至为零,即当龙口落差为4.77 m时(1月19日10:00),龙口流速为4.64 m/s;当龙口落差为最大4.94 m时(1月19日10:30),龙口流速为零。

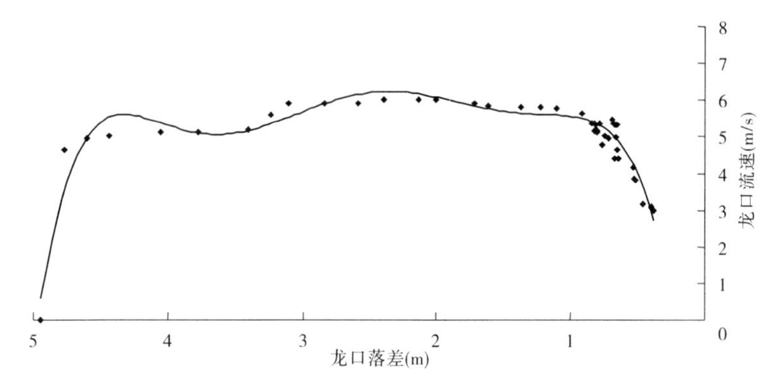

图5-12　鲁地拉水电站截流龙口流速与龙口落差的关系

3. 龙口流量、分流比与龙口落差的关系

龙口流量与龙口落差成反比,落差越小流量越大,反之亦然。这源于龙口流量主要受龙口过水断面影响。伴随截流进占,龙口断面迅速减小,过水能力迅速降低,河道主流逐渐经导流洞通过、当龙口落差达到最大值时,龙口断流,不再有流量。

当龙口落差增大,龙口流量减少时,导流洞分流能力提高,分流比也随龙口落差的增大而增大。

由图5-13可见,龙口流量与龙口落差关系线、龙口落差与分流比关系线在变化过程和趋势上都非常一致,这也反映出鲁地拉水电站单一导流洞分流的特点。

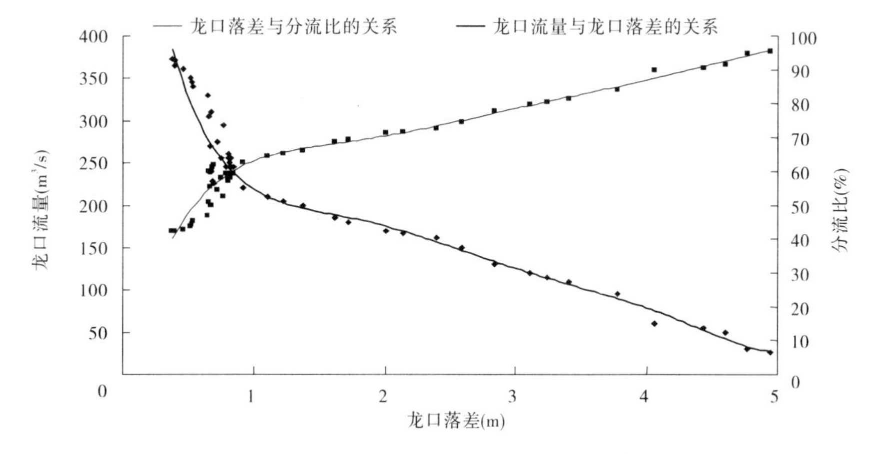

图5-13　鲁地拉水电站截流龙口流量与龙口落差的关系

4. 龙口水面宽与龙口流量的关系

龙口流量、导流洞流量的变化与龙口的水面宽变化有明显的相关性，从图 5-14 可以看出，在截流过程中，龙口水面宽减小，龙口流量持续减小，直至合龙时流量为零。

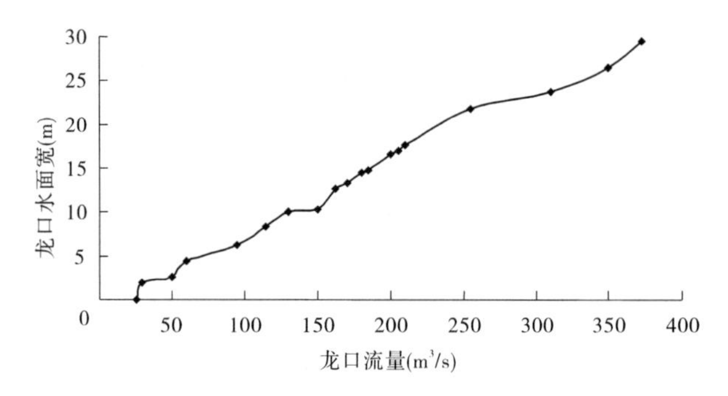

图 5-14　鲁地拉水电站截流龙口水面宽与龙口流量的关系

5. 龙口水面宽与导流洞流量、分流比的关系

龙口水面宽与龙口分流比的关系趋势非常明显，见图 5-15。随着龙口水面宽的持续减小，分流比持续增加，直至合龙分流比达到 95.6%。

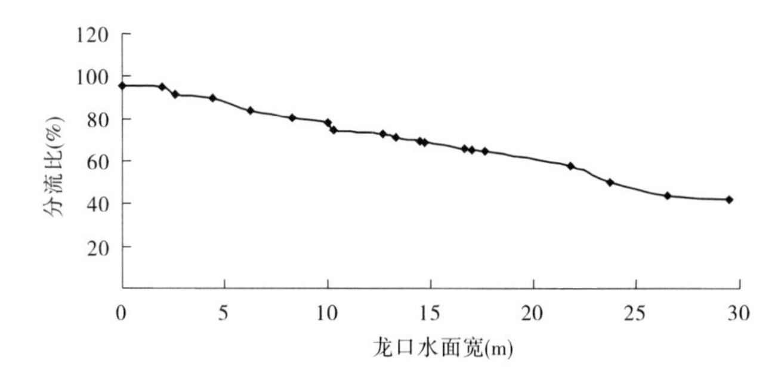

图 5-15　鲁地拉水电站截流龙口水面宽与分流比关系

5.4.6　截流设计与监测值比较

在鲁地拉水电站截流设计工况条件下，按河道设计截流平均流量 1 180 m³/s 及相关地形资料等进行截流水力学计算，成果表明：截流戗堤合龙后，上游水位约为 1 145.0 m，因此取截流戗堤顶高程为 1 145.7 m。龙口最大平均流速（戗堤轴线上）约为 6.92 m/s，相应于龙口宽 50 m；最大单宽流量为 63.89 m³/(s · m)；最大单宽功率为 372.76 t · m/(s · m)，相应于龙口宽 30 m；截流最终总落差为 12.70 m。截流主要水力学计算成果见表 5-7。

实际截流时的流量远小于设计值，其截流施工难度大为降低，表 5-8 为截流主要水力学实测成果，可以看出，截流施工的水力学指标由于河道来水量的大幅减少而比设计值小了许多。

表5-7　鲁地拉水电站截流主要水力学计算成果

龙口宽(m)	坝址流量(m^3/s)	戗上水位(m)	戗下水位(m)	落差(m)	平均流速(m/s)	龙口流量(m^3/s)	导流洞分流量(m^3/s)	分流比(%)
65	1 180	1 135.18	1 134.22	0.96	4.42	972	208	17.6
60	1 180	1 135.41	1 133.62	1.79	5.77	956	224	19.0
55	1 180	1 136.45	1 133.57	2.88	6.41	886	294	24.9
50	1 180	1 137.67	1 133.35	4.32	6.92	789	391	33.1
45	1 180	1 139.00	1 133.04	5.96	6.65	668	512	43.4
40	1 180	1 140.15	1 132.62	7.53	6.38	551	629	53.3
35	1 180	1 141.20	1 132.30	8.90	6.08	435	745	63.1
30	1 180	1 142.12	1 132.30	9.82	5.74	320	860	72.9
25	1 180	1 142.96	1 132.30	10.66	5.32	218	962	81.5
20	1 180	1 143.70	1 132.30	11.40	4.84	134	1 046	88.6
15	1 180	1 144.30	1 132.30	12.00	4.25	69	1 111	94.2
10	1 180	1 144.70	1 132.30	12.40	3.44	28	1 152	97.6
5	1 180	1 144.95	1 132.30	12.65	2.28	3	1 177	99.7
0	1 180	1 145.00	1 132.30	12.70	0	0	1 180	100.0

表5-8　鲁地拉水电站截流主要水力学实测成果

龙口宽(m)	坝址流量(m^3/s)	戗上水位(m)	戗下水位(m)	落差(m)	口门最大流速(m/s)	龙口流量(m^3/s)	导流洞分流量(m^3/s)	分流比(%)
29.5	645	1 137.18	1 136.80	0.38	3.00	373	272	42.2
26.5	620	1 137.38	1 136.86	0.52	3.82	350	270	43.5
23.7	620	1 137.49	1 136.81	0.68	4.41	310	310	50.0
21.8	605	1 137.65	1 136.82	0.83	5.16	255	350	57.9
17.6	590	1 137.80	1 136.70	1.10	5.76	210	380	64.4
17.0	590	1 137.85	1 136.63	1.22	5.80	205	385	65.3
16.6	590	1 137.91	1 136.54	1.37	5.80	200	390	66.1
14.7	590	1 138.01	1 136.40	1.61	5.85	185	405	68.6
14.5	590	1 138.04	1 136.32	1.72	5.90	180	410	69.5
13.3	590	1 138.14	1 136.14	2.00	6.00	170	420	71.2
12.7	590	1 138.31	1 135.92	2.39	6.00	162	428	72.5
10.3	590	1 138.40	1 135.81	2.59	5.90	150	440	74.6

续表 5-8

龙口宽(m)	坝址流量(m^3/s)	戗上水位(m)	戗下水位(m)	落差(m)	口门最大流速(m/s)	龙口流量(m^3/s)	导流洞分流量(m^3/s)	分流比(%)
10.0	590	1 138.50	1 135.66	2.84	5.90	130	460	78.0
8.3	590	1 138.68	1 135.44	3.24	5.60	115	475	80.5
6.3	590	1 138.86	1 135.08	3.78	5.10	95	495	83.9
4.4	590	1 138.98	1 134.93	4.05	5.10	60	530	89.8
2.6	590	1 139.20	1 134.60	4.60	4.96	50	540	91.5
2.0	590	1 139.29	1 134.52	4.77	4.64	30	560	94.9
0	590	1 139.35	1 134.41	4.94	0	26	564	95.6

根据设计和实测数据,得到分流比与龙口流速(见图5-16)、分流比与戗堤落差(见图5-17)的相关关系,通过比较,设计水力学关系与实测水力学关系具有相似性,但仍有差异。这种差异除受水量背景差别影响外,与设计方案不完全一致也有关系,反映出水文监测对截流施工的积极作用。

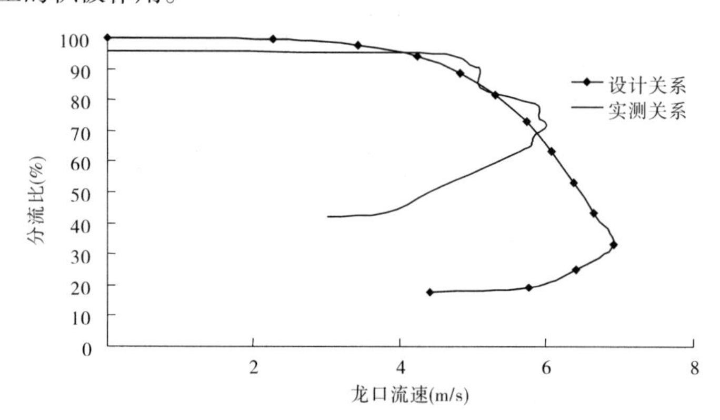

图5-16 鲁地拉水电站截流分流比与龙口流速关系

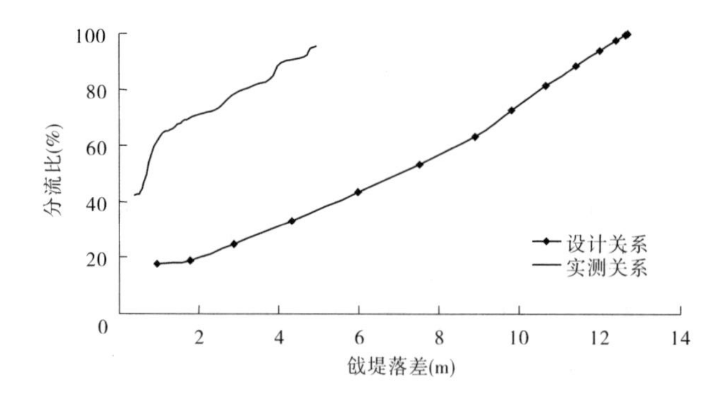

图5-17 鲁地拉水电站截流分流比与戗堤落差关系

5.5　观音岩水电站截流水文监测

5.5.1　工程概况

观音岩水电站为金沙江中游河段规划的8个梯级水电站的最末一个梯级，水库上游与鲁地拉水电站相衔接。水电站位于云南省丽江市华坪县与四川省攀枝花市交界的金沙江中游河段，水电站坝址距攀枝花市公路里程约27 km，距华坪县城公路里程约42 km。成昆铁路支线格里坪站距坝址直线距离约10 km。坝址控制流域面积256 518 km^2，多年平均流量1 850 m^3/s。坝址河段河谷为斜向谷，两岸地形不对称，山体雄厚。两岸江边均有基岩出露。河床冲积层厚16～18 m，主要由块石、碎石、卵砾石及少量中—粗砂组成。

观音岩水电站为Ⅰ等大(1)型工程，以发电为主，兼有防洪、灌溉、旅游等综合利用功能。水库正常蓄水位1 134 m，库容约20.72亿 m^3，电站装机容量3 000(5×600) MW。枢纽主要由挡水、泄洪排沙、引水发电系统及坝后厂房等建筑物组成。引水发电系统建筑物布置在河中，岸边溢洪道布置在右岸台地里侧，导流明渠溢洪道布置在导流明渠位置。

工程采用明渠分期导流方式，第一阶段实施右岸明渠开挖建设；第二阶段待右岸导流明渠具备过流条件后，拆除明渠进出口围堰实施大江截流，进行明渠左侧大坝及厂房施工；第三阶段，从导流明渠封堵开始到导流结束，永久泄洪建筑物完建。

5.5.2　截流施工方案

观音岩大江河床截流时间确定在2010年12月下旬，截流流量按1 460 m^3/s进行截流方案设计。根据截流模型试验，当主河床截流时，采用上、下游双戗单向、立堵进占的方式，下游同步进占为上游截流分担落差，降低水力学指标。先进占下戗堤，再进占上戗堤，进占时从左岸向右岸推进，龙口位于主河床右侧，由位于大坝右侧底板高程为1 020.0 m的导流明渠分流。

截流实施前应建立完备的水文信息系统，龙口段截流进占过程中水文测验资料须及时报送截流指挥部，以便于根据龙口水力学指标调整抛投材料，确保截流成功。

5.5.2.1　非龙口段施工

(1)非龙口段填筑料采用自卸汽车运输，端进法抛投，将大部分抛投料直接抛入江中，推土机配合施工；当深水区进占时，为确保安全，部分采用堤头集料，推土机赶料抛投。非龙口段施工在实践和摸索中不断改进抛填方式。

(2)非龙口段进占抛投材料，一般用石渣料全断面抛投施工，在进占过程中，如发现堤头抛投料有流失现象，则在堤头进占前沿的上游角先抛投一部分大、中石，在其保护下再将石渣抛填在戗堤轴线的下游侧。

(3)必要时采用防冲裹头保护。根据前3 d准确的水文、水情预报，当金沙江流量较大时，采用抛投大石或中石进行裹头保护。

(4)在进占的同时，戗堤顶部采用级配较好的石渣料铺筑并平整压实，派专人养护路面，确保合龙过程车辆畅通无阻。

5.5.2.2　龙口段施工

考虑到对河床的冲刷，将加大戗堤抛投流失系数，增加备料量，加大抛投强度，尽快将龙口底部覆盖。为防止抛投时堤头边坡失稳，采取防护性进占（包括堤头挑流和堰体尾随抛投、变换堤头抛填方法等）、诱导坍塌等综合措施。控制戗堤顶面高出水面1 m左右。

1. 戗堤堤头车辆行驶路线布置

上游截流戗堤顶宽约30 m，按每5 m左右布置一个卸料点，考虑周边安全，共布置4～5个卸料点。下游堆石堤顶宽20 m，合龙段可在堤头布置3～4个卸料点，防渗平台尾随进占，以满足进占抛投车辆回车需要。

根据不同部位填料的要求，采用不同的编队方式。靠上游侧主要抛大石或钢筋石笼，中间及靠下游侧抛填中小石、石渣。

2. 堤头抛填方式

堤头抛填方式主要采用全断面推进和凸出上挑角两种进占方式，堤头分区抛投方式如下。

1）龙口段Ⅰ区

口门宽60～80 m，采用大石、中石及石渣全断面进占，靠近束窄口门堤头处位置采用大石抛投在迎水侧抗冲，石渣料与中石齐头并进。

为满足抛投强度，视堤头的稳定情况，部分采用自卸汽车直接抛填，部分采用堤头集料，推土机赶料方式抛投，在塌滑频繁区，全部采用堤头集料方式填筑。

2）龙口段Ⅱ区

口门宽30～60 m，为合龙最困难的区段，采用凸出上游挑角的进占方法，在上游角与戗堤轴线45°角集中抛（特）大石，控制在戗堤轴线上游5～12 m，使上游角凸出5～7 m，将水流自堤头前上游角挑出一部分，从而使堤头下侧形成回流缓流区，再抛投中小石及石渣料进占。

3）龙口段Ⅲ区

口门宽0～30 m，此区段水深逐渐变浅，有利于戗堤的稳定，为减少冲刷流失，继续采用凸出上挑角施工。

在施工中，大石、中石以堤头集料为主，石渣以汽车直接抛投为主。钢筋石笼及混凝土四面体采用16～25 t吊车直接吊至20～25 t自卸汽车上，运输至堤头卸料，再用大型推土机推至堤头前沿。

5.5.3　截流水文监测内容与布置

5.5.3.1　水文监测内容

根据工程特定的地形、河段水流条件，在现有资料和实际施工条件下，采用简化、实用的技术和方法，开展截流期水文测报专题技术服务。观音岩水电站截流监测主要内容为以下6项：

（1）水位监测，即上下戗堤、下围堰、导流洞进出口水位监测；

（2）流速监测，即龙口流速测量；

（3）流量监测，即总流量、龙口流量测验、分流比分析计算；

（4）龙口形象及水面宽监测，即戗堤堤头宽、龙口水面宽监测；

(5)水道断面测量,龙口断面、流量监测断面;

(6)水文要素信息传送。

5.5.3.2　观音岩水电站水文监测控制与站网布设

根据截流的施工布局,确定导流明渠进口至出口河段为水文监测河段,长约 700 m,在此范围内,为实施水文要素监测,进行了控制布设、戗堤断面测量、水尺布设,观测布置见图 5-18。

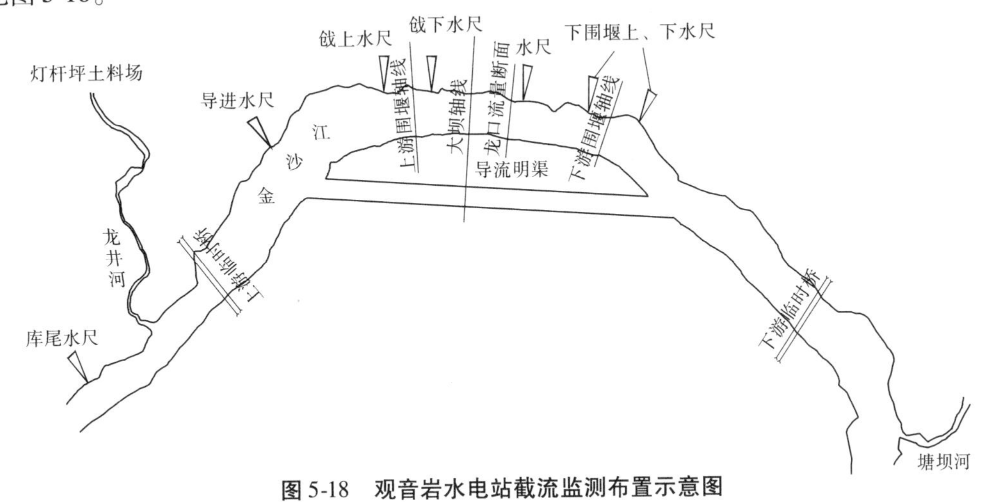

图 5-18　观音岩水电站截流监测布置示意图

5.5.4　截流施工与监测过程

观音岩水电站截流从 2010 年 12 月 21 日开始预进占。上围堰(截流主戗堤)右岸明渠一侧保持天然河岸形态,预进占只在左岸进行;与此同时,下围堰实施了两岸预进占,至 12 月 25 日上下围堰均形成约 30 m 的龙口,至 12 月 31 日,对围堰进行加宽、加固。从 2011 年 1 月 1 日至 6 日 10:30 集中实施截流主戗堤,缓慢推进直至合龙,如图 5-19 所示,之后再对下围堰进占合龙。

图 5-19　观音岩水电站截流施工

水文监测在截流预进占前已完成监测布置与方案演练，随着施工的推进，观测频次变化，观测强度最大时为每小时一次，一次连续工作最长达16 h。整个截流期间，监测人员克服昼夜温差大、尘土弥漫、交通不便、观测时间长等诸多困难，做到了水文监测信息即测即报，有效地支撑了水电站截流期间的科学决策和正确指挥，保证了截流的安全与顺利进行。

截流期主要监测过程，12月21～24日进行现场仪器测具检校、断面布设，完成控制点选点、控制点测量、水尺埋设、安全措施设置和内业工作场所布置，以及电波流速仪测速、ADCP测流等试验比测，并对各要素进行了观测和信息传递演练，达到监测条件。从12月25日开始，根据施工进展情况，按照截流技术方案进行水文要素资料收集，内容有：坝址流量测验、龙口流量测验、龙口落差测量、下围堰落差测量、上下口门宽和堤头宽测量、龙口水面宽测量和导流明渠分流比计算等。各要素监测工作量为：12月25日至1月6日为每日2～11次；累计测量坝址流量69次，龙口流量69次，上下围堰水位（上游、下游水位）、上下围堰堤头宽、水面宽、明渠分流比各69次，发送监测要素短信55条，累计发送短信3 000余人次。

5.5.5 监测成果与分析

5.5.5.1 水位、落差、水面线变化及成果分析

1. 水位变化过程

观音岩水电站截流期间，水位受上游来水、导流明渠分流和龙口束窄等多方面的因素影响而变化。变化情况如下：

（1）在龙口进占阶段（2010年12月25日10:00至31日10:00），导流明渠进口水位和戗堤上游水位缓慢上升，戗堤下游水位、坝轴线水位和下围堰上水位由于受上游来水影响在缓慢上升后处于平稳状态。

（2）在合龙阶段（2010年12月31日12:00至2011年1月6日10:30），此阶段进度不是很强，导流明渠进口水位和戗堤上游水位缓慢上升，戗堤下游水位、坝轴线水位和下围堰上水位缓慢下降。至2011年1月6日10:30，合龙完毕，戗上水位达到最高1 024.43 m，戗下水位、下围堰上下、明渠出口水位达到一致。

各个监测点的水位变化符合截流期河道水流变化的实际情况，随着龙口的变窄，戗堤上游和导流明渠进口因水流壅阻，水位逐渐抬升，而戗堤下游水位及下围堰上水位因水量减少而逐渐降低；合龙时期，龙口迅速变窄，各处的水位变化也迅速增大。坝轴线处在戗堤下游附近，河道水流条件与戗堤下游相同，两者水位变化过程及变化量十分相近。各点水位变化情况见表5-9、表5-10和图5-20。

2. 落差变化

为掌握截流期截流围堰分担落差、大坝河段总落差、戗堤水面线的变化情况，开展水位观测，包括戗堤轴线上游、戗堤轴线下游水位，下围堰上水位，下围堰下水位，导流明渠进口、导流明渠出口水位，测流断面水位。

（1）龙口水位落差。由于观音岩水电站截流河段采取左岸单向进占、缩窄河道的截流方式，龙口在缩窄的同时河道流量逐渐减小，龙口上游水位抬高，而下游水位降低，龙口落差逐渐增大，从开始的1.46 m到最终落差8.03 m，变化过程见表5-9和图5-21。

表5-9　观音岩水电站截流龙口水位落差

时间（年-月-日T时:分）	龙口水位及落差(m)			时间（年-月-日T时:分）	龙口水位及落差(m)		
	戗上水位	戗下水位	落差		戗上水位	戗下水位	落差
2010-12-25T10:00	1 017.46	1 015.99	1.47	2011-01-01T24:00	1 021.38	1 016.68	4.70
2010-12-25T12:00	1 017.66	1 016.02	1.64	2011-01-02T04:00	1 021.43	1 016.56	4.87
2010-12-25T14:00	1 017.72	1 016.03	1.69	2011-01-02T10:00	1 021.67	1 016.44	5.23
2010-12-25T16:00	1 017.86	1 016.02	1.84	2011-01-02T12:00	1 021.73	1 016.38	5.35
2010-12-25T17:00	1 017.95	1 016.04	1.91	2011-01-02T14:00	1 021.78	1 016.33	5.45
2010-12-26T09:00	1 018.73	1 016.63	2.10	2011-01-02T16:00	1 021.83	1 016.21	5.64
2010-12-26T14:00	1 018.62	1 016.53	2.09	2011-01-02T18:00	1 021.89	1 016.29	5.60
2010-12-26T17:00	1 018.60	1 016.61	1.99	2011-01-02T22:00	1 021.91	1 016.26	5.66
2010-12-27T09:00	1 018.79	1 017.15	1.64	2011-01-03T08:00	1 022.26	1 016.00	6.26
2010-12-27T10:00	1 018.79	1 017.15	1.64	2011-01-03T10:00	1 022.31	1 015.96	6.35
2010-12-27T11:00	1 018.82	1 017.05	1.77	2011-01-03T11:00	1 022.35	1 015.92	6.43
2010-12-27T12:00	1 018.99	1 017.05	1.94	2011-01-03T12:00	1 022.40	1 015.90	6.50
2010-12-27T17:00	1 019.09	1 017.14	1.95	2011-01-03T13:00	1 022.41	1 015.90	6.51
2010-12-28T10:00	1 019.27	1 017.30	1.97	2011-01-03T14:00	1 022.47	1 015.92	6.55
2010-12-28T17:00	1 019.17	1 017.22	1.95	2011-01-03T15:00	1 022.51	1 015.89	6.62
2010-12-29T10:00	1 019.20	1 017.23	1.97	2011-01-03T16:00	1 022.56	1 015.84	6.68
2010-12-29T17:00	1 019.17	1 017.21	1.96	2011-01-03T17:00	1 022.60	1 015.84	6.76
2010-12-30T10:00	1 019.30	1 017.35	1.95	2011-01-03T18:00	1 022.65	1 015.90	6.75
2010-12-30T17:00	1 019.24	1 017.25	1.99	2011-01-03T20:00	1 022.71	1 015.90	7.24
2010-12-31T10:00	1 019.40	1 017.12	2.28	2011-01-04T10:00	1 023.38	1 015.81	7.57
2010-12-31T12:00	1 019.67	1 017.05	2.62	2011-01-04T12:00	1 023.48	1 015.84	7.64
2010-12-31T14:00	1 019.85	1 017.01	2.84	2011-01-04T14:00	1 023.54	1 015.84	7.70
2010-12-31T16:00	1 020.19	1 017.01	3.18	2011-01-04T16:00	1 023.58	1 015.85	7.73
2010-12-31T18:00	1 020.47	1 016.86	3.64	2011-01-04T18:00	1 023.60	1 015.84	7.76
2010-12-31T20:00	1 020.56	1 016.79	3.70	2011-01-04T20:00	1 023.65	1 015.85	7.78
2010-12-31T22:00	1 020.79	1 016.79	4.00	2011-01-05T10:00	1 023.90	1 016.07	7.83
2010-12-31T24:00	1 020.98	1 016.63	4.35	2011-01-05T11:00	1 023.98	1 016.10	7.88
2011-01-01T10:00	1 021.14	1 016.56	4.57	2011-01-05T14:00	1 024.10	1 016.16	7.94
2011-01-01T12:00	1 021.32	1 016.49	4.83	2011-01-05T16:00	1 024.22	1 016.24	7.98
2011-01-01T14:00	1 021.33	1 016.87	4.46	2011-01-05T17:00	1 024.28	1 016.29	7.99
2011-01-01T16:00	1 021.12	1 016.69	4.43	2011-01-05T18:00	1 024.38	1 016.38	8.00
2011-01-01T18:00	1 021.24	1 016.55	4.69	2011-01-06T09:00	1 024.41	1 016.41	8.00
2011-01-01T20:00	1 021.33	1 016.58	4.79	2011-01-06T10:00	1 024.42	1 016.43	7.99
2011-01-01T22:00	1 021.37	1 016.61	4.76	2011-01-06T10:30	1 024.43	1 016.40	8.03

表 5-10 观音岩水电站截流下围堰水位落差

时间 (年-月-日 T 时:分)	下围堰水位及落差(m)			时间 (年-月-日 T 时:分)	下围堰水位及落差(m)		
	上水位	下水位	落差		上水位	下水位	落差
2010-12-25T10:00	1 016.00	1 015.13	0.87	2011-01-01T24:00	1 016.69	1 015.51	1.18
2010-12-25T12:00	1 016.04	1 015.12	0.92	2011-01-02T04:00	1 016.43	1 015.52	0.91
2010-12-25T14:00	1 016.09	1 015.06	1.03	2011-01-02T10:00	1 016.32	1 015.53	0.79
2010-12-25T16:00	1 016.17	1 015.00	1.17	2011-01-02T12:00	1 016.35	1 015.66	0.69
2010-12-25T17:00	1 016.18	1 015.00	1.18	2011-01-02T14:00	1 016.33	1 015.69	0.64
2010-12-26T09:00	1 016.75	1 015.16	1.59	2011-01-02T16:00	1 016.30	1 015.66	0.64
2010-12-26T14:00	1 016.72	1 015.15	1.57	2011-01-02T18:00	1 016.23	1 015.68	0.55
2010-12-26T17:00	1 016.68	1 015.43	1.25	2011-01-02T22:00	1 016.21	1 015.71	0.50
2010-12-27T09:00	1 017.25	1 015.47	1.78	2011-01-03T08:00	1 015.98	1 015.67	0.31
2010-12-27T10:00	1 017.25	1 015.47	1.78	2011-01-03T10:00	1 015.95	1 015.65	0.30
2010-12-27T11:00	1 017.18	1 015.43	1.75	2011-01-03T11:00	1 015.94	1 015.64	0.30
2010-12-27T12:00	1 017.19	1 015.43	1.76	2011-01-03T12:00	1 015.95	1 015.65	0.30
2010-12-27T17:00	1 017.19	1 015.47	1.82	2011-01-03T13:00	1 015.92	1 015.65	0.27
2010-12-28T10:00	1 017.43	1 015.50	1.93	2011-01-03T14:00	1 015.93	1 015.66	0.27
2010-12-28T17:00	1 017.33	1 015.44	1.89	2011-01-03T15:00	1 015.88	1 015.68	0.20
2010-12-29T10:00	1 017.36	1 015.45	1.91	2011-01-03T16:00	1 015.98	1 015.74	0.16
2010-12-29T17:00	1 017.36	1 015.47	1.89	2011-01-03T17:00	1 015.90	1 015.76	0.14
2010-12-30T10:00	1 017.48	1 015.55	1.93	2011-01-03T18:00	1 015.92	1 015.78	0.14
2010-12-30T17:00	1 017.40	1 015.52	1.88	2011-01-03T20:00	1 015.78	1 015.67	0.11
2010-12-31T10:00	1 017.35	1 015.46	1.89	2011-01-04T10:00	1 015.81	1 015.77	0.04
2010-12-31T12:00	1 017.19	1 015.42	1.77	2011-01-04T12:00	1 015.81	1 015.77	0.04
2010-12-31T14:00	1 017.22	1 015.42	1.80	2011-01-04T14:00	1 015.88	1 015.82	0.06
2010-12-31T16:00	1 017.11	1 015.42	1.69	2011-01-04T16:00	1 015.86	1 015.82	0.04
2010-12-31T18:00	1 017.03	1 015.40	1.63	2011-01-04T18:00	1 015.86	1 015.83	0.03
2010-12-31T20:00	1 017.08	1 015.46	1.62	2011-01-04T20:00	1 015.81	1 015.83	0.03
2010-12-31T22:00	1 016.97	1 015.41	1.56	2011-01-05T10:00	1 016.04	1 015.99	0.05
2010-12-31T24:00	1 016.90	1 015.39	1.51	2011-01-05T11:00	1 016.09	1 016.00	0.09
2011-01-01T10:00	1 016.77	1 015.57	1.20	2011-01-05T14:00	1 016.14	1 016.04	0.10
2011-01-01T12:00	1 016.57	1 015.66	0.91	2011-01-05T16:00	1 016.24	1 016.16	0.08
2011-01-01T14:00	1 017.05	1 015.87	1.18	2011-01-05T17:00	1 016.29	1 016.23	0.06
2011-01-01T16:00	1 016.86	1 015.62	1.24	2011-01-05T18:00	1 016.32	1 016.28	0.04
2011-01-01T18:00	1 016.70	1 015.56	1.14	2011-01-06T09:00	1 016.41	1 016.40	0.01
2011-01-01T20:00	1 016.68	1 015.52	1.16	2011-01-06T10:00	1 016.43	1 016.42	0.01
2011-01-01T22:00	1 016.64	1 015.51	1.13	2011-01-06T10:30	1 016.42	1 016.41	0.01

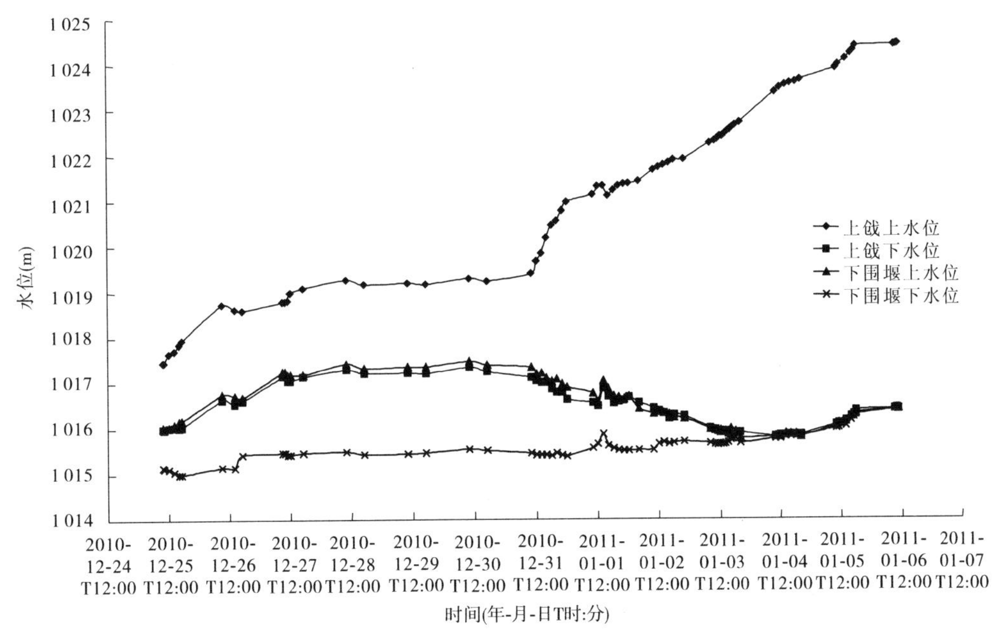

图5-20　观音岩水电站截流水位过程线

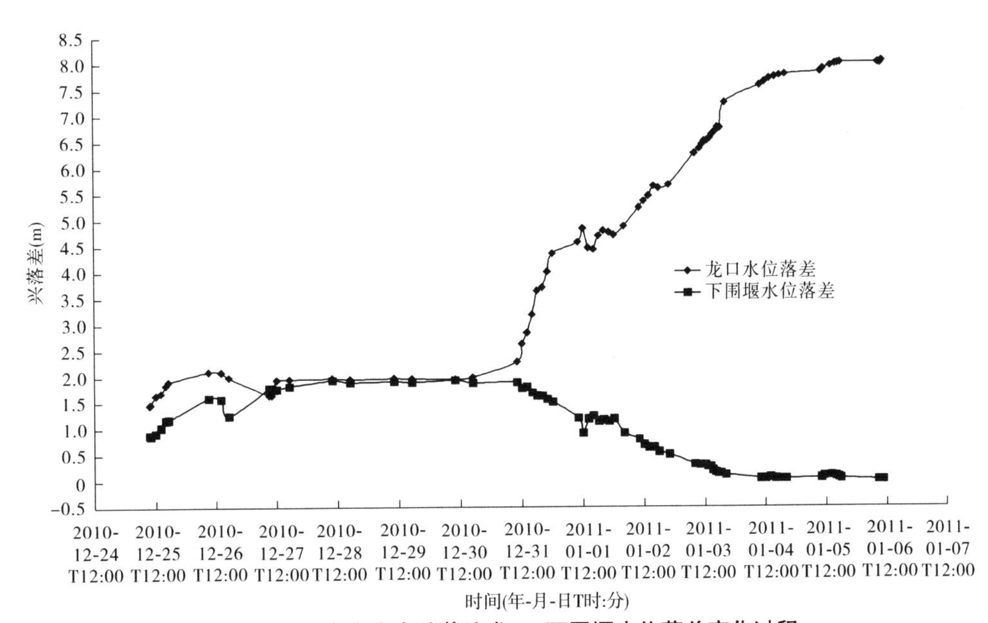

图5-21　观音岩水电站截流龙口、下围堰水位落差变化过程

(2)下围堰水位落差。截流期间,下围堰进占较为缓慢,河道保持畅流状态,围堰上下水位落差变化不大。自正式合龙开始,随着导流明渠分流比的提高,河道流量减小,下围堰上下水位落差逐渐变小,合龙最后时刻落差为0.01 m,变化过程见表5-11和图5-21。

5.5.5.2　龙口要素变化分析

截流期龙口流速是非常重要的水力学指标,龙口流速的分布和变化直接决定了截流施工的现场指挥和调度。通过对实测的龙口流速与水工模型和截流水力计算的成果进行

表 5-11　龙口要素观测成果

时间 (年-月-日 T 时:分)	龙口宽 (m)	龙口流速 (m/s)	龙口流量 (m^3/s)	时间 (年-月-日 T 时:分)	龙口宽 (m)	龙口流速 (m/s)	龙口流量 (m^3/s)
2010-12-25T10:00	29.4	6.16	429	2011-01-02T00:00	24.3	9.30	366
2010-12-25T12:00	28.4	6.23	429	2011-01-02T04:00	24.3	9.31	356
2010-12-25T14:00	28.4	6.48	422	2011-01-02T10:00	22.9	9.10	316
2010-12-25T16:00	27.1	6.62	428	2011-01-02T12:00	22.0	8.95	303
2010-12-25T17:00	27.1	6.68	430	2011-01-02T14:00	21.8	8.95	303
2010-12-26T09:00	28.4	6.58	432	2011-01-02T16:00	21.8	8.80	301
2010-12-26T14:00	28.4	6.89	479	2011-01-02T18:00	21.1	8.80	273
2010-12-26T17:00	29.0	6.90	484	2011-01-02T22:00	21.0	8.70	265
2010-12-27T09:00	30.0	6.55	494	2011-01-03T08:00	19.7	8.30	231
2010-12-27T10:00	30.0	6.48	496	2011-01-03T10:00	19.5	7.96	224
2010-12-27T11:00	29.3	6.62	497	2011-01-03T11:00	19.4	7.90	222
2010-12-27T12:00	29.4	6.67	473	2011-01-03T12:00	19.0	7.90	219
2010-12-27T17:00	29.8	6.71	500	2011-01-03T13:00	19.0	7.80	211
2010-12-28T10:00	31.3	6.96	491	2011-01-03T14:00	18.9	7.80	208
2010-12-28T17:00	31.3	7.01	480	2011-01-03T15:00	18.7	7.60	194
2010-12-29T10:00	31.3	6.60	486	2011-01-03T16:00	18.5	7.60	188
2010-12-29T17:00	31.3	6.60	490	2011-01-03T17:00	18.0	7.60	181
2010-12-30T10:00	31.9	6.63	500	2011-01-03T18:00	16.9	7.60	186
2010-12-30T17:00	31.8	6.60	495	2011-01-03T20:00	16.7	7.56	177
2010-12-31T10:00	28.9	6.74	486	2011-01-04T10:00	8.9	3.80	84.8
2010-12-31T12:00	28.1	7.12	482	2011-01-04T12:00	8.9	3.30	76.7
2010-12-31T14:00	28.5	6.90	485	2011-01-04T14:00	8.9	2.43	83
2010-12-31T16:00	28.5	7.50	480	2011-01-04T16:00	8.1	2.80	70.9
2010-12-31T18:00	27.7	7.90	470	2011-01-04T18:00	5.0	2.63	59.5
2010-12-31T20:00	27.1	8.00	469	2011-01-04T20:00	5.0	2.60	60.3
2010-12-31T22:00	25.7	8.75	447	2011-01-05T10:00	5.0	2.50	62.2
2011-01-01T00:00	25.2	8.95	429	2011-01-05T11:00	5.0	2.50	64.1
2011-01-01T10:00	23.3	9.10	410	2011-01-05T14:00	4.8	2.50	63.4
2011-01-01T12:00	23.1	9.60	390	2011-01-05T16:00	4.7	2.63	62.6
2011-01-01T14:00	25.7	9.20	436	2011-01-05T17:00	3.5	2.35	56.7
2011-01-01T16:00	25.2	9.10	408	2011-01-05T18:00	3.5	2.80	54.4
2011-01-01T18:00	23.5	9.19	374	2011-01-06T09:00	3.5	2.80	56.7
2011-01-01T20:00	24.1	9.23	362	2011-01-06T10:00	3.5	2.80	54
2011-01-01T22:00	24.4	9.30	360	2011-01-06T10:30	0	0	47.8

比较,从而改变和调整施工方案和措施。在本次截流过程中,截流水文监测成果在截流施工指挥中发挥了重要的作用。

观音岩水电站截流期流速测验主要采用非接触式电波流速仪测速,观测时段从 2010 年 12 月 25 日至 2011 年 1 月 6 日。2010 年 12 月 25 日至 2011 年 1 月 5 日为进占阶段,1 月 6 日为合龙阶段,全程监测数据表明,龙口流速与进占、口门宽、龙口流量等有着直接关系。

1. 龙口流速变化

观音岩水电站截流期间龙口流速随时间变化的过程比较客观地反映了河道水流受戗堤进占影响下的基本特性和规律。在龙口进占阶段,明渠没有过水,由于堤头变化缓慢,流速变化亦平缓;在合龙阶段,单面缩窄的同时龙口宽度逐步减小,上下落差逐渐增大,使得龙口流速逐步增大,从开始的 6. 74 m/s 一度增大至 9. 60 m/s,此时,由于戗堤前沿有坍塌,流速突然减小至 9. 20 m/s,之后导流明渠分流比逐渐增大,由于龙口流量变小,龙口流速也逐渐减小直至合龙时流速为零。龙口流速变化过程见图 5-22。龙口要素监测数据见表 5-11。

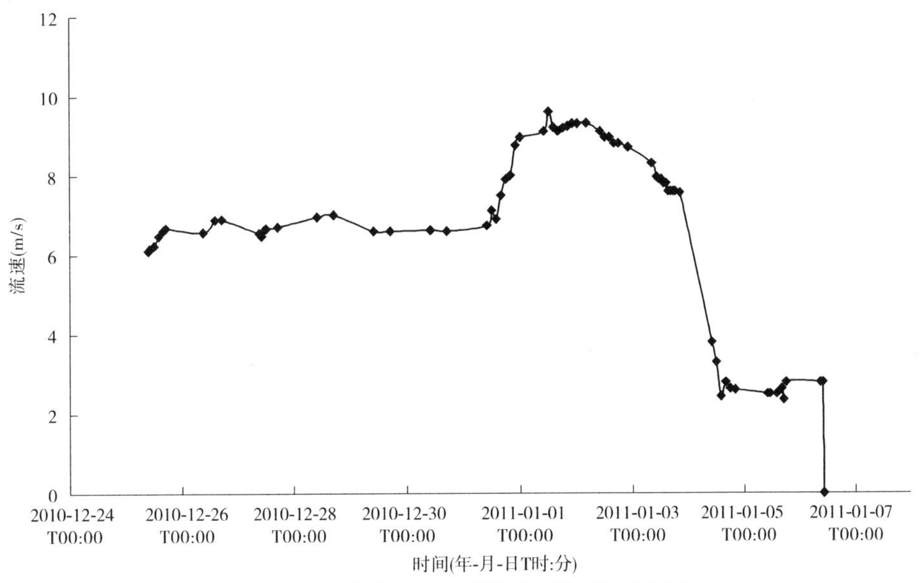

图 5-22　观音岩水电站截流龙口流速变化过程

2. 龙口流速与龙口水面宽的关系

龙口流速与龙口水面宽关系见图 5-23。龙口流速与龙口水面宽点群比较集中,关系较为良好,通过点群重心的关系曲线揭示了二者之间的影响关系。当水面宽大于 23 m 时,龙口流速与水面宽成反比,水面宽越大流速越小。这符合流量不变时,断面面积越大流速越小的河道水流特性。当水面宽小于 23 m 时,龙口流速与水面宽成正比,水面宽越小流速越小。这是由于随着龙口的变窄和戗堤上游水位的抬升,导流明渠分流能力逐渐提高,当分流比超过 22. 0% 时,龙口流速逐渐变小直至合龙时为零。

3. 龙口流速与龙口流量的关系

截流期间,用电波流速仪在龙口施测流速,在上下围堰间施测龙口流量,用全站仪施测水面宽。

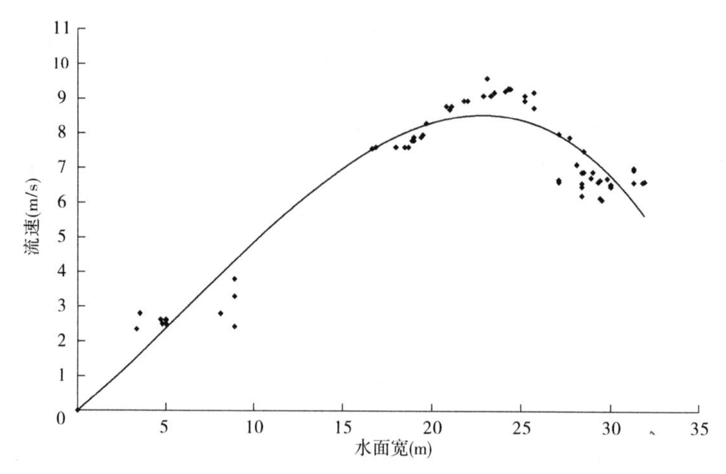

图 5-23　观音岩水电站截流龙口流速与龙口水面宽关系

龙口流速与龙口流量和龙口宽(间接反映断面面积)直接相关,见表 5-11 和图 5-24。根据水文原理,流速、流量和断面之间的关系(流速 = 流量 ÷ 断面面积),此次截流期间龙口流速最大达 9.60 m/s;当流量从 500 m^3/s 向 320 m^3/s 减小时,流速则随之增大。其原因为在流量变小的同时,龙口宽(间接反映断面面积)在以更快的速度减小;当流量从 320 m^3/s 向零减小时,流速则随之减小,直至为零。其原因为随着导流明渠分流能力的提高,通过龙口的流量迅速减少,虽然龙口宽(间接反映断面面积)也在减小,但其减小速度小于流量。合龙完成,龙口流量为零,流速也就为零。

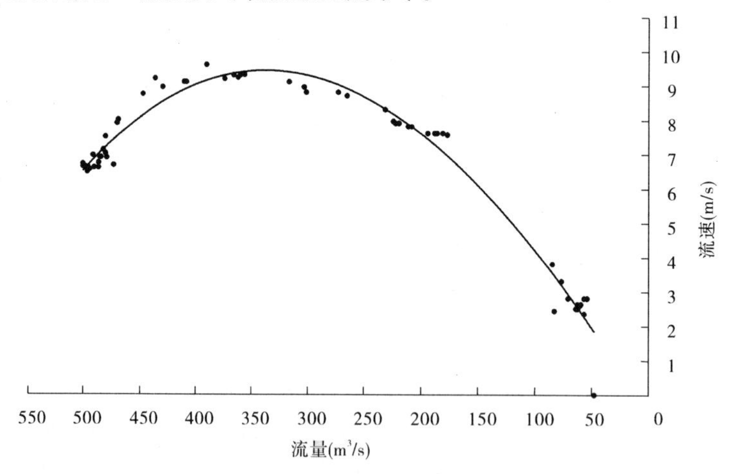

图 5-24　观音岩水电站截流龙口流速与龙口流量关系

4. 龙口、堤头宽变化分析

龙口宽包括堤头宽和水面宽。随着进占,龙口宽逐渐减小,但先期减小速度缓慢,至合龙时便迅速减小至零。这是由于先期江面较宽,龙口断面较大,以同样速度的抛石量堆垒河岸进占缓慢。而接近合龙时龙口断面较小,抛石量堆垒较快。表 5-12 为龙口宽和堤头宽观测成果,图 5-25 中堤头宽和水面宽随进占变化过程虽有突变现象(表明在进占过程中有局部坍塌发生),但总体上反映了这一客观事实。

表5-12　观音岩水电站截流堤头宽、水面宽成果

时间 (年-月-日T时:分)	堤头宽 (m)	水面宽 (m)	时间 (年-月-日T时:分)	堤头宽 (m)	水面宽 (m)
2010-12-25T10:00		29.4	2011-01-02T00:00	44.7	24.3
2010-12-25T12:00	65.1	28.4	2011-01-02T04:00	44.3	24.3
2010-12-25T14:00	64.8	28.4	2011-01-02T10:00	44.3	22.9
2010-12-25T16:00	64.1	27.1	2011-01-02T12:00	44.1	22.0
2010-12-25T17:00	63.5	27.1	2011-01-02T14:00	43.3	21.8
2010-12-26T09:00	61.1	28.4	2011-01-02T16:00	43.1	21.8
2010-12-26T14:00	61.3	28.4	2011-01-02T18:00	42.7	21.1
2010-12-26T17:00	61.1	29.0	2011-01-02T22:00	41.1	21.0
2010-12-27T09:00	61.1	30.0	2011-01-03T08:00	40.7	19.7
2010-12-27T10:00	61.1	30.0	2011-01-03T10:00	40.4	19.5
2010-12-27T11:00	61.2	29.3	2011-01-03T11:00	40.4	19.4
2010-12-27T12:00	59.6	29.4	2011-01-03T12:00	40.4	19.0
2010-12-27T17:00	59.2	29.8	2011-01-03T13:00	40.4	19.0
2010-12-28T10:00	59.2	31.3	2011-01-03T14:00	40.4	18.9
2010-12-28T17:00	59.2	31.3	2011-01-03T15:00	40.3	18.7
2010-12-29T10:00	59.2	31.3	2011-01-03T16:00	39.2	18.5
2010-12-29T17:00	59.2	31.3	2011-01-03T17:00	39.2	18.0
2010-12-30T10:00	59.2	31.9	2011-01-03T18:00	36.1	16.9
2010-12-30T17:00	59.2	31.8	2011-01-03T20:00	36.0	16.7
2010-12-31T10:00	58.9	28.9	2011-01-04T10:00	36.0	8.9
2010-12-31T12:00	56.7	28.1	2011-01-04T12:00	36.0	8.9
2010-12-31T14:00	54.6	28.5	2011-01-04T14:00	36.0	8.9
2010-12-31T16:00	54.4	28.5	2011-01-04T16:00	35.7	8.1
2010-12-31T18:00	54.4	27.7	2011-01-04T18:00	34.3	5.0
2010-12-31T20:00	54.3	27.1	2011-01-04T20:00	33.7	5.0
2010-12-31T22:00	52.1	25.7	2011-01-05T10:00	33.6	5.0
2011-01-01T00:00	51.2	25.2	2011-01-05T11:00	32.5	5.0
2011-01-01T10:00	49.9	23.3	2011-01-05T14:00	29.5	4.8
2011-01-01T12:00	46.7	23.1	2011-01-05T16:00	24.8	4.7
2011-01-01T14:00	48.4	25.7	2011-01-05T17:00	22.8	3.5
2011-01-01T16:00	48.4	25.2	2011-01-05T18:00	22.6	3.5
2011-01-01T18:00	46.8	23.5	2011-01-06T09:00	22.6	3.5
2011-01-01T20:00	44.6	24.1	2011-01-06T10:00	22.6	3.5
2011-01-01T22:00	44.7	24.4	2011-01-06T10:30	0	0

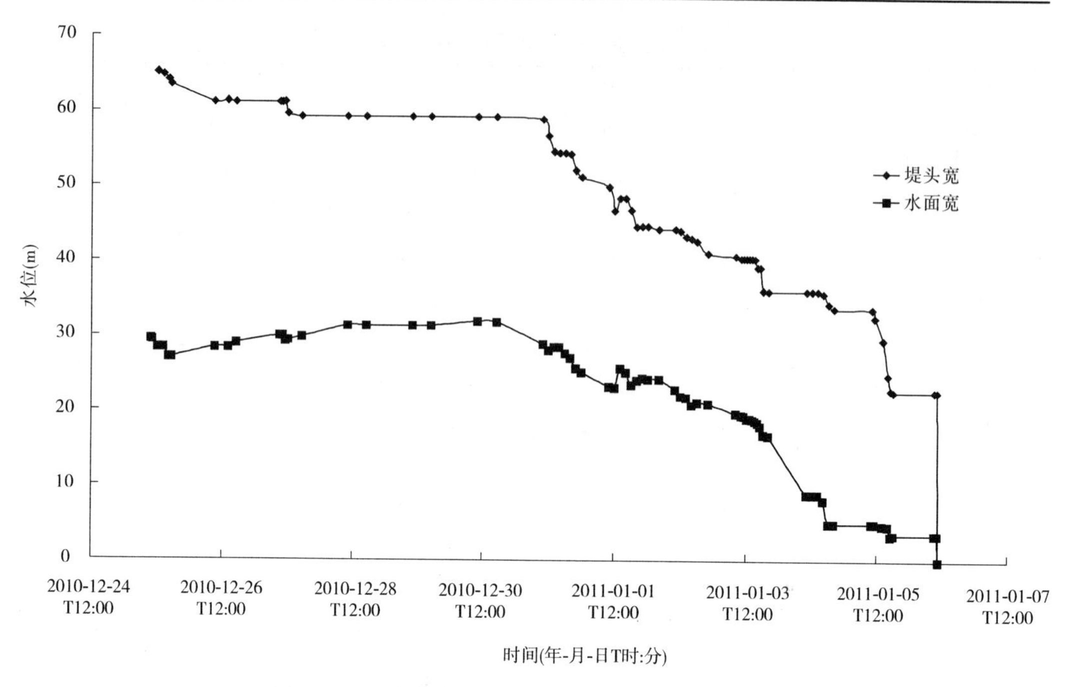

图 5-25　观音岩水电站截流水面宽、堤头宽变化过程

从图 5-25 可见，在合龙前堤头宽始终大于水面宽，在二者逐渐变小的过程中，堤头宽与水面宽的差值也逐渐变小，即由 36.7 m 逐渐减小直至为零。2011 年 1 月 1 日 12:00 ~ 14:00 水面宽出现突然变大，分析认为是水流冲刷抛石堆岸坍塌所致。

概言之，电站截流期间的堤头宽和水面宽监测，不仅为水电站决策指挥部门正确制订截流方案、科学部署截流工作、及时调整截流方法提供了科学依据，也真实地反映出截流进占施工情况。

5.5.5.3　流量变化分析

观音岩水电站截流期间由一个导流明渠承担分流任务，截流期间坝址流量、龙口流量、导流明渠分流量和分流比成果见表 5-13。图 5-26 是根据截流期资料点绘的各部位流量变化过程，由图可见，各流量之间的变化关系符合实际情况，无异常现象。导流明渠分流量及分流比计算式为

$$导流明渠分流量 = 坝址流量 - 龙口流量$$

$$分流比 = 导流明渠分流量 \div 坝址流量$$

表 5-13　观音岩水电站截流坝址、龙口、明渠流量成果

时间(年-月-日 T 时:分)	坝址流量(m^3/s)	龙口流量(m^3/s)	导流明渠分流量(m^3/s)	分流比(%)
2010-12-25T09:30	429	429	0	0
2010-12-25T10:00	429	429	0	0
2010-12-25T12:00	429	429	0	0
2010-12-25T14:00	422	422	0	0

续表 5-13

时间(年-月-日 T 时:分)	坝址流量(m^3/s)	龙口流量(m^3/s)	导流明渠分流量(m^3/s)	分流比(%)
2010-12-25T16:00	428	428	0	0
2010-12-25T17:00	430	430	0	0
2010-12-26T09:00	432	432	0	0
2010-12-26T14:00	479	479	0	0
2010-12-26T17:00	484	484	0	0
2010-12-27T09:00	494	494	0	0
2010-12-27T10:00	496	496	0	0
2010-12-27T11:00	497	497	0	0
2010-12-27T12:00	473	473	0	0
2010-12-27T17:00	500	500	0	0
2010-12-28T10:00	491	491	0	0
2010-12-28T17:00	480	480	0	0
2010-12-29T10:00	486	486	0	0
2010-12-29T17:00	490	490	0	0
2010-12-30T10:00	500	500	0	0
2010-12-30T17:00	495	495	0	0
2010-12-31T10:00	486	486	0	0
2010-12-31T12:00	482	482	0	0
2010-12-31T14:00	485	485	0	0
2010-12-31T16:00	480	480	0	0
2010-12-31T18:00	485	470	15	3.1
2010-12-31T20:00	485	469	16	3.3
2010-12-31T22:00	471	447	24	5.1
2011-01-01T00:00	482	429	53	11
2011-01-01T10:00	493	410	83	16.8
2011-01-01T12:00	497	390	107	22
2011-01-01T14:00	499	436	63	13
2011-01-01T16:00	490	408	82	17
2011-01-01T18:00	490	374	116	24
2011-01-01T20:00	488	362	126	26
2011-01-01T22:00	486	360	126	26
2011-01-02T00:00	489	366	123	25
2011-01-02T04:00	488	356	132	27

续表 5-13

时间(年-月-日 T 时:分)	坝址流量(m^3/s)	龙口流量(m^3/s)	导流明渠分流量(m^3/s)	分流比(%)
2011-01-02T10:00	476	316	160	34
2011-01-02T12:00	467	303	164	35
2011-01-02T14:00	473	303	170	36
2011-01-02T16:00	474	301	173	36
2011-01-02T18:00	476	273	203	43
2011-01-02T22:00	478	265	213	45
2011-01-03T08:00	480	231	249	52
2011-01-03T10:00	480	224	256	53
2011-01-03T11:00	480	222	258	54
2011-01-03T12:00	482	219	263	55
2011-01-03T13:00	481	211	270	56
2011-01-03T14:00	485	208	277	57
2011-01-03T15:00	488	194	294	60
2011-01-03T16:00	486	188	298	61
2011-01-03T17:00	485	181	304	63
2011-01-03T18:00	484	186	298	62
2011-01-03T20:00	485	177	308	64
2011-01-04T10:00	520	84.8	435.2	84
2011-01-04T12:00	530	76.7	453.3	86
2011-01-04T14:00	542	83.0	469	87
2011-01-04T16:00	547	70.9	476.1	87
2011-01-04T18:00	550	59.5	490.5	89
2011-01-04T20:00	550	60.3	489.7	89
2011-01-05T10:00	571	62.2	508.8	89
2011-01-05T11:00	595	64.1	530.9	89
2011-01-05T14:00	625	63.4	561.6	90
2011-01-05T16:00	639	62.6	576.4	90
2011-01-05T17:00	655	56.7	598.3	91
2011-01-05T18:00	673	54.4	618.6	92
2011-01-06T09:00	715	56.7	658.3	92
2011-01-06T10:00	715	54.0	661.0	92
2011-01-06T10:30	715	47.8	667.2	93

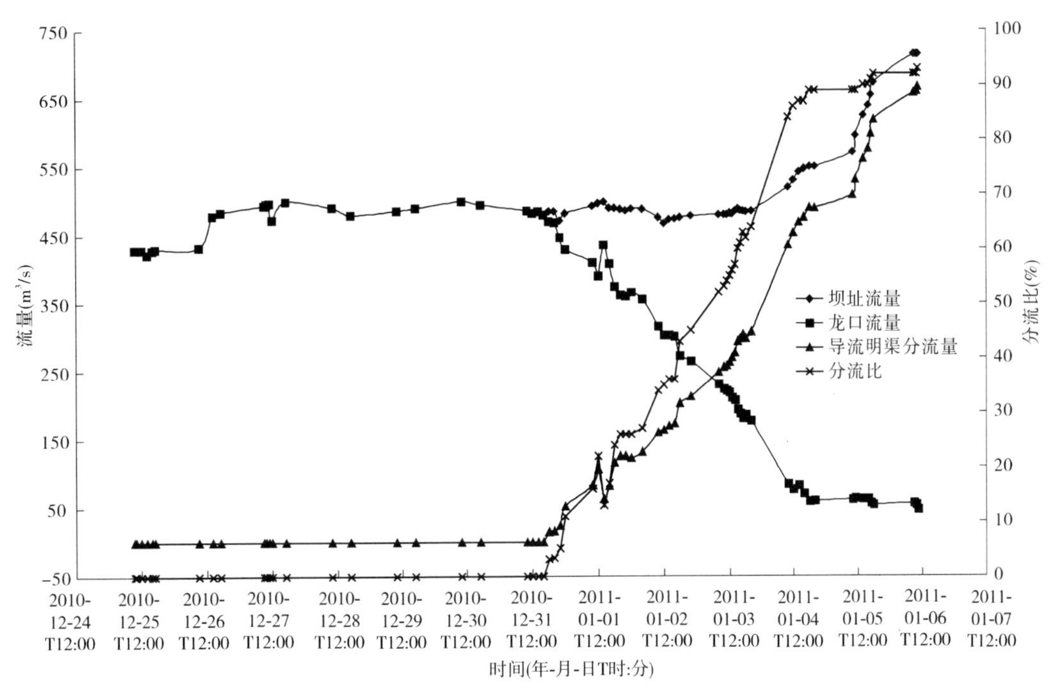

图5-26　观音岩水电站截流流量过程线

1. 坝址流量变化

从图5-26可见，整个截流期间，坝址流量（来水流量）变化较为平缓，没有出现大的涨落过程，强进占过后阶段坝址流量随着龙口变化和受上游来水影响持续增大，1月4日10:00流量为520 m³/s，到1月6日10:30流量增大到715 m³/s。

2. 龙口流量变化

龙口流量的变化主要受上游来水和导流明渠分流的影响，在截流进占阶段，前期进占速度比较缓慢，龙口水位落差变化情况较小，导流明渠分流量为零。2010年12月25～31日进占阶段，龙口流量变化不大，为429～500 m³/s；直至2010年12月31日18:00开始进入强进占阶段，见图5-26，随着龙口的束窄，龙口流量持续减小，至1月4日18:00流量减小到59.5 m³/s，在此期间，由于龙口流量减小的幅度较大，龙口继续推进至合龙（1月6日10:30），流量减小为47.8 m³/s。此流量为截流合龙后戗堤渗漏流量，戗堤需要进行加固和堵漏。

3. 导流明渠分流量及分流比变化

在龙口进占阶段，从前期2010年12月25日09:30至31日16:00，龙口流量为总流量，导流明渠分流量为零。从2010年12月31日18:00龙口截流施工进入强进占阶段，导流明渠分流能力发生变化，分流量从15 m³/s、分流比从3.1%开始增加，到2011年1月4日20:00导流明渠分流量达到489.7 m³/s，分流比达到89%；1月6日10:30合龙，导流明渠分流量达667.2 m³/s，分流比达到93%，少量的流量从戗堤渗漏。

分流比与龙口水面宽成果见表5-14，由此生成龙口水面宽与导流明渠分流比关系，如图5-27所示，可见，随着截流进占，龙口水面宽逐渐变小，戗堤上游水位抬升，导流明渠分流量逐渐增大,分流比增大。

表 5-14　观音岩水电站截流分流比成果

时间 (年-月-日 T 时:分)	明渠分流比 (%)	水面宽 (m)	时间 (年-月-日 T 时:分)	明渠分流比 (%)	水面宽 (m)
2010-12-25T10:00	0	29.4	2011-01-02T00:00	26	24.3
2010-12-25T12:00	0	28.4	2011-01-02T04:00	27	24.3
2010-12-25T14:00	0	28.4	2011-01-02T10:00	34	22.9
2010-12-25T16:00	0	27.1	2011-01-02T12:00	35	22.0
2010-12-25T17:00	0	27.1	2011-01-02T14:00	36	21.8
2010-12-26T09:00	0	28.4	2011-01-02T16:00	36	21.8
2010-12-26T14:00	0	28.4	2011-01-02T18:00	43	21.1
2010-12-26T17:00	0	29.0	2011-01-02T22:00	45	21.0
2010-12-27T09:00	0	30.0	2011-01-03T08:00	52	19.7
2010-12-27T10:00	0	30.0	2011-01-03T10:00	53	19.5
2010-12-27T11:00	0	29.3	2011-01-03T11:00	54	19.4
2010-12-27T12:00	0	29.4	2011-01-03T12:00	55	19.0
2010-12-27T17:00	0	29.8	2011-01-03T13:00	56	19.0
2010-12-28T10:00	0	31.3	2011-01-03T14:00	57	18.9
2010-12-28T17:00	0	31.3	2011-01-03T15:00	60	18.7
2010-12-29T10:00	0	31.3	2011-01-03T16:00	61	18.5
2010-12-29T17:00	0	31.3	2011-01-03T17:00	63	18.0
2010-12-30T10:00	0	31.9	2011-01-03T18:00	62	16.9
2010-12-30T17:00	0	31.8	2011-01-03T20:00	64	16.7
2010-12-31T10:00	0	28.9	2011-01-04T10:00	84	8.9
2010-12-31T12:00	0	28.1	2011-01-04T12:00	86	8.9
2010-12-31T14:00	0	28.5	2011-01-04T14:00	87	8.9
2010-12-31T16:00	0	28.5	2011-01-04T16:00	87	8.1
2010-12-31T18:00	3.1	27.7	2011-01-04T18:00	89	5.0
2010-12-31T20:00	3.3	27.1	2011-01-04T20:00	89	5.0
2010-12-31T22:00	5.1	25.7	2011-01-05T10:00	89	5.0
2011-01-01T00:00	11	25.2	2011-01-05T11:00	89	5.0
2011-01-01T10:00	16	23.3	2011-01-05T14:00	90	4.8
2011-01-01T12:00	22	23.1	2011-01-05T16:00	90	4.7
2011-01-01T14:00	13	25.7	2011-01-05T17:00	91	3.5
2011-01-01T16:00	17	25.2	2011-01-05T18:00	92	3.5
2011-01-01T18:00	24	23.5	2011-01-06T09:00	92	3.5
2011-01-01T20:00	26	24.1	2011-01-06T10:00	92	3.5
2011-01-01T22:00	26	24.4	2011-01-06T10:30	93	0

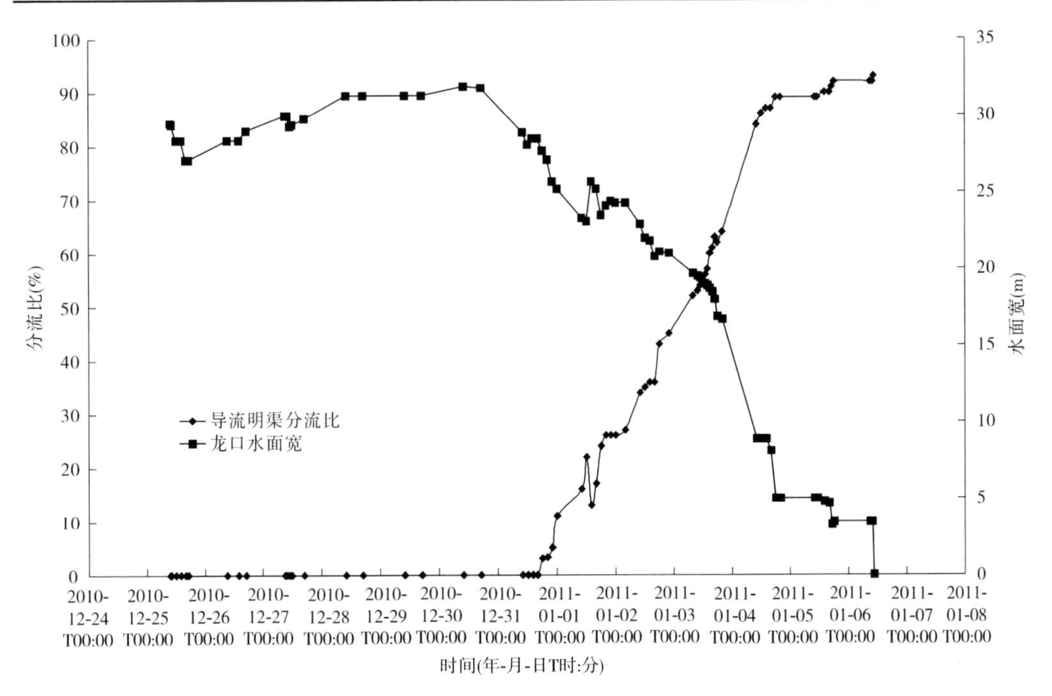

图5-27　观音岩水电站截流龙口水面宽与导流明渠分流比关系

5.5.5.4　截流期水文监测资料综合分析

根据截流期水文监测获得的成果来分析各要素之间的相关关系，反映了水电站截流期各水力要素的变化特征和基本规律，为其他工程的截流设计积累了宝贵资料。

水电站截流期各项水力学参数的变化都是以随龙口束窄而变化为主要特征的，口门宽减小，其他水文、水力学参数也相应发生改变。

1. 龙口水面宽与龙口落差的关系

截流前龙口河段水面比降为天然状态，截流进占使龙口缩窄，戗堤上游壅水以及戗堤下游水量减少使龙口上下游水位落差变大。资料显示：12月25日09:30龙口落差1.46 m，1月6日10:30合龙时龙口最大落差8.03 m。在整个截流过程中，龙口水面宽与龙口落差关系稳定（见图5-28），二者变化符合水文、水力学特性。

2. 龙口流速与龙口落差的关系

河道水流速度的大小受河道落差和龙口流量综合影响。在戗堤进占缓慢阶段，龙口流速随着龙口落差的增大而增大，图5-29反映出流速与落差的这种自然关系，当龙口落差为1.46 m时（12月25日09:30），龙口流速为6.10 m/s；当龙口落差为4.83 m时（1月1日12:00），龙口流速为9.60 m/s。

在强进占合龙过程中，导流明渠分流能力提高，龙口流量逐渐减小，这时龙口落差越大，流速越小直至为零，即当龙口落差为4.87 m时（1月2日04:00），龙口流速为9.31 m/s；当龙口落差为最大8.03 m时（1月6日10:30），龙口流速为零。

3. 龙口流量、分流比与龙口落差的关系

龙口流量与龙口落差成反比，落差越大流量越小，反之亦然。这源于龙口流量主要受

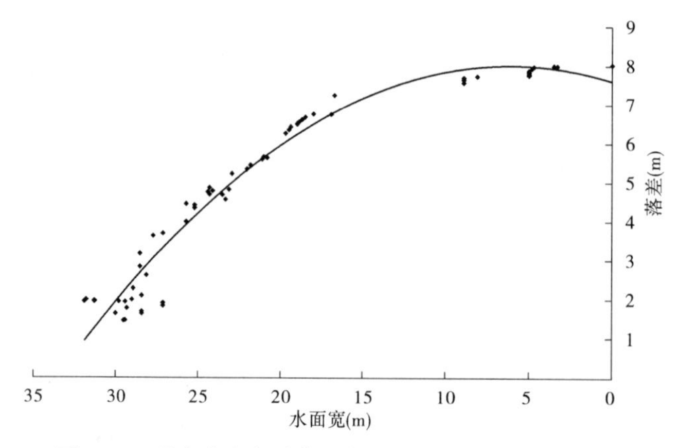

图 5-28　观音岩水电站截流龙口水面宽与龙口落差关系

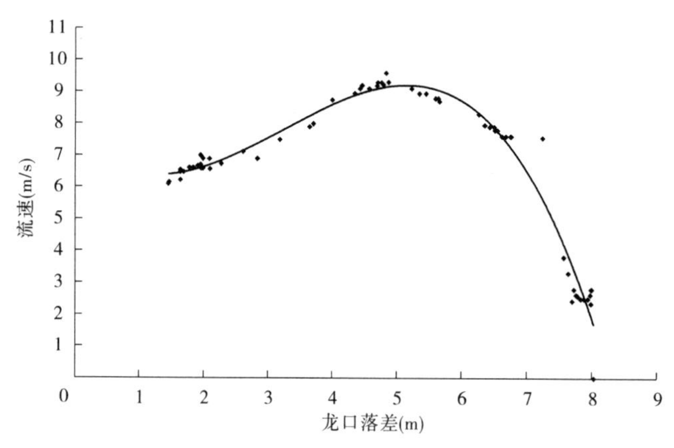

图 5-29　观音岩水电站截流龙口流速与龙口落差关系

龙口过水断面影响。伴随截流进占,龙口断面迅速减小,过水能力迅速降低,河道主流逐渐经导流明渠通过。当龙口落差达到最大值时,龙口断流,不再有流量。

当龙口落差增大、龙口流量减少时,导流明渠分流能力提高,分流比也随龙口落差增大而增大。

由图 5-30 可见,龙口流量与龙口落差关系线、龙口落差与分流比关系线在变化过程和趋势上都非常一致,这也反映出观音岩水电站单一导流明渠分流的特点。

4. 龙口水面宽与龙口流量的关系

龙口流量的变化与龙口的水面宽变化有明显的相关性,从图 5-31 可以看出,在截流过程中,龙口水面宽减小,龙口流量持续减小,直至合龙时流量为零。

5.5.6　截流设计与监测成果比较

截流水力学计算将口门视为梯形或三角形宽顶堰,用简化宽顶堰公式计算龙口泄流量。经过反复试算龙口上游水位使口门泄流量和导流明渠分流量之和等于截流流量。当流量为 1 460 m^3/s 时,上戗堤龙口段水力学计算成果见表 5-15。截流水文监测龙口水力学指标见表 5-16。

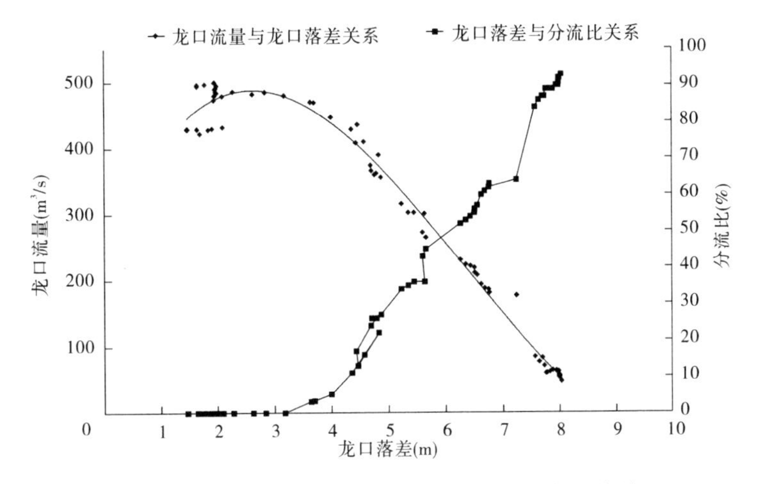

图5-30　观音岩水电站截流龙口流量与龙口落差的关系

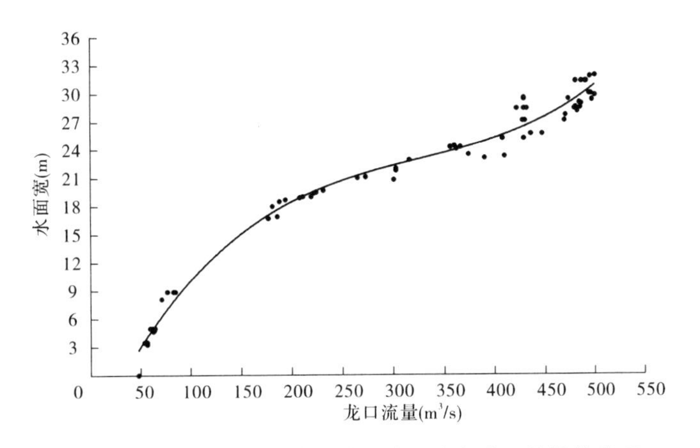

图5-31　观音岩水电站截流龙口水面宽与龙口流量的关系

表5-15　观音岩水电站截流上戗堤龙口水力学指标特性

设计流量 (m³/s)	口门宽度 (m)	上游水位 (m)	落差 (m)	流速 (m/s)	导流明渠分流量 (m³/s)	龙口流量 (m³/s)	分流比 (%)
1 460	80	1 019.93	0.14	1.73	0	1 460	0
1 460	70	1 020.19	0.40	2.17	0	1 460	0
1 460	60	1 021.09	1.30	3.87	63	1 397	4.3
1 460	50	1 023.00	3.21	6.57	200	1 260	13.7
1 460	40	1 024.12	4.33	5.13	509	951	34.9
1 460	30	1 025.24	5.45	3.00	944	516	64.7
1 460	20	1 026.12	6.33	1.62	1 194	266	81.8
1 460	10	1 027.21	7.42	1.05	1 400	60	95.9
1 460	0	1 027.40	7.61	0	1 460	0	100

表 5-16　观音岩水电站截流上戗堤龙口实测水力学指标特性

坝址流量 (m^3/s)	口门宽 (m)	上游水位 (m)	落差 (m)	龙口流速 (m/s)	导流明渠分流量 (m^3/s)	龙口流量 (m^3/s)	分流比 (%)
480	28.5	1 020.19	3.18	7.50	0	480	0
485	27.7	1 020.47	3.64	7.90	15	470	3.1
482	25.2	1 020.98	4.35	8.95	53	429	11.0
499	25.7	1 021.33	4.46	9.20	63	436	13
490	25.2	1 021.12	4.43	9.10	82	408	17
490	23.5	1 021.24	4.69	9.19	116	374	24
488	24.3	1 021.43	4.87	9.31	132	356	27
474	20.8	1 021.83	5.64	8.80	173	301	36
478	21.0	1 021.91	5.66	8.70	213	265	45
480	19.7	1 022.26	6.26	8.30	249	231	52
488	18.7	1 022.51	6.62	7.60	294	194	60
485	16.7	1 022.74	7.24	7.56	308	177	64
520	8.9	1 023.38	7.57	3.80	435	84.8	84
625	4.8	1 024.10	7.94	2.50	562	63.4	90
655	3.3	1 024.28	7.99	2.35	598	56.7	91
715	0	1 024.43	8.03	0	667	47.8	93

由表 5-15、表 5-16 分别得到分流比与龙口流速、分流比与龙口落差的关系，如图 5-32、图 5-33 所示。通过比较实测和设计关系，实际截流流量约为设计流量的 1/3，而相关关系图形具有相似的特点。在实际流量比设计值大为减小的情况下，监测的水力学指标比设计水力学指标却增加了，说明设计的偏差，也体现了截流水文监测的重要性。

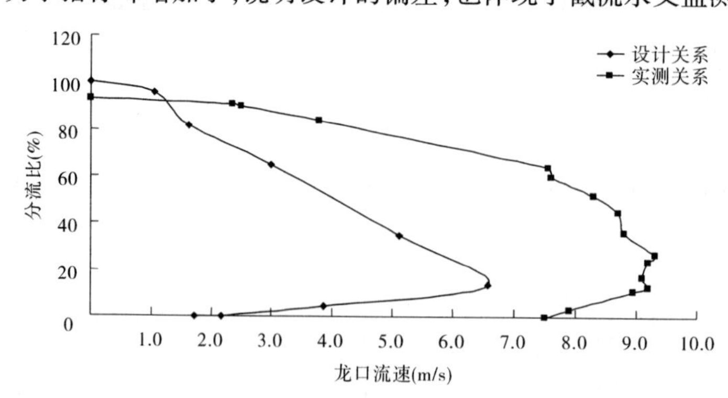

图 5-32　观音岩水电站截流分流比与龙口流速关系

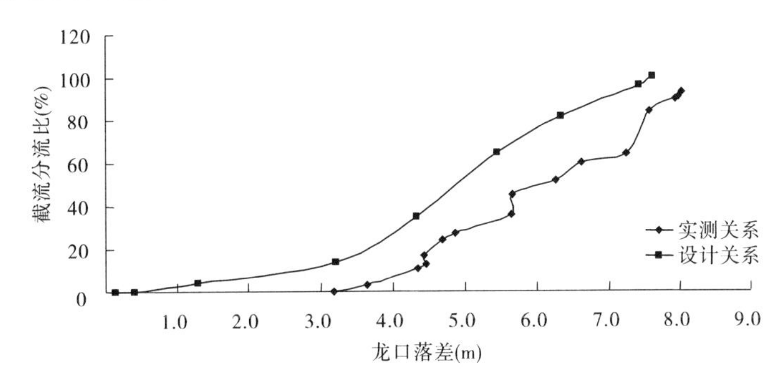

图 5-33　观音岩水电站截流分流比与龙口落差关系

5.6　溪洛渡水电站截流水文监测

5.6.1　工程概况

溪洛渡水电站位于金沙江下游溪洛渡峡谷中，距下游向家坝水电站 157 km，距宜宾市 190 km(河道里程)，左岸距四川雷波县城约 15 km，右岸距云南永善县城 8 km。工程枢纽由拦河大坝、泄洪建筑物、引水发电建筑物及导流建筑物组成，是一座以发电为主，兼顾拦沙、防洪等综合效益的巨型水电站。拦河大坝为混凝土双曲拱坝，最大坝高 278.00 m，坝顶高程 610.00 m，顶拱中心线弧长 681.57 m，水库正常蓄水位 600.0 m，总库容 120.7 亿 m^3，防洪库容 48.0 亿 m^3；泄洪采取“分散泄洪、分区消能”的原则布置，在坝身布设 7 个表孔、8 个深孔与两岸 4 条泄洪洞共同泄洪，坝后设有水垫塘消能；发电厂房为地下式，分设在左、右两岸山体内，各装机 9 台单机容量为 700 WM 的水轮发电机组，总装机容量为 12 600 MW。坝轴以上流域面积 45.44 万 km^2，多年平均流量 4 570 m^3/s。

溪洛渡水电站截流期导流工程包括 6 条导流洞、上游土石围堰及下游土石围堰(见图 5-34)。上、下游土石围堰均按 50 年一遇最大流量 32 000 m^3/s 设计，上游围堰堰顶高程 436.00 m，下游围堰堰顶高程 407.00 m。堰体防渗采用土工膜心墙，堰基防渗采用塑性混凝土防渗墙。

5.6.2　截流施工方案

按照设计截流标准为 11 月上旬 10 年一遇旬平均流量，相应设计流量为 5 160 m^3/s，设计截流龙口宽度为 75 m、戗堤顶宽为 30 m。截流期内使用 6 条导流洞中的 $1^\#$ ~ $5^\#$ 导流洞实施分流。

根据溪洛渡水电站坝址的地形和施工条件，具备平堵、立堵截流条件。平堵截流具有水力学指标低、抛投强度较低的优点，缺点是辅助工程设施多、投资大。由现场条件可知，溪洛渡水电站截流戗堤位置无现成的跨金沙江大桥可用，如果架设专门的截流桥，不仅施工难度大，而且代价太高。相对于平堵截流而言，立堵截流具有施工方法简单、施工准备工程量小和费用较低等优点；缺点是截流水力学指标高，要求的抛投强度高。单个堤头可

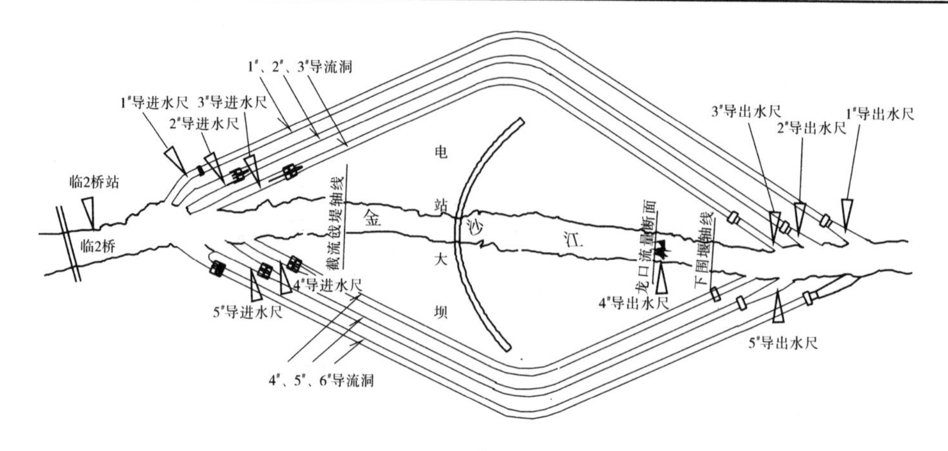

图 5-34　溪洛渡水电站截流施工与监测站网布设

以采用 3 ~ 4 辆自卸汽车同时抛投,抛投强度完全可以达到要求。经水力学计算分析,以及委托武汉大学做的模型试验初步验证,拟定本工程采用双向进占、立堵截流方式。根据现场的地形条件以及截流料场的位置,预进占以右岸进占为主,合龙时以左岸进占为主,左岸进占速度为右岸的两倍。采用单戗双向进占方式,遇隧洞进口和出口分别有 9 m、7 m 高的残余爆堆时,戗堤轴线断面预计最大平均流速为 5.49 m/s,最大落差为 3.64 m,最大平均单宽流量为 71.00 m^3/(s · m),最大平均单宽功率为 169.00 t · m/(s · m),最大水深为 12.60 m。由于溪洛渡坝址区左岸岸坡陡峻,施工布置尤其是交通布置较困难,双戗堤双向立堵截流配合协调困难,要求的抛投强度更大,所以从施工组织、现场调度等角度考虑,结合目前国内外截流工程的实践经验,决定采用单戗双向立堵的截流方式。

5.6.3　截流水文监测内容与布置

5.6.3.1　监测项目

监测项目包括以下几个方面:

(1)水位监测,包括龙口、上下戗堤、导流洞进出口水位监测;

(2)龙口流速监测,即龙口水面流速监测;

(3)龙口宽监测,即戗堤堤头宽、龙口水面宽监测;

(4)流量监测,即总流量、龙口流量、分流比测验;

(5)信息传递,即截流监测水文信息传送。

5.6.3.2　控制与监测设施布设

按照截流施工布置,截流监测区域位于溪洛渡水电站施工区临 2 桥—溪洛渡水文站河段。为满足截流施工、科研、设计、施工决策对水文监测的要求,共布设 14 个水位监测站;2 个流量监测站,其中 1 个河道总流量监测站、1 个截流龙口流量监测站;1 个龙口流速监测站;1 个龙口宽度监测站。水文监测站网分布见图 5-34,表 5-17 为溪洛渡水电站截流水文监测站网一览。

表5-17　溪洛渡水电站截流水文监测站网一览

序号	站名	距坝轴线(m)	功能
1	临2桥	980	截流河段入口水位
2	1#导进水尺	760	导流洞进口水位
3	2#导进水尺	640	导流洞进口水位
4	3#导进水尺	540	导流洞进口水位
5	4#导进水尺	490	导流洞进口水位
6	5#导进水尺	560	导流洞进口水位
7	截流戗堤轴线	300	监测龙口宽、水位
8	专用测流断面	-540	实测龙口流量
9	1#导出水尺	-1 050	导流洞出口水位
10	2#导出水尺	-930	导流洞出口水位
11	3#导出水尺	-850	导流洞出口水位
12	4#导出水尺	-570	导流洞出口水位
13	5#导出水尺	-1 160	导流洞出口水位
14	水厂	-1 790	坝下游水位
15	沟口	-2 760	坝下游水位
16	溪洛渡水文站	-6 050	实测河道总流量

5.6.4　截流施工与监测过程

进入11月初，金沙江上游来水平稳，流量在3 500 m^3/s左右，远比设计流量5 160 m^3/s小。根据水文气象预报，在11月上旬流量不会有大的变化。为了抓住这一有利时机，决定按计划在11月上旬如期实施截流。

从实况看，各导流洞进出口堆渣过高，有的洞口围堰尚未完全爆开，严重影响了分流效果。为了创造良好的分流条件，截流前对各导流洞进行了疏通整治。

2007年10月26日首开4#导流洞闸门，随后各洞闸门交换开启和关闭，进行冲渣，并继续对各洞进出口堆渣进行爆破清除，以期充分发挥导流能力，降低截流难度。10月底戗堤口门宽75 m，随后不断进行预进占，至11月初形成60 m宽的预留龙口，见图5-35。

2007年11月7日2时开始，5个导流洞闸门全开，9时开始截流合龙进占，21时，跨过了最困难的龙口段(口门宽30～40 m)，顺利进占到口门宽为10 m时暂停。8日下午举行合龙仪式，15时0分至15时45分将剩下的10 m宽口门全部封堵，见图5-36。截流实际流量为3 560 m^3/s，比设计流量小，但龙口水力学指标仍很高，实测龙口最大流速为9.50 m/s，最终落差为4.50 m。

截流监测工作与截流施工同步开展，在实施预进占时进行控制布设、水尺布置、断面

图 5-35　溪洛渡水电站截流龙口进占前的河道

图 5-36　溪洛渡水电站截流成功

测量以及监测方案的演练等。从龙口截流进占开始，监测便以 2 h、1 h、最高达到 0.5 h 的观测频次，进行导流洞进出口水位、戗堤上下游水位、龙口宽度、龙口流速、龙口流量、河道总流量等各要素观测，并实时传递信息到指挥部，有力地支持了截流施工。

5.6.5　监测成果与分析

5.6.5.1　水位、落差、水面线变化分析

为掌握截流期截流围堰分担落差、大坝河段总落差、戗堤水面线、戗堤纵横比降的变化情况，开展水位观测，包括：戗堤轴线上游（左、右岸）50 m，戗堤轴线（左、右岸）、戗堤轴线下游（左、右岸）50 m 水位，$1^{\#}$、$2^{\#}$、$3^{\#}$、$4^{\#}$、$5^{\#}$、$6^{\#}$导流洞进出口水位，其他坝区专用水尺水位，测流断面水位。观测时段从 2007 年 10 月 28 日至 11 月 8 日。

1. 截流期水位变化

溪洛渡水电站截流预进占阶段（11 月 7 日 09:00 以前），为检验设计过流能力和冲渣的需要，频繁地启闭 5 条导流洞进口闸门，采用不同的导流洞组合泄流，在此期间，水位受

上游来水、导流洞分流和龙口束窄等多方面的因素影响而变化。在龙口进占阶段(11 月 7 日 09:00 ~ 8 日 16:00),1# ~ 5# 导流洞联合泄流,突然增大了整个坝址区的过水面积,因此戗堤上游和导流洞进口水位明显下降。随着龙口的推进和束窄,过水面积又逐渐减小,在围堰戗堤的上游形成壅水,水位逐渐提高。在戗堤基本合龙后,上游的来水量变化不大的情况下,水位变化也比较平缓。

导流洞出口由于过水面积未发生明显变化,因此在坝址总来水量变化不大的情况下,截流期间其水位变化相对平缓,变化过程与天然来水过程相应。

戗堤下游的水位变化复杂,既受龙口来水量变化的影响,又受下游导流洞出水后壅水抬高的影响,其变化过程是导流洞爆破后水位急剧下降,以后随着上戗堤龙口的逐渐推进,龙口流量逐渐减小,其水位继续下降,龙口合龙后,水位变化不大,见图 5-37、图 5-38。

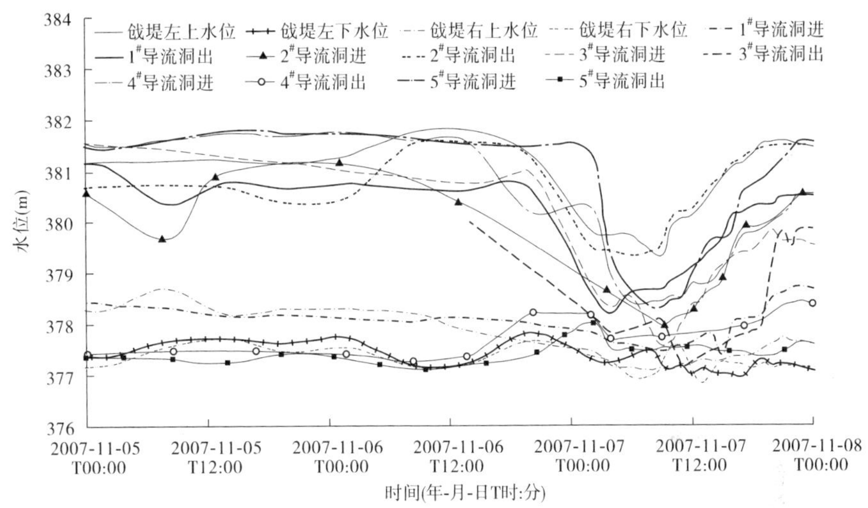

图 5-37　溪洛渡水电站截流期间水位变化过程

龙口的戗上水位和戗轴水位的横向变化受龙口截流施工的影响明显,在预进占和强进占的前期阶段,以左岸推进为主,在此期间,左岸水位明显高于右岸水位;在截流后期,两边推进的程度相当,龙口泄流比较均匀,两边的水位也趋于接近,戗下水位的横比降较小且稳定,见图 5-38。

2. 截流期落差变化

导流洞落差的变化也与导流洞围堰爆破过流和龙口推进密切相关,围堰爆破后,落差急剧减小,后随上围堰的推进,逐渐抬高进口的水位,其落差逐渐增大,直至上围堰合龙后,其落差变化平缓,随天然来水量的变化而变化,见图 5-39。

戗堤上下游水位落差的变化与导流洞落差的变化基本相应,在预进占阶段受导流洞组合泄流的影响,落差时大时小,导流洞泄流越大,落差越小;在龙口强进占阶段(11 月 6 日 20:00 以后),1# ~ 5# 导流洞同时开启联合泄流,其主要受上围堰龙口的推进影响,落差逐渐增大,当上围堰基本合龙后,落差最大。因此,落差在截流期间来水量变化不大的情况下,其落差主要受施工的影响,见图 5-40。

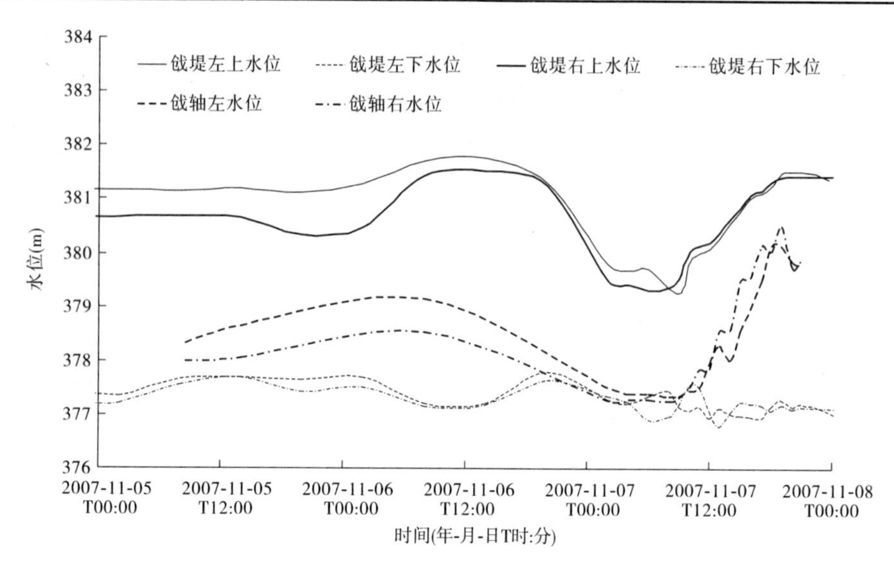

图 5-38　溪洛渡水电站截流期间龙口各部位水位变化过程

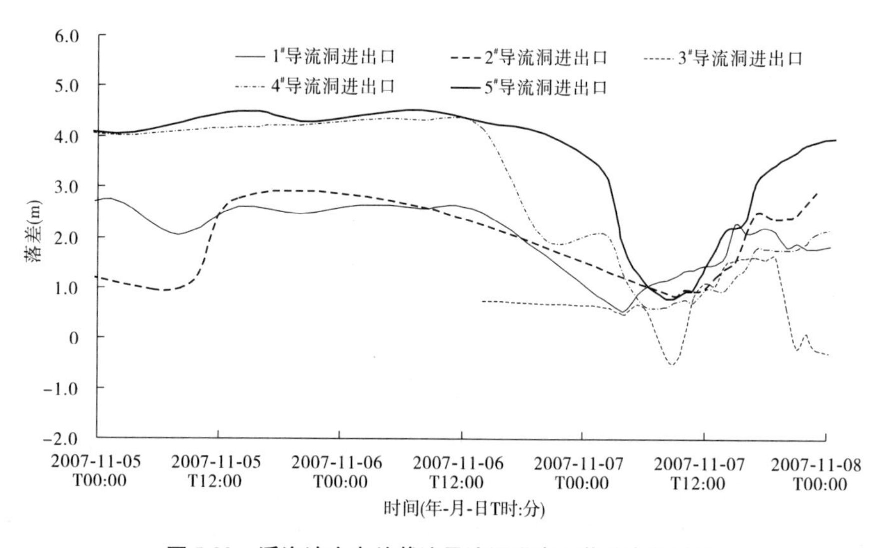

图 5-39　溪洛渡水电站截流导流洞进出口落差变化过程

3. 截流期水面线变化

选择截流前期典型时段截流河段的专用水尺和龙口观测水位点绘全河段的水面线（见图 5-41），可以看出，在预进占阶段，随着河道两边的推进在龙口戗堤处形成水位跌坎，随着时间的推移，龙口宽度减小，龙口戗堤处落差增加，跌坎越来越明显。

选择强进占阶段（11 月 7 日 08:00 以后）的典型时段戗上、戗轴、戗下水位来点绘龙口左、右岸水面线的变化，见表 5-18、图 5-42、图 5-43，可以看出，上戗堤水面线在导流洞联合泄流后，水面线急剧下降，随着围堰的施工推进，水面线逐渐抬升，并且坡度变缓，戗轴水位随龙口大量的抛投物料的垫底，水位抬升更快，在 15:00 左右水面线曲线出现拐点，由凹变凸。

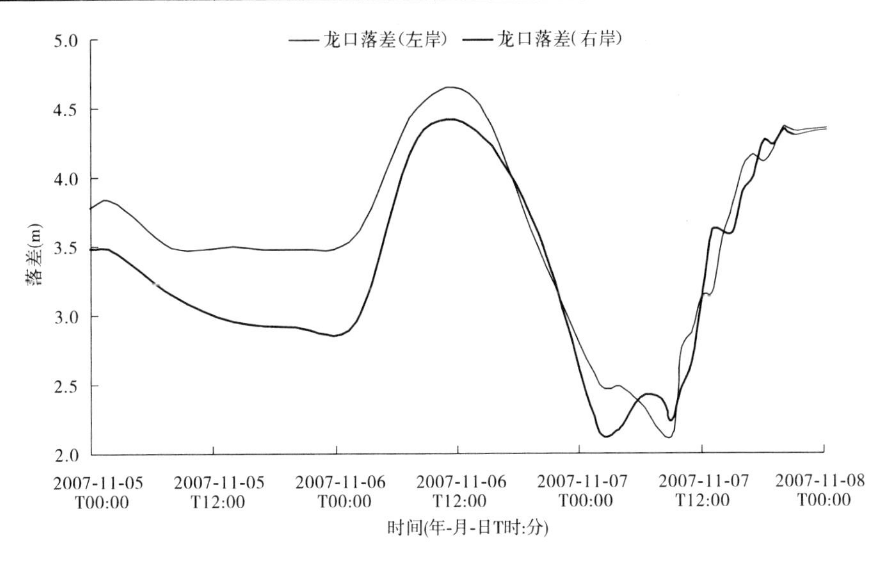

图 5-40　溪洛渡水电站截流龙口落差(左岸、右岸)变化过程

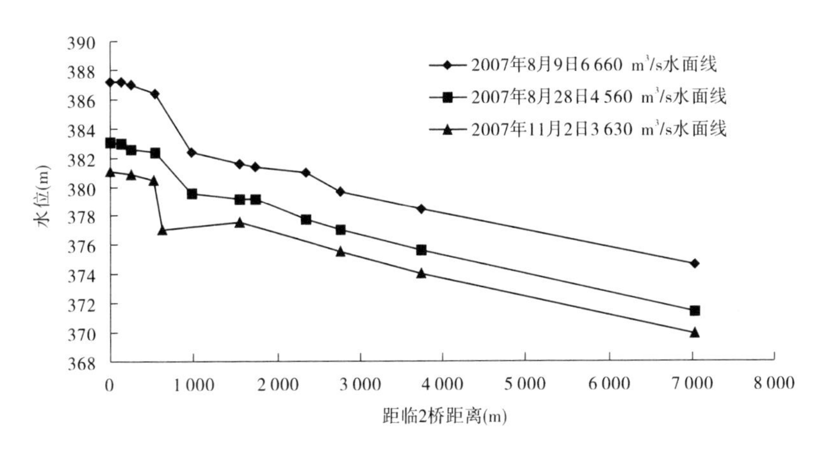

图 5-41　溪洛渡水电站截流预进占阶段截流河段沿程水面线

表 5-18　溪洛渡水电站截流龙口水位(左岸、右岸)　(单位:m)

观测时间	戗左上	戗轴左	戗左下	戗右上	戗轴右	戗右下
11 月 7 日 8 时 0 分	379.43	377.36	377.13	379.50	377.27	377.19
11 月 7 日 12 时 0 分	380.09	377.97	376.95	380.21	377.86	377.08
11 月 7 日 14 时 0 分	380.58	378.03	377.03	380.67	378.59	377.06
11 月 7 日 16 时 0 分	381.03	378.97	376.97	381.09	379.56	377.20
11 月 7 日 18 时 0 分	381.26	380.15	377.15	381.33	380.05	377.07
11 月 7 日 20 时 0 分	381.52	379.86	377.16	381.44	379.75	377.10
11 月 7 日 21 时 0 分	381.53	379.80	377.20	381.45	379.90	377.15

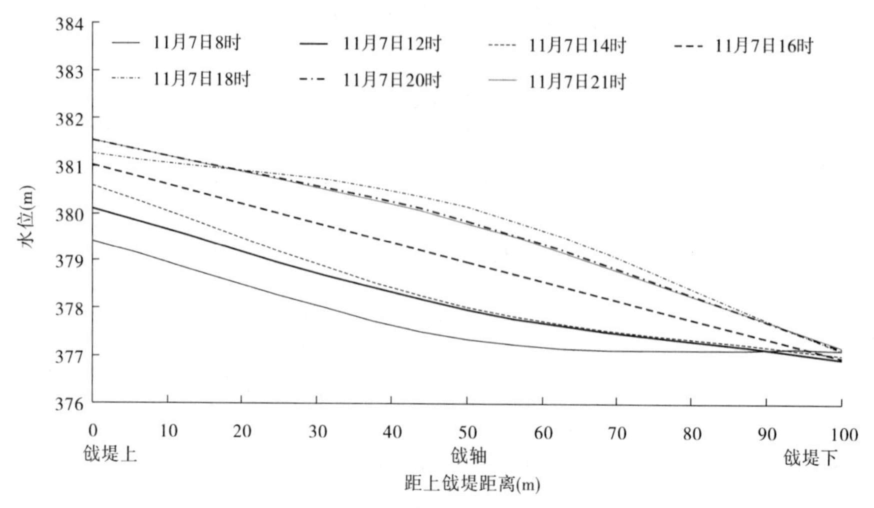

图 5-42 溪洛渡水电站截流强进占阶段龙口水面线(左岸)变化过程

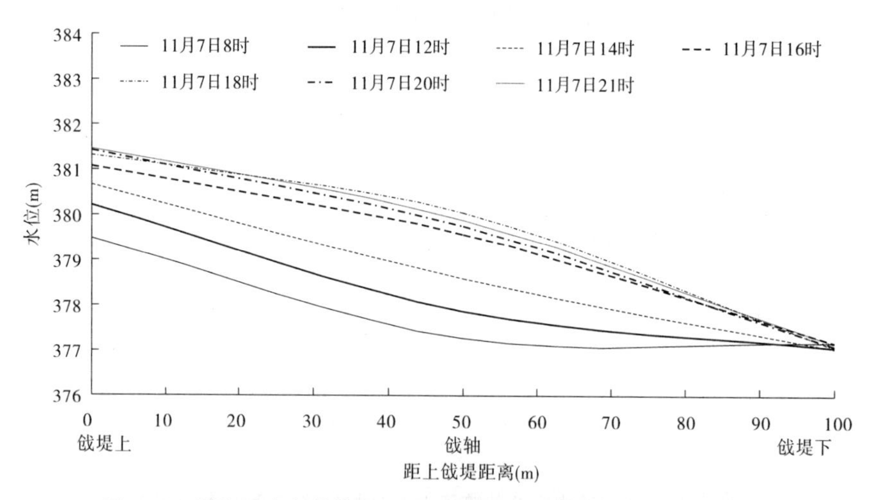

图 5-43 溪洛渡水电站截流强进占阶段龙口水面线(右岸)变化过程

5.6.5.2 龙口要素变化分析

截流期龙口流速是非常重要的龙口水力学指标,龙口流速的分布和变化直接决定了截流施工的现场指挥和调度。通过将实测的龙口流速与水工模型和截流水力学计算的成果进行比较,从而改变和调整施工方案和措施。在本次截流过程中,截流水文监测在截流施工指挥中发挥了很重要的作用。

龙口流速监测包括:在龙口预进占阶段,监测龙口上挑角(左、右)、戗堤轴线(中)、龙口下挑角(左、右)的流速;在龙口强进占阶段,只实测龙口上、龙口中、龙口下的流速。观测时段从 2007 年 10 月 30 日至 11 月 8 日。

1. 龙口流速的纵横向分布特性

图 5-44 反映了 11 月 3 日 14:00 龙口流速的纵横向变化,从图中可以看出,在横向上,龙口中的流速大于龙口两边,在纵向上,流速从小到大依次是龙口上、龙口中、龙口下。同时,由于左岸的推进强度较大,阻水作用更强,所以左边的流速小于右边。

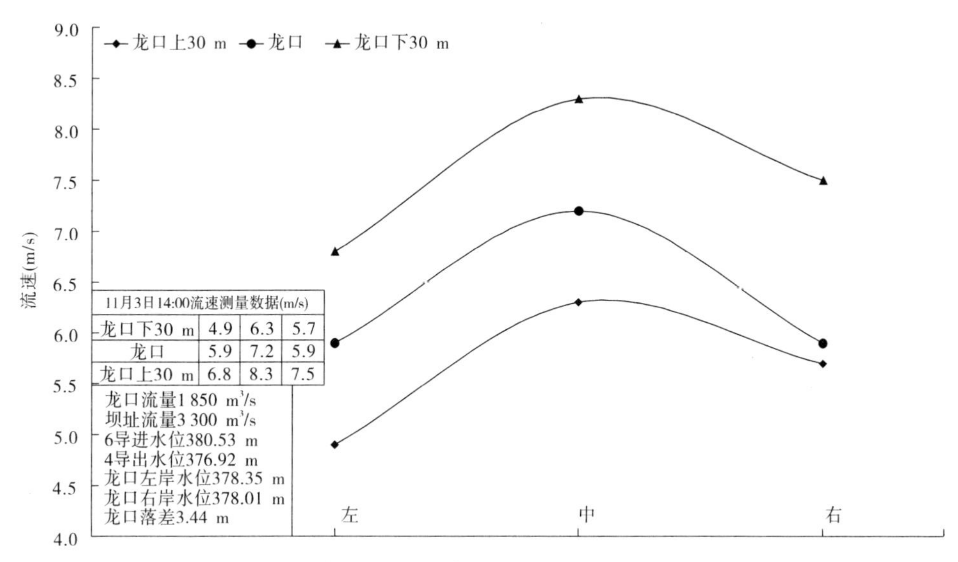

图5-44　溪洛渡水电站截流期龙口流速的纵横向变化

2. 龙口流速变化

2007年11月5日08:30至8日15:00对上、中、下龙口进行了36个段次的流速过程监测，收集了完整的截流流速变化过程，龙口流速成果详见表5-19。

表5-19　溪洛渡水电站截流龙口流速成果

龙口流速(下)		龙口流速(中)		龙口流速(上)	
时间 (年-月-日T时:分)	流速 (m/s)	时间 (年-月-日T时:分)	流速 (m/s)	时间 (年-月-日T时:分)	流速 (m/s)
2007-11-05T08:30	8.0	2007-11-05T08:30	7.8	2007-11-05T08:30	7.0
2007-11-05T09:00	8.2	2007-11-05T09:00	7.7	2007-11-05T09:00	6.7
2007-11-05T10:00	8.0	2007-11-05T10:00	7.6	2007-11-05T10:00	6.7
2007-11-05T11:00	8.1	2007-11-05T11:00	7.7	2007-11-05T11:00	6.7
2007-11-05T12:00	8.2	2007-11-05T12:00	7.8	2007-11-05T12:00	6.7
2007-11-05T14:00	8.3	2007-11-05T14:00	7.9	2007-11-05T14:00	6.8
2007-11-05T15:00	8.3	2007-11-05T15:00	8.0	2007-11-05T15:00	6.8
2007-11-05T16:00	8.2	2007-11-05T16:00	8.0	2007-11-05T16:00	6.8
2007-11-05T17:00	8.2	2007-11-05T17:00	7.9	2007-11-05T17:00	6.7
2007-11-05T23:00	8.4	2007-11-05T23:00	8.2	2007-11-05T23:00	7.6
2007-11-06T08:00	8.4	2007-11-06T08:00	8.2	2007-11-06T08:00	7.3
2007-11-06T11:00	8.5	2007-11-06T11:00	8.3	2007-11-06T11:00	7.4
2007-11-06T12:00	8.4	2007-11-06T12:00	8.1	2007-11-06T12:00	7.2
2007-11-06T14:00	8.5	2007-11-06T14:00	8.4	2007-11-06T14:00	7.5

续表 5-19

龙口流速(下)		龙口流速(中)		龙口流速(上)	
时间 (年-月-日 T时:分)	流速 (m/s)	时间 (年-月-日 T时:分)	流速 (m/s)	时间 (年-月-日 T时:分)	流速 (m/s)
2007-11-06T15:00	8.5	2007-11-06T15:00	8.2	2007-11-06T15:00	7.4
2007-11-06T17:00	8.4	2007-11-06T17:00	8.1	2007-11-06T17:00	7.3
2007-11-07T02:00	7.4	2007-11-07T02:00	7.1	2007-11-07T02:00	6.5
2007-11-07T04:00	7.0	2007-11-07T04:00	6.8	2007-11-07T04:00	6.0
2007-11-07T06:00	6.2	2007-11-07T06:00	6.0	2007-11-07T06:00	5.6
2007-11-07T08:00	6.3	2007-11-07T08:00	6.1	2007-11-07T08:00	5.6
2007-11-07T09:00	5.2	2007-11-07T09:00	4.7	2007-11-07T09:00	4.2
2007-11-07T10:00	5.7	2007-11-07T10:00	5.2	2007-11-07T10:00	4.5
2007-11-07T11:00	6.0	2007-11-07T11:00	5.2	2007-11-07T11:00	4.5
2007-11-07T12:00	6.1	2007-11-07T12:00	5.3	2007-11-07T12:00	4.2
2007-11-07T13:00	6.1	2007-11-07T13:00	5.8	2007-11-07T13:00	4.4
2007-11-07T14:00	7.5	2007-11-07T14:00	6.4	2007-11-07T14:00	3.6
2007-11-07T15:00	7.0	2007-11-07T15:00	5.1	2007-11-07T15:00	3.3
2007-11-07T16:00	9.2	2007-11-07T16:00	5.1	2007-11-07T16:00	3.2
2007-11-07T17:00	9.5	2007-11-07T17:00	5.4	2007-11-07T17:00	2.8
2007-11-07T18:00	8.4	2007-11-07T18:00	6.3	2007-11-07T18:00	2.5
2007-11-07T19:00	8.4	2007-11-07T19:00	5.8	2007-11-07T19:00	1.7
2007-11-07T20:00	7.5	2007-11-07T20:00	7.2	2007-11-07T20:00	2.2
2007-11-07T21:00	5.7	2007-11-07T21:00	5.3	2007-11-07T21:00	1.1
2007-11-08T15:00	4.1	2007-11-08T15:35	2.1	2007-11-08T15:45	0

在预进占阶段(11 月 7 日 09:00 以前),龙口流速的变化主要受上游来水和导流洞组合泄流的影响,若上游来水量减小,流速也减小;在来水变化不大的情况下,增加导流洞过流后,龙口流速明显减小,关闭导流洞后龙口流速又增加。

在龙口强进占阶段,当1# ~5#导流洞全部开启后,龙口流速(上)、龙口流速(中)、龙口流速(下)急剧减小,在此之后,龙口流速(上)、龙口流速(中)、龙口流速(下)的变化过程出现分化,龙口流速(上)随龙口的推进,上游形成壅水,表现为持续减小;龙口流速(中)的变化有大有小,主要是受大粒径的抛投物的垫底形成阻水影响所致,总体变化过程是小→大→小,但变化幅度不大;龙口流速(下)变化剧烈,当导流洞开启后,龙口流速(下)急剧减小,但随着龙口的推进、龙口束窄、过水面积的减小,又逐渐增大,在 17:00 左右出现最大流速(流速拐点),为 9.5 m/s,以后随着壅水的抬高,导流洞分流量增加,流速逐渐减小,当龙口合龙时,流速减小为零,见表5-19和图5-45、图5-46。

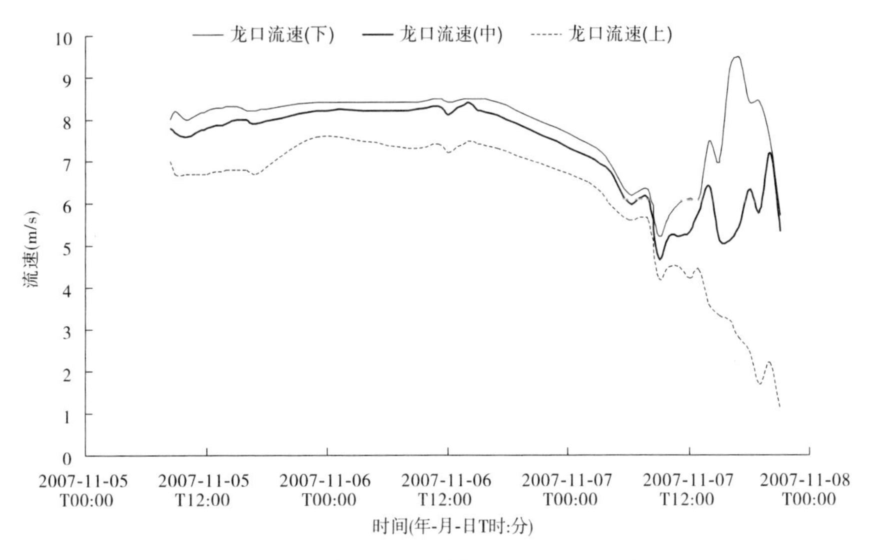

图5-45　溪洛渡水电站截流期龙口流速的变化过程

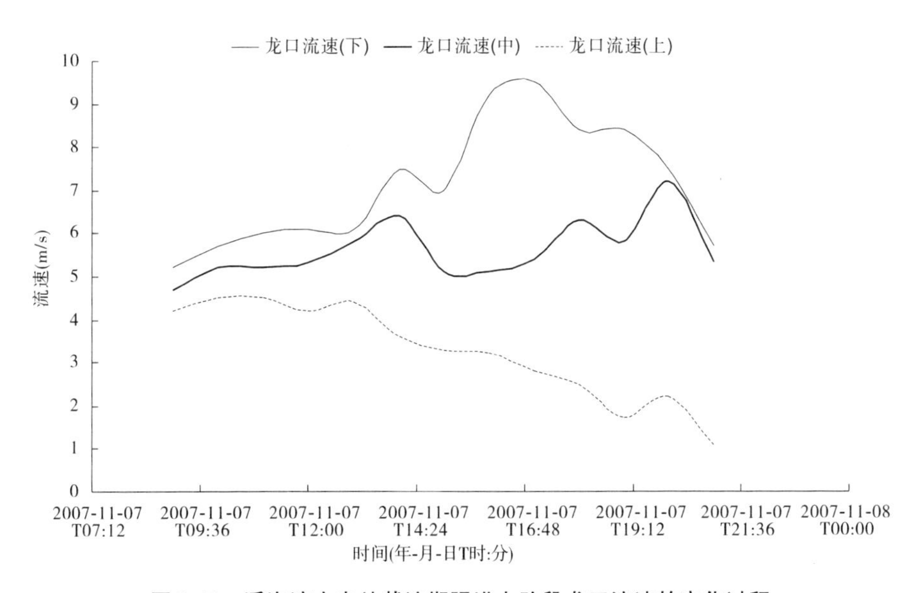

图5-46　溪洛渡水电站截流期强进占阶段龙口流速的变化过程

3. 龙口流速与口门宽的关系

龙口水力学要素中流速与口门宽密切相关,在龙口预进占阶段,龙口流速受上游来水、导流洞的组合泄流和龙口推进的综合影响,其变化趋势不明显。在龙口强进占阶段(7日06:00至8日16:00),来水量变化不大,坝址流量保持在3 460 ~3 570 m^3/s,在导流洞全部开启的情况下,龙口流速主要受龙口变化的影响。龙口在推进的过程中,水面宽不断束窄，龙口流速（上）、龙口流速（中）、龙口流速（下）出现不同的变化规律。龙口流速（上）随龙口水面宽的减小持续减小；龙口流速（中）随龙口水面宽的减小在前期逐渐增大，在龙口水面宽 15 ~ 17 m 时出现极值，以后逐渐减小；龙口流速（下）随龙口水面宽的减小在前期急剧增大，变化幅度比较大，在龙口水面宽 21 ~ 20 m 时出现拐点，以后随口门宽的减小，流速也相应减小，当龙口合龙时流速为零，见表 5-20、图 5-47。

表 5-20 溪洛渡水电站截流龙口流速与水面宽成果

时间（年-月-日 T 时:分）	龙口流速（下）（m/s）	龙口流速（中）（m/s）	龙口流速（上）（m/s）	龙口水面宽（m）
2007-11-05T09:00	8.2	7.7	6.7	50.90
2007-11-05T14:00	8.3	7.9	6.8	51.10
2007-11-06T08:00	8.4	8.2	7.3	53.10
2007-11-06T14:00	8.5	8.4	7.5	53.00
2007-11-07T02:00	7.4	7.1	6.5	46.80
2007-11-07T04:00	7.0	6.8	6.0	46.70
2007-11-07T06:00	6.2	6.0	5.6	47.50
2007-11-07T08:00	6.3	6.1	5.6	47.47
2007-11-07T09:00	5.2	4.7	4.2	48.66
2007-11-07T10:00	5.7	5.2	4.5	43.90
2007-11-07T11:00	6.0	5.2	4.5	40.30
2007-11-07T12:00	6.1	5.3	4.2	38.44
2007-11-07T13:00	6.1	5.8	4.4	36.42
2007-11-07T14:00	7.5	6.4	3.6	33.70
2007-11-07T15:00	7.0	5.1	3.3	31.54
2007-11-07T16:00	9.2	5.1	3.2	27.20
2007-11-07T17:00	9.5	5.4	2.8	22.10
2007-11-07T18:00	8.4	6.3	2.5	16.60
2007-11-07T19:00	8.4	5.8	1.7	15.40
2007-11-07T20:00	7.5	7.2	2.2	11.41
2007-11-07T21:00	5.7	5.3	1.1	9.27
2007-11-08T15:45	0	0	0	0

4. 龙口流速与龙口流量的关系

当 2007 年 11 月 7 日 06:00 1# ~ 5# 导流洞全部过流后，龙口流量为 1 630 m^3/s，此时龙口流速（上）为 5.6 m/s、龙口流速（中）为 6.0 m/s、龙口流速（下）为 6.2 m/s，此后在整个合龙过程中，上游来水量变化不大，随着龙口的推进束窄，龙口流量持续减小，龙口流速（上）在合龙过程中持续减小；龙口流速（中）受龙口大颗粒的抛投物阻水作用的影响时大

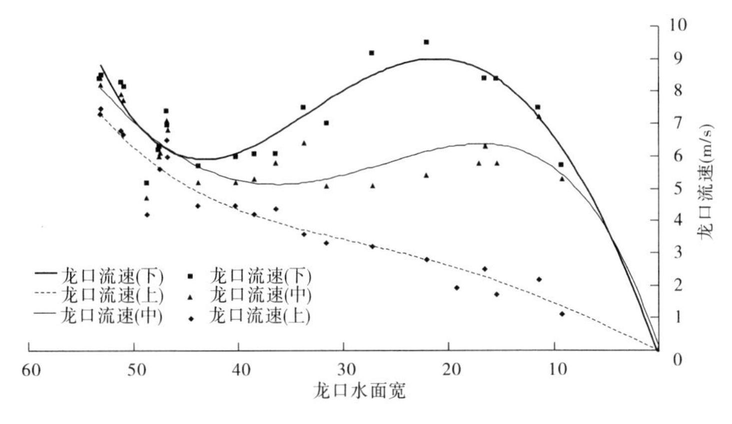

图 5-47　溪洛渡水电站截流龙口流速与龙口水面宽的关系

时小，但变化的趋势是先逐渐增大，当达到一定的极值后，又逐渐减小，流速拐点大致在流量为 400 m^3/s 时出现，合龙后，龙口流量、流速减小为零；龙口流速（下）的变化特征明显，那就是随着龙口流量的减小，流速增加，当流量为 520 m^3/s 时流速达到极值，流速变化曲线出现拐点，其后流速逐渐减小，直至合龙，流速为零。实测数据见表 5-21，龙口流速与龙口流量的关系见图 5-48。

表 5-21　溪洛渡水电站截流龙口流速与龙口流量成果

时间 （年-月-日 T 时:分）	龙口流速（下） （m/s）	龙口流速（中） （m/s）	龙口流速（上） （m/s）	龙口流量 （m^3/s）
2007-11-07T06:00	6.2	6.0	5.6	1 630
2007-11-07T08:00	6.3	6.1	5.6	1 620
2007-11-07T09:00	5.2	4.7	4.2	1 670
2007-11-07T10:00	5.7	5.2	4.5	1 540
2007-11-07T11:00	6.0	5.2	4.5	1 450
2007-11-07T12:00	6.1	5.3	4.2	1 290
2007-11-07T13:00	6.1	5.8	4.4	1 150
2007-11-07T14:00	7.5	6.4	3.6	990
2007-11-07T15:00	7.0	5.1	3.3	791
2007-11-07T16:00	9.2	5.1	3.2	592
2007-11-07T17:00	9.5	5.4	2.8	443
2007-11-07T18:00	8.4	6.3	2.5	358
2007-11-07T19:00	8.4	5.8	1.7	259
2007-11-07T20:00	7.5	7.2	2.2	157
2007-11-07T21:00	5.7	5.3	1.1	88.7
2007-11-08T15:45	0	0	0	31.4

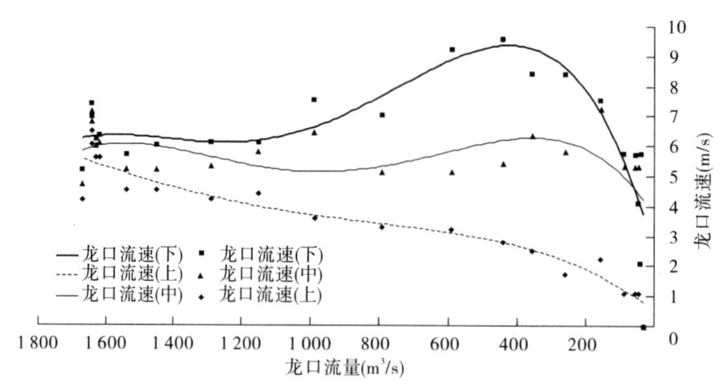

图 5-48　溪洛渡水电站截流龙口流速与龙口流量的关系

5. 龙口宽变化分析

由于龙口高强度的施工，测量人员和设备无法到达龙口位置，因此测量龙口水面宽和龙口堤头宽主要采用高精度的免棱镜激光全站仪进行无人立尺观测。龙口堤头宽是龙口轴线上龙口上边缘的距离，其变化过程与龙口水面宽的变化过程基本一致，如图 5-49 所示，在截流龙口强进占的过程中，龙口口门的高度变化不大，维持在 383 m 左右。

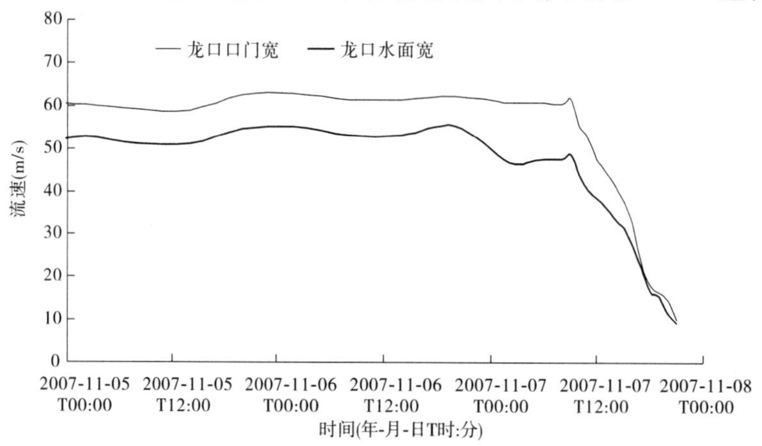

图 5-49　溪洛渡水电站截流龙口宽变化过程

5.6.5.3　流量变化

截流各部分流量成果见表 5-22。图 5-50 是根据截流期坝址流量、龙口流量、导流洞分流量和导流洞分流比资料点绘的各部位的流量变化过程。

表 5-22　溪洛渡水电站截流监测各部分流量成果

时间（年-月-日 T时:分）	坝址流量（m^3/s）	龙口流量（m^3/s）	分流量（m^3/s）	参与分流导流洞	分流比（%）
2007-10-26T17:14	5 260	4 750	510	4#洞分流	9.7
2007-10-27T08:52	5 100	4 620	480		9.4
2007-10-27T11:08	5 040	4 220	820	4#、5#洞分流	16.3

续表 5-22

时间（年-月-日 T 时:分）	坝址流量（m³/s）	龙口流量（m³/s）	分流量（m³/s）	参与分流导流洞	分流比（%）
2007-10-27T16:52	5 000	4 470	530	5#洞分流	10.6
2007-10-28T09:25	4 640	4 090	550		11.9
2007-10-28T16:09	4 560	3 640	920	4#、5#洞分流	20.2
2007-10-29T09:46	4 650	3 750	900		19.4
2007-10-29T16:18	4 570	3 630	940		20.6
2007-10-30T10:00	4 190	3 260	930		22.2
2007-10-31T08:50	3 980	3 040	940		23.6
2007-10-31T21:10	3 820	2 690	1 130		29.6
2007-11-01T04:35	3 650	2 570	1 080		29.6
2007-11-01T11:58	3 720	2 780	940		25.3
2007-11-02T13:28	3 720	2 220	1 500	1#、4#、5#洞分流	40.3
2007-11-02T16:46	3 700	2 150	1 550		41.9
2007-11-03T05:38	3 460	1 630	1 830		52.9
2007-11-03T22:32	3 270	2 120	1 150	1#洞分流、2#、4#洞各开 1 个	35.2
2007-11-04T09:46	3 390	2 130	1 260	1#、2#洞分流	37.2
2007-11-04T14:00	3 420	2 160	1 260		36.8
2007-11-05T08:00	3 530	1 970	1 560	1#、2#洞分流	44.2
2007-11-06T08:00	3 430	2 470	960	2#洞分流	28.0
2007-11-07T08:00	3 500	1 620	1 880	1#～5#洞分流	53.7
2007-11-07T09:00	3 500	1 670	1 830	1#～5#洞分流	52.3
2007-11-07T10:00	3 510	1 540	1 970	1#～5#洞分流	56.1
2007-11-07T11:00	3 510	1 450	2 060	1#～5#洞分流	58.7
2007-11-07T12:00	3 530	1 290	2 240	1#～5#洞分流	63.5
2007-11-07T13:00	3 520	1 150	2 370	1#～5#洞分流	67.3
2007-11-07T14:00	3 520	990	2 530	1#～5#洞分流	71.9
2007-11-07T15:00	3 520	791	2 729	1#～5#洞分流	77.5
2007-11-07T16:00	3 520	592	2 928	1#～5#洞分流	83.2
2007-11-07T17:00	3 540	443	3 097	1#～5#洞分流	87.5
2007-11-07T19:00	3 520	259	3 261	1#～5#洞分流	92.6
2007-11-07T20:00	3 540	157	3 383	1#～5#洞分流	95.6
2007-11-07T21:00	3 540	88.7	3 450	1#～5#洞分流	97.5
2007-11-07T22:00	3 560	53	3 507	1#～5#洞分流	98.5
2007-11-08T08:00	3 520	45	3 475	1#～5#洞分流	98.7
2007-11-08T14:00	3 560	44.6	3 515.4	1#～5#洞分流	98.7
2007-11-08T15:00	3 560	44.7	3 515.3	1#～5#洞分流	98.7

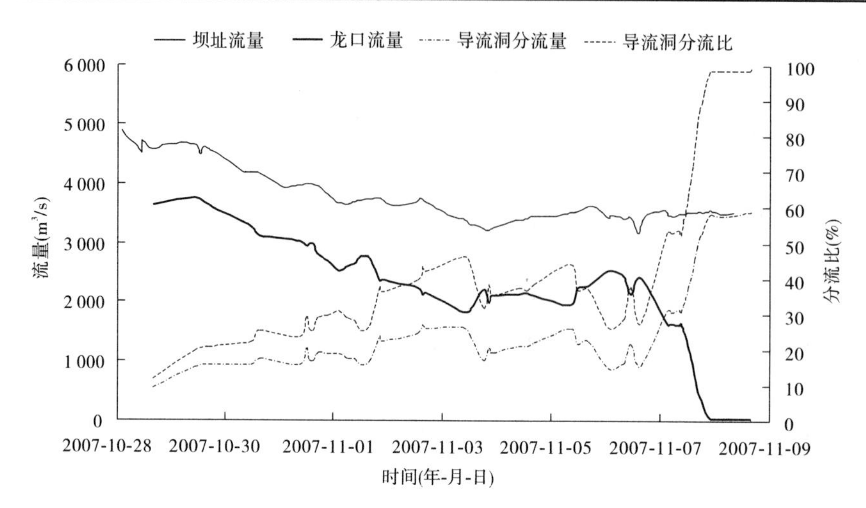

图 5-50　溪洛渡水电站截流期流量变化过程

1. 坝址流量变化

溪洛渡水电站工程设计截流流量为 5 160 m^3/s(11 月上旬 10 年一遇平均流量),同时按 6 500 m^3/s 备料。

溪洛渡水电站截流期流量变化过程见图 5-50。从图 5-50 来看,整个截流期间,坝址流量 2007 年 10 月 28 日 09:25 是 4 640 m^3/s,到 11 月 7 日流量的变化趋势总体是持续减小,其间流量没有出现大的涨落过程,至龙口合龙期(2007 年 11 月 7 日 08:00)流量减小到 3 500 m^3/s,为设计流量的 2/3,对截流十分有利。在龙口强进占阶段流量变化也很稳定,从 2007 年 11 月 7 日 08:00 至 8 日 16:00,流量变化范围为 3 500 ~ 3 570 m^3/s。

2. 导流洞分流量、分流比变化

在龙口预进占阶段,导流洞的分流能力由于受导流洞组合泄流试验和上游来水量的影响,其分流能力不断变化,通过导流洞爆破后的冲渣,在前期从一个导流洞分流到 11 月 7 日 06:00 龙口强进占前期,口门水面宽达到 47.5 m,导流洞的分流比为 11.9% ~ 53.7%,基本达到设计的分流效果。

从 11 月 7 日 06:00 起龙口截流施工进入强进占阶段,导流洞保持 5 洞全开,其分流能力逐渐增加,分流量从 1 880 m^3/s、分流比从 53.7% 开始增加,到 21:00 导流洞流量达到 3 450 m^3/s,分流比达到 97.5%,11 月 8 日 15:45 合龙,导流洞流量为 3 540 m^3/s,分流比达到 99.1%,少量的水流从戗堤渗漏。

3. 龙口流量变化

龙口流量的变化主要受上游来水和导流洞分流的影响,在截流预进占阶段,上游来水持续减小,所以龙口流量也呈持续减小的趋势,同时在此期间进行导流洞联合泄流试验和冲渣,导流洞过流时大时小,因此龙口流量过程线出现小的起伏,但减小的总趋势未变。在预进占阶段(2007 年 10 月 28 日 16:09 至 11 月 6 日 15:42),龙口流量从 3 750 m^3/s 变化到 2 410 m^3/s。

2007 年 11 月 7 日 03:00 在 1# ~ 5# 导流洞联合泄流后,龙口流量急剧减小到 1 640 m^3/s,从 2007 年 11 月 7 日 08:00 开始,龙口截流施工进入强进占阶段,以后随着龙口的束窄,龙口流量持续减小,至 7 日 21:00 流量减小到 88.7 m^3/s,在此期间流量减小的幅度随时间的变化均匀。至 8 日 14:00,由于上游戗堤龙口推进的暂停,流量变化不大,15:00 龙口继续推进直至合龙(15:45),流量减小为 31.4 m^3/s,此流量为截流合龙后戗堤的渗漏流量,戗堤需要进行加固和堵漏。

5.6.5.4　截流期水文监测资料综合分析

根据截流期水文监测的资料来分析各要素之间的相关关系,基本反映了水电站截流期各水力要素的变化特征和基本规律,为其他工程的截流设计积累了宝贵的资料。

水电站截流期的各项水力学参数的变化都是随龙口束窄而变化为主要特征的,口门宽减小,其他水文、水力学参数也相应发生改变。

龙口最大流速和单宽功率指标是反映截流施工难度的最明显的指标,表 5-23 是龙口出现以上两个指标最大值时其他相应的龙口水力学特征值。

表 5-23　溪洛渡水电站截流龙口水力学特征值

时间(年-月-日 T 时:分)	龙口最大流速(下)(m/s)	龙口水面宽(m)	龙口流量(m^3/s)	上戗左落差(m)	上戗右落差(m)	龙口最大流速(中)(m/s)	龙口最大流速(上)(m/s)
2007-11-06T08:08	8.40	53.0	2 440	4.50	4.28	8.20	7.30
2007-11-07T17:00	9.50	22.10	443	4.16	3.89	5.40	2.80

1. 龙口综合水力学特性变化

龙口单宽流量和单宽功率是龙口的综合水力学特性参数,单宽流量和单宽功率越大,所产生的动能越大,对截流施工工况越不利;反之,越有利于截流龙口的推进。

根据截流期监测的龙口水力学要素计算龙口相应的单宽流量和单宽功率并点绘其变化过程曲线(见图 5-51),从图中可以看出,龙口单宽流量呈持续减小的趋势,在此过程中,受导流洞分流的影响,单宽流量有小的起伏变化;龙口单宽功率的变化稍复杂,前期增加,后期逐渐减小,在截流强进占阶段(2007 年 11 月 7 日 08:00 ~ 21:00),当导流洞开启分流后单宽功率急剧减小,随着龙口的推进,龙口落差增加较快,单宽功率也逐渐增加,然后单宽功率稳定在一个较高的水平并持续一段时间(11:00 ~ 18:00),随后由于单宽流量的减小,落差变化较小,单宽功率就逐渐减小。

溪洛渡水电站截流期龙口水面宽与龙口流量的关系见图 5-52。从图 5-52 可以看出,在龙口强进占阶段(龙口水面宽小于 55 m),龙口逐渐推进,龙口水面不断束窄,龙口流量也持续减小,两要素之间的相关关系良好。

根据龙口左右岸的落差与龙口水面宽资料点绘其相关关系(见图 5-53),由于龙口落差受导流洞分流的影响明显,因此在龙口预进占阶段,其关系点散乱,在截流强进占阶段,当导流洞全部开启分流后,龙口落差急剧减小。随后龙口落差与龙口水面宽相关关系明显,在来水量变化不大的情况下,龙口宽度减小,龙口落差增大。

在龙口强进占阶段,龙口水面宽为 40 ~ 55 m,随着口门的推进,龙口单宽流量和单宽功率增加,在 40 m 以下,随着龙口的束窄,龙口单宽流量和单宽功率持续减小,见图 5-54。

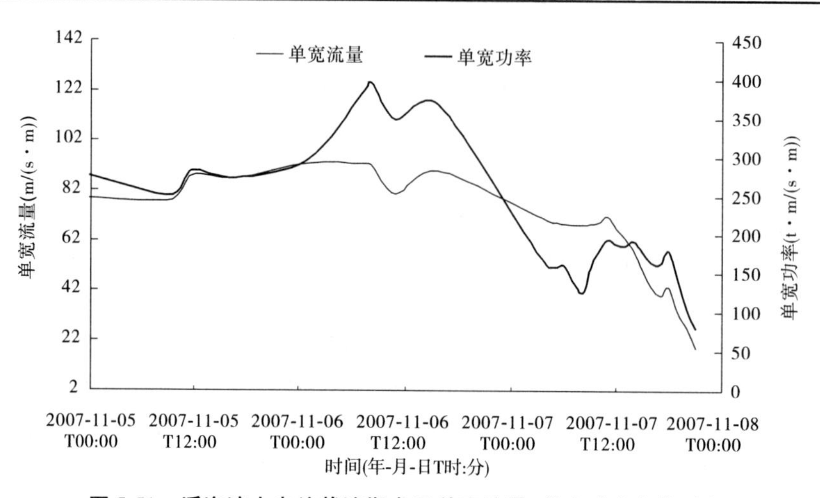

图 5-51　溪洛渡水电站截流期龙口单宽流量、单宽功率变化过程

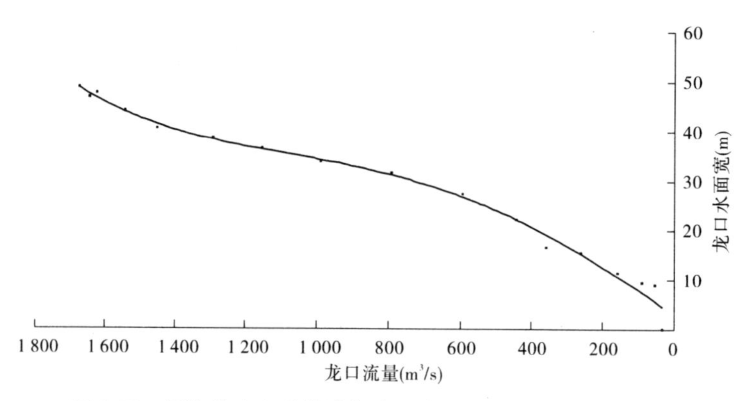

图 5-52　溪洛渡水电站截流期龙口水面宽与龙口流量的关系

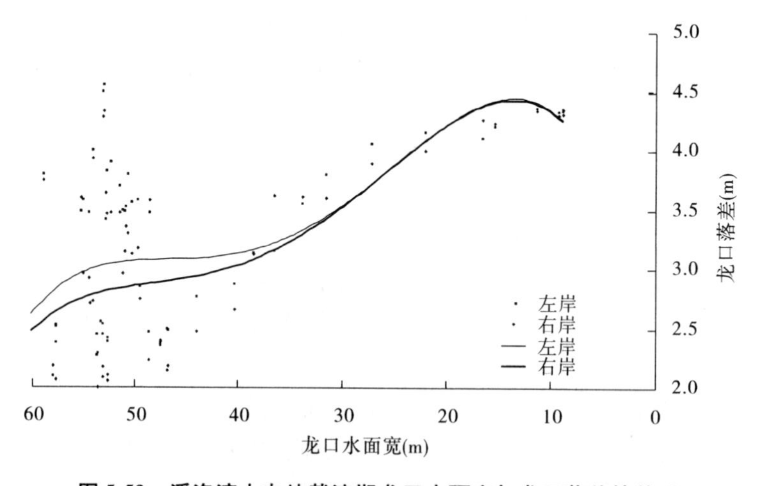

图 5-53　溪洛渡水电站截流期龙口水面宽与龙口落差的关系

龙口流速与龙口落差密切相关(见图 5-55),随着龙口落差的增大,龙口上游壅水不断抬高形成回水,龙口流速(上)持续减小;龙口流速(中)略有增大,但在合龙的后期,龙

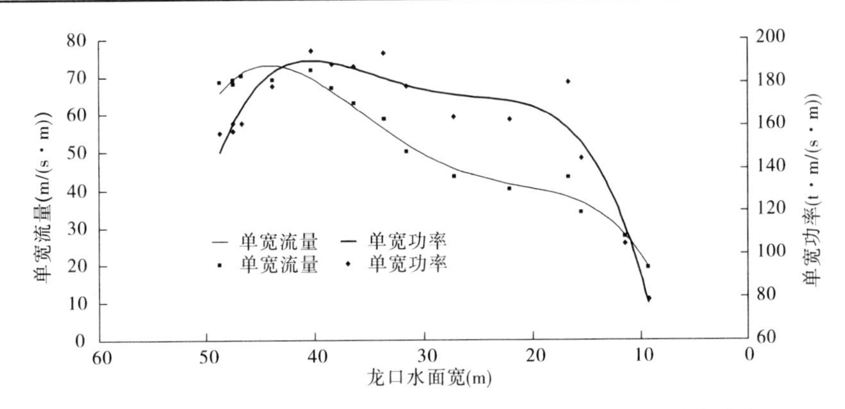

图5-54　溪洛渡水电站截流期龙口水面宽与单宽流量、单宽功率的关系

口流速(中)减小至零;龙口流速(下)随落差增大,流速明显增加,在落差达到4 m时,龙口流速(下)出现最大值和拐点,以后流速减小,直至合龙,流速为零。

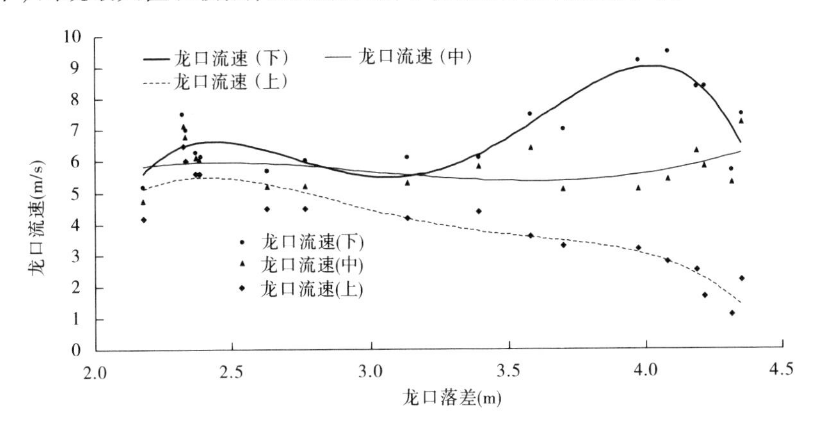

图5-55　溪洛渡水电站截流期龙口落差与龙口流速的关系

2. 导流洞综合水力学特性变化

溪洛渡水电站的围堰截流施工采用导流洞导流,分担上游来水,降低截流施工的难度,溪洛渡的导流洞是由5条导流隧洞组成的导流洞群,在截流预进占阶段,采用不同的导流洞组合进行联合泄流和冲渣,经实测导流洞水文、水力学要素与设计和模型比较,截流期导流洞的分流能力基本达到预期目标。

在实测的截流期的水文、水力学要素中,导流洞的结构、大小、落差直接决定导流洞的过流能力,龙口的水力学要素与龙口的过流能力也密切相关。

图5-56是龙口水面宽与导流洞分流能力的相关关系,从图上可以看出,在截流强进占阶段(2007年11月7日06:00～21:00)龙口束窄,导流洞的流量和分流比持续增加。

龙口流量、导流洞流量的变化与龙口的落差变化有明显的相关性,表5-24和图5-57分别是截流强进占阶段龙口落差和龙口流量、导流洞分流量(分流比)的观测成果和相关关系。可以看出,在截流过程中,龙口落差增加,龙口流量持续减小,导流洞分流量和分流比持续增加,关系趋势非常明显。

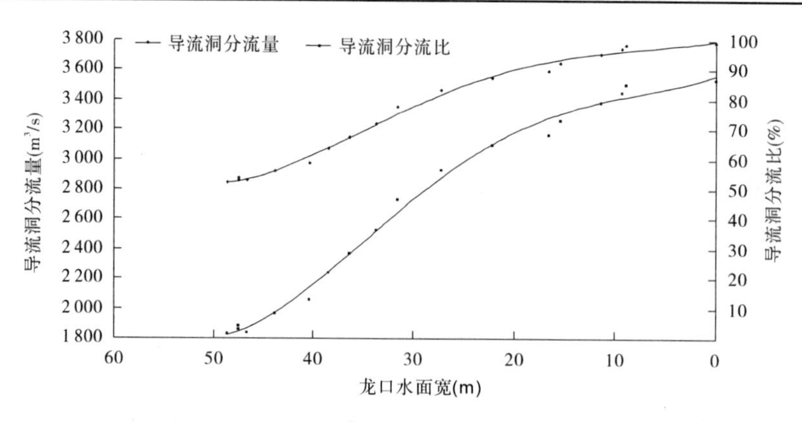

图 5-56 溪洛渡水电站截流期龙口水面宽与导流洞分流能力的关系

表 5-24 溪洛渡水电站截流龙口流量、导流洞分流能力与龙口落差的关系

时间 (年-月-日 T时:分)	坝址流量 (m^3/s)	龙口流量 (m^3/s)	导流洞分流比 (%)	导流洞分流量 (m^3/s)	龙口落差 (m)
2007-11-07T04:32	3 480	1 640	52.9	1 840	2.34
2007-11-07T08:00	3 500	1 620	53.7	1 880	2.38
2007-11-07T09:00	3 500	1 670	52.3	1 830	2.18
2007-11-07T10:00	3 510	1 540	56.1	1 970	2.63
2007-11-07T11:00	3 510	1 450	58.7	2 060	2.77
2007-11-07T12:00	3 530	1 290	63.5	2 240	3.14
2007-11-07T13:00	3 520	1 150	67.3	2 370	3.39
2007-11-07T14:00	3 520	990	71.9	2 530	3.58
2007-11-07T15:00	3 520	791	77.5	2 729	3.70
2007-11-07T16:00	3 520	592	83.2	2 928	3.98
2007-11-07T17:00	3 540	443	87.5	3 097	4.08
2007-11-07T18:00	3 520	358	89.8	3 162	4.19
2007-11-07T19:00	3 520	259	92.6	3 261	4.22
2007-11-07T20:00	3 540	157	95.6	3 383	4.35
2007-11-07T21:00	3 540	88.7	97.5	3 451.3	4.32

5.6.6 截流设计与监测成果比较

通过比较截流设计成果(见表 5-25)和截流监测成果,发现许多差异。

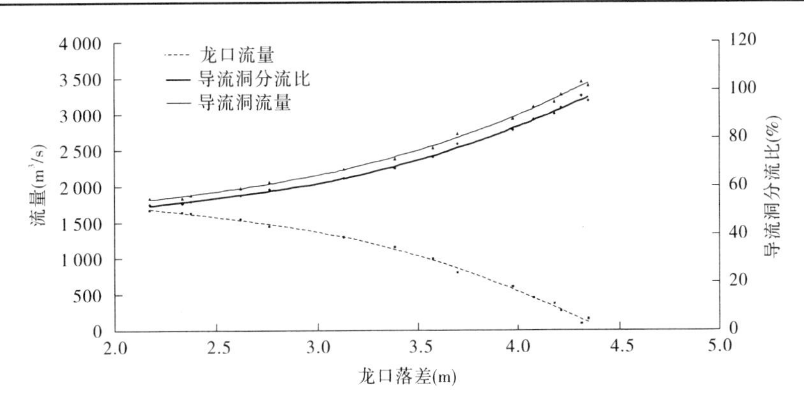

图5-57　溪洛渡水电站截流期龙口落差与龙口流量、导流洞分流能力的关系

表5-25　溪洛渡水电站截流设计成果(流量5 160 m^3/s条件下)

龙口宽度(m)	流速(m/s)	单宽流量($m^3/(s\cdot m)$)	单宽功率($t\cdot m/(s\cdot m)$)	上游水位(m)	落差(m)	龙口分流量(m^3/s)	导流洞分流量(m^3/s)
75	4.41	91.37	148.93	380.740	1.630	3 225	1 935
70	4.71	97.55	181.43	380.930	1.860	3 015	2 145
65	5.08	105.56	225.89	381.160	2.140	2 739	2 421
60	5.85	109.84	250.44	381.280	2.280	2 578	2 582
55	6.24	105.13	280.70	381.620	2.670	2 215	2 945
50	6.35	95.07	292.34	381.970	3.075	1 779	3 381
45	6.26	82.25	284.17	382.310	3.455	1 351	3 809
40	6.07	68.86	259.61	382.600	3.770	976	4 184
35	5.84	55.87	225.14	382.830	4.030	668	4 492
30	5.51	43.35	181.65	382.990	4.190	426	4 734
25	5.07	31.77	137.24	383.120	4.320	249	4 911
20	4.34	21.22	93.48	383.205	4.405	130	5 030
15	3.63	12.06	53.75	383.257	4.457	50	5 110
10	2.66	4.74	21.23	383.283	4.483	10	5 150
5	0.94	0.21	0.95	383.288	4.488	1	5 159
0	0	0	0	383.290	4.490	0	5 160

5.6.6.1　来水流量(坝址流量)分析

溪洛渡水电站工程设计截流流量为5 160 m^3/s(10月上旬10年一遇平均流量),实测截流合龙期(11月7~8日),坝址来水流量为3 500~3 560 m^3/s,比设计截流流量要小30%以上。来水流量减小对截流是十分有利的。

5.6.6.2　导流隧洞泄流能力分析

溪洛渡水电站共有6个导流洞(导流洞为城门形,高18 m、宽20 m),其中1# ~5#导流洞进口底板高程为368 m,参与截流期间导流。6#导流洞进口高程为380 m,不参与截流期间的分流。

1. 导流洞初始分流能力未达到设计标准

11月7日2~9时,5条导流洞全面开闸过流,实测截流开始前初始分流比为52.3% ~53.7%,平均分流比为53.4%,相应龙口水面宽为46.8 ~48.7 m。设计工况为流量5 160 m^3/s条件下,龙口水面宽54.6 m,初始分流比为55.1%。两者相比,导流洞实际分流比在龙口水面宽缩窄的情况下未达到设计值,对截流不利。

2. 导流洞出流对河道上下的壅水、下降影响

导流洞分流给河道上下游水位带来较大影响,上游控制站6#导流洞进水位和下游控制站4#导流洞出水位与天然状况下同流量水位相比发生较大变化,其变化如表5-26所示。

表5-26　溪洛渡水电站截流导流洞水位变化

项目	6#导流洞进水位(m)	4#导流洞出水位(m)
11月7日8时	379.85	377.49
截流变化量	-1.39	1.39

5.6.6.3　龙口下游水位及河道变化分析

龙口下游水位与龙口落差关系密切,受导流泄流量、龙口流量、渗透流量及河道特性的综合影响。在同流量条件下,下游水位高,龙口落差小,对截流有利。

1. 河道缩窄情况

戗堤下游680 m处监测断面从10月24日至11月7日,水面宽缩窄10余m,见图5-58。

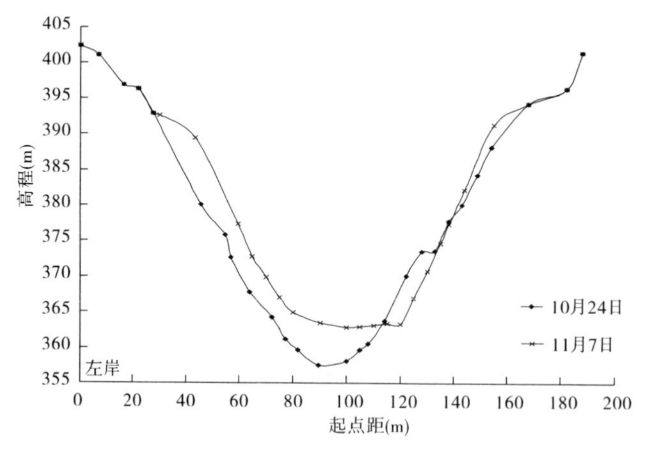

图5-58　溪洛渡水电站截流监测站断面对比

2. 河床抬高情况

从图5-58可知,从10月24日至11月7日,上戗堤下游约680 m横断面(即截流水文

监测断面)的河床最大抬升了6.0 m。

3. 龙口下游水位抬高情况

点绘设计和实测的截流河段水位—流量关系,见图5-59。对比分析表明,由于受河道缩窄、河床抬高,以及导流洞出流壅水等影响,同流量下水位出现明显抬高。水位抬高量与导流洞出流状况有密切关系,导流洞分流量越大,下游水位抬高越明显。截流开始前,5个导流洞共同分流时,龙口下游监测断面同流量(1 670 m³/s)水位比正常情况抬高约5.5 m,对减小龙口落差非常有利。

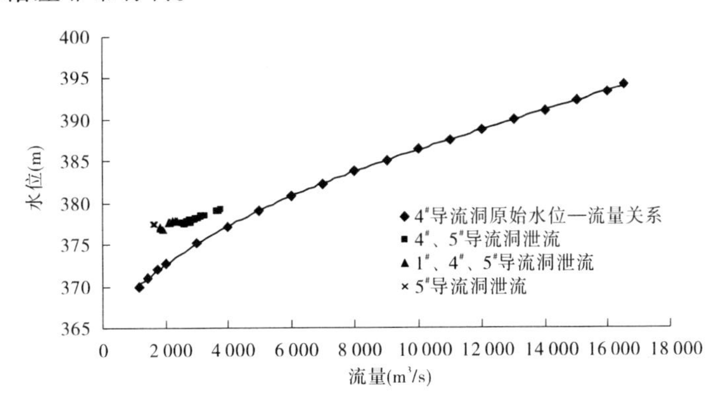

图5-59　溪洛渡水电站截流河段水位—流量关系

由于受龙口急变流影响,加上下游导流洞出流回水顶托,龙口下水位在一定沿程范围内出现倒比降,图5-60为10月30日实测龙口上下沿程水面变化。

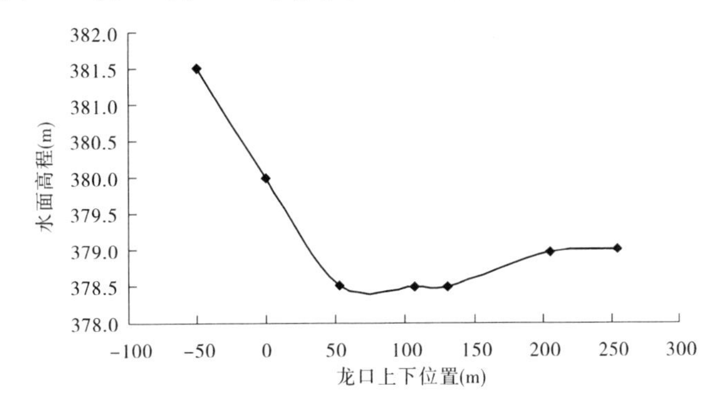

图5-60　溪洛渡水电站截流河段沿程水面线(左岸)

5.6.6.4　截流龙口水文、水力学要素对比分析

1. 龙口落差

溪洛渡水电站截流河段采取整体缩窄河道和抬高河床措施,使龙口下游在同流量下水位抬高,从而减小龙口落差,对截流有利,最终落差为4.35 m,略小于设计时的4.49 m。

2. 龙口最大流速

截流设计中采用的是水力学计算成果,设计最大龙口流速为6.35 m/s。实测龙口最大流速远大于设计流速,在11月7日17时实测最大流速为9.59 m/s。

3. 单宽流量、单宽功率

龙口单宽流量、单宽功率也是龙口水力学指标中非常重要的两个指标，实测最大单宽流量为 116.46 $m^3/(s \cdot m)$，大于 109.84 $m^3/(s \cdot m)$的设计最大值；实测最大单宽功率为 396.1 $t \cdot m/(s \cdot m)$，大于 292.34 $t \cdot m/(s \cdot m)$的设计最大值。

5.7　向家坝水电站截流水文监测

5.7.1　工程概况

向家坝水电站是金沙江下游河段规划的最末一个梯级，坝址位于四川省宜宾县和云南省水富县交界处。工程以发电为主，同时改善航运条件，兼顾防洪、灌溉，并具有拦沙和对溪洛渡水电站进行反调节等作用。

向家坝水电站为Ⅰ等大(1)型工程，枢纽主要由挡水建筑物、泄洪消能建筑物、冲排沙建筑物、左岸坝后引水发电系统、右岸地下引水发电系统、通航建筑物及灌溉取水口等组成。水电站设计坝顶高程 383.00 m，最大坝高 161.00 m。正常蓄水位 380.00 m，死水位 370.00 m，水库总库容 51.63 亿 m^3，调节库容 9.03 亿 m^3，为不完全季调节水库，装机容量 6 400 MW。

施工采用分期导流方式，一期施工左岸，由右侧束窄后的主河床泄流；二期施工右岸，由左岸坝体内预留的 6 个 10 m×14 m(宽×高)的导流底孔及缺口(在非溢流坝段预留宽 100 m、底板高程 280.00 m 导流缺口)泄流，导流底孔进口底板高程 260.00 m，左 4 孔身段长 133 m，右 2 孔身段长 200.95 m，底孔前为引水渠，渠底高程 260.00 m，渠底宽 123.00 m，底孔后为尾水渠，渠底高程 260.00 m，渠底宽 104.88 m。在导流底孔和泄流缺口具备泄水条件后，确定 2008 年 11 月初一期围堰破堰进水，12 月中下旬截流。

5.7.2　截流施工方案

计划于 2008 年 12 月下旬截流，截流设计流量采用 12 月中旬的 10 年一遇旬平均流量 2 600 m^3/s。根据料场位置和施工道路布置条件，采用在上游进行单戗堤从右至左单向立堵进占的截流方式，龙口位置设于一期纵向围堰堰脚右边约 30 m 处。

向家坝水电站截流期间，金沙江来流全部由左岸坝体内预留的 6 个导流底孔导向下游。6 个导流底孔进、出口底板高程均为 260.00 m。

5.7.3　截流水文监测内容与布置

5.7.3.1　**截流监测内容**

向家坝水电站截流监测内容包括以下几个方面：

(1)水位监测，包括上下戗堤、引水渠、泄水渠水位监测；

(2)龙口流速监测，即龙口表面流速监测；

(3)龙口宽监测，即戗堤堤头宽、龙口水面宽监测；

(4)流量监测，即总流量、龙口流量、分流比监测；

(5)河道监测,主要包括冲坑区、引水渠、泄水渠水下地形测量;

(6)流向监测,围堰河段水面流速流向监测;

(7)监测信息传递,通过有效方式将监测信息及时传送至指定位置。

5.7.3.2　监测控制布设与站网设置

按照截流施工布置,截流监测区域位于向家坝水电站施工区引水渠进口—向家坝专用水文站河段。为满足截流施工、科研、设计、施工决策对水文监测的要求,进行监测点控制测量,共布设:9 个水位监测站;3 个流量监测站,其中 1 个河道总流量监测站,1 个截流龙口流量监测站、泄水渠流量监测站;1 个龙口流速监测站,2 个龙口宽度监测站。水文监测站网分布见图 5-61、表 5-27。

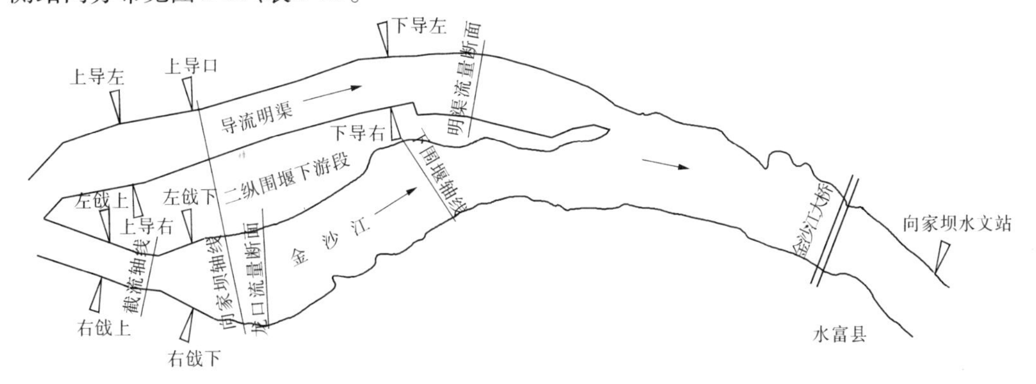

图 5-61　向家坝水电站截流监测布置示意图

表 5-27　向家坝水电站截流水文监测站网一览

序号	站名	距坝轴线(m)	功能
1	上导左	坝上 232.5	引水渠入口水位
2	上导右	坝上 232.5	引水渠入口水位
3	上导口	坝上 19.5	导流孔进口水位
4	下导左	坝下 548	导流孔出口水位
5	下导右	坝下 548	导流孔出口水位
6	上戗左	坝上 410	戗堤上游水位
7	上戗右	坝上 410	戗堤上游水位
8	下戗左	坝上 150	戗堤下游水位
9	下戗右	坝上 150	戗堤下游水位
10	龙口流量监测站	坝下 90	实测龙口流量
11	明渠流量监测站	坝下 800	实测明渠流量
12	向家坝专用水文站	坝下 2 060	实测河道总流量
13	龙口流速监测站	坝上 230	龙口流速观测
14	龙口宽度监测站	坝上 130	龙口堤头宽、水面宽观测

5.7.4 截流施工与监测过程

向家坝水电站截流于2008年12月18日下午明渠破堰过水后进入实施阶段，此时截流戗堤处水面宽74 m、口门最大流速3.0 m/s、河道总流量2 310 m^3/s（比设计流量小）、戗堤过流1 644 m^3/s、明渠流量666 m^3/s、分流比28.8%。此后戗堤实施预进占，至12月21日8时形成68.5 m预留龙口，之后截流正式进占开始，经过26 h的高强度施工，于22日10时形成8 m小龙口后暂停进占，继续对围堰加高加宽，到28日10时完全合龙，见图5-66。截流实测龙口最大流速6.10 m/s，最终落差2.38 m。

截流监测工作与截流施工同步开展，在实施预进占时进行控制布设、水尺布置、断面测量以及监测方案的演练等；从龙口截流进占开始，监测便以2 h、1 h、最高达到0.5 h的观测频次，进行导流洞进出口水位、戗堤上下游水位、龙口宽度、龙口流速、龙口流量、河道总流量等各要素观测，并实时传递信息到指挥部，有力地支持了截流施工。

5.7.5 监测成果与分析

5.7.5.1 截流期明渠分流能力

1. 龙口预进占阶段分流能力

向家坝水电站于2008年12月18日下午明渠破堰过水后进入截流实施预进占阶段，至12月21日8时形成68.5 m预留龙口。在此期间，龙口、导流渠流量关系，龙口流速及水面宽度变化情况见表5-28。

表5-28 向家坝水电站截流龙口预进占期间流量及龙口流速、宽度统计

时间	坝址流量（m^3/s）	龙口流量（m^3/s）	导流渠分流量（m^3/s）	龙口流速（m/s）	分流比（%）	堤头宽（m）	龙口宽（m）
18日16时	2 310	1 644	666	2.9	28.8		74.0
18日20时	2 280	1 610	670	3.0	29.4		73.0
19日8时	2 330	1 670	660	3.0	28.3		71.7
19日14时	2 320	1 630	690	3.1	29.7	83.7	71.7
19日17时	2 300	1 590	710	3.0	30.9	83.9	70.5
19日20时	2 290	1 590	700	3.0	30.6	84.1	71.1
20日8时	2 290	1 610	680	3.0	29.7	84.2	70.9
20日14时	2 320	1 580	740	3.0	31.9	83.6	70.6
20日20时	2 360	1 600	760	2.9	32.2	83.4	70.9
21日8时	2 360	1 560	800	2.9	33.9	82.7	68.5

从破堰至12月21日预进占期间，导流渠的分流比在30%左右，龙口水流速度保持在3 m/s水平，随着龙口进占，分流比有加大的趋势，分流能力达到预期水平，为截流施工的顺利开展打下了良好的基础。

2. 龙口进占阶段分流能力

随着截流的正式启动，在龙口进占的过程中，明渠的分流能力进一步加大，龙口流速

明显增大，至 22 日 2 时，龙口水面宽度达 31.6 m 时，流速达到 6.1 m/s 的极大值。之后，流速呈减小趋势，龙口流量继续减小，至 22 日 10 时，龙口流量为 50 m^3/s，形成小龙口，宽度为 8.2 m，截流进入尾声。在此期间流量及流速、宽度见表 5-29。

表 5-29　向家坝水电站截流龙口进占期间流量及流速、宽度统计

时间	坝址流量（m^3/s）	龙口最大流速（m/s）	龙口流量（m^3/s）	导流渠分流量（m^3/s）	分流比（%）	龙口宽（m）	水面宽（m）
21 日 08:00	2 360	3.0	1 560	800	33.9	82.7	68.5
21 日 09:00	2 350	3.1	1 550	800	34.0	79.1	67.0
21 日 10:00	2 340	3.2	1 512	828	35.4	77.1	63.1
21 日 11:00	2 340	3.3	1 509	831	35.5	72.6	59.9
21 日 12:00	2 330	3.4	1 491	839	36.0	71.5	59.0
21 日 13:00	2 320	3.4	1 446	874	37.7	69.7	57.8
21 日 14:00	2 320	3.6	1 440	880	37.9	66.7	55.5
21 日 15:00	2 310	3.6	1 416	894	38.7	65.0	54.2
21 日 16:00	2 310	3.8	1 392	918	39.7	60.9	50.1
21 日 17:00	2 310	4.0	1 349	961	41.6	58.7	49.5
21 日 18:00	2 300	4.2	1 320	980	42.6	55.5	45.9
21 日 19:00	2 290	4.2	1 308	982	42.9	56.7	48.4
21 日 20:00	2 290	4.3	1 220	1 070	46.7	54.9	47.2
21 日 21:00	2 280	4.6	1 160	1 120	49.1	47.6	44.8
21 日 22:00	2 270	5.1	1 130	1 140	50.2	45.8	40.8
21 日 23:00	2 270	5.4	1 070	1 200	52.9	45.1	37.8
22 日 00:00	2 260	5.8	1 000	1 260	55.8	42.3	35.5
22 日 01:00	2 250	6.0	950	1 300	57.8	42.0	34.0
22 日 02:00	2 250	6.1	750	1 500	66.7	40.0	31.6
22 日 02:30	2 240	6.0	660	1 580	70.5	36.4	30.6
22 日 03:00	2 230	5.7	570	1 660	74.4	35.3	28.4
22 日 03:30	2 230	5.7	540	1 690	75.8	34.2	27.8
22 日 04:00	2 230	5.7	530	1 700	76.2	33.5	26.0
22 日 04:30	2 220	5.6	450	1 770	79.7	32.3	23.8
22 日 05:00	2 220	5.6	400	1 820	82.0	29.5	23.4
22 日 05:30	2 210	5.5	340	1 870	84.6	27.5	22.8
22 日 06:00	2 210	5.3	340	1 870	84.6	27.4	22.2
22 日 06:30	2 200	5.1	300	1 900	86.4	26.6	21.7
22 日 07:00	2 200	4.8	240	1 960	89.1	24.6	17.4
22 日 07:30	2 190	4.8	170	2 020	92.2	23.5	16.4

续表 5-29

时间	坝址流量 (m^3/s)	龙口最大流速 (m/s)	龙口流量 (m^3/s)	导流渠分流量 (m^3/s)	分流比 (%)	龙口宽 (m)	水面宽 (m)
22 日 08:00	2 190	4.8	100	2 090	95.4	22.5	16.2
22 日 08:30	2 200	4.8	90	2 110	95.9	19.5	15.7
22 日 09:00	2 200	4.6	40	2 160	98.2	18.5	15.5
22 日 09:30	2 230	3.9	30	2 200	98.7	14.2	12.5
22 日 10:00	2 230	3.1	50	2 180	97.8	11.8	8.2

5.7.5.2　龙口要素变化分析

截流期龙口流速是非常重要的水力学指标，其分布和变化直接决定了截流施工的现场指挥和调度。通过将实测的龙口流速与水工模型和截流水力学计算的成果进行比较，从而改变和调整施工方案和措施。在本次截流过程中，截流水文监测在截流施工指挥中发挥了很重要的作用。

龙口流速观测时段为 2008 年 12 月 18 ~ 28 日。

1. 龙口流速变化

2008 年 12 月 21 日 08:00 至 28 日 11:30 对龙口进行了 47 个段次的流速过程监测，收集了完整的截流流速变化过程，龙口流速成果详见表 5-30。

表 5-30　向家坝水电站截流龙口流速成果

时间	最大流速(m/s)	时间	最大流速(m/s)	时间	最大流速(m/s)
21 日 08:00	3.00	21 日 22:00	5.10	22 日 07:00	4.80
21 日 09:00	3.10	21 日 22:30	5.30	22 日 07:30	4.80
21 日 10:00	3.20	21 日 23:00	5.40	22 日 08:00	4.80
21 日 11:00	3.30	21 日 23:30	5.50	22 日 08:30	4.80
21 日 12:00	3.40	22 日 00:00	5.80	22 日 09:00	4.60
21 日 13:00	3.40	22 日 01:00	6.00	22 日 09:30	3.90
21 日 14:00	3.60	22 日 02:00	6.10	22 日 10:00	3.10
21 日 15:00	3.60	22 日 02:30	6.00	22 日 20:00	2.40
21 日 16:00	3.80	22 日 03:00	5.70	23 日 08:00	2.20
21 日 17:00	4.00	22 日 03:30	5.70	23 日 20:00	2.00
21 日 18:00	4.20	22 日 04:00	5.70	28 日 08:00	1.51
21 日 19:00	4.20	22 日 04:30	5.60	28 日 09:00	1.51
21 日 20:00	4.30	22 日 05:00	5.60	28 日 10:00	1.48
21 日 20:30	4.50	22 日 05:30	5.50	28 日 11:00	1.00
21 日 21:00	4.60	22 日 06:00	5.30	28 日 11:30	0
21 日 21:30	4.90	22 日 06:30	5.10		

在龙口进占初期,龙口流量逐步减小,导流明渠分流能力逐步增强。但随着龙口的推进,龙口束窄,过水面积的减小使龙口流速逐渐增加,当分流比达到 66.7% 时(此时龙口堤顶宽为 40 m),在 22 日 02:00 出现最大流速(流速拐点),为 6.1 m/s,以后随着壅水的抬高,导流明渠分流量进一步增加,龙口流速逐渐减小,当合龙时,流速减小为零,见表 5-30和图 5-62。

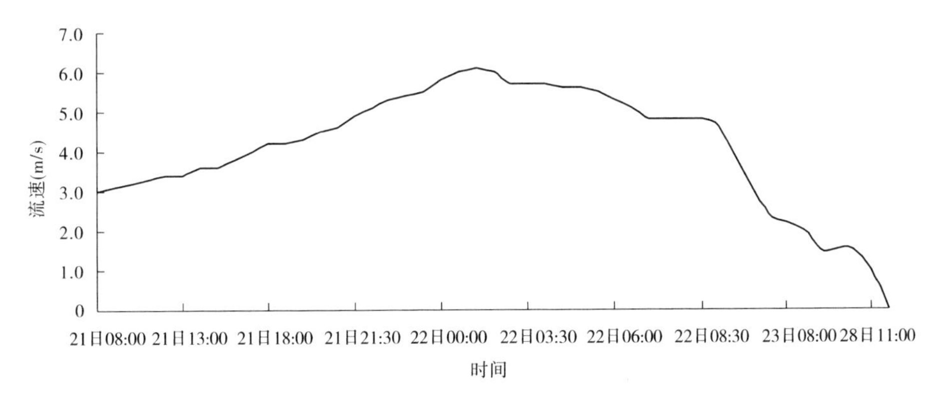

图 5-62　向家坝水电站截流期龙口流速的变化过程

2. 龙口流速与口门水面宽的关系

龙口水力学要素中流速与口门水面宽密切相关,在龙口预进占阶段,龙口流速受上游来水、导流洞明渠泄流和龙口推进的综合影响,其变化的趋势不明显。在龙口进占阶段(21 日 08:00 起),来水量变化不大,坝址流量保持在 2 090 ~ 2 360 m^3/s,龙口流速主要受龙口变化的影响。在龙口推进的过程中,龙口水面宽不断束窄,龙口流速随龙口水面宽的减小在前期逐渐增大,在龙口水面宽为 30 ~ 35 m 时出现极值,以后流速逐渐减小,当合龙时流速为零,见图 5-63、表 5-31。

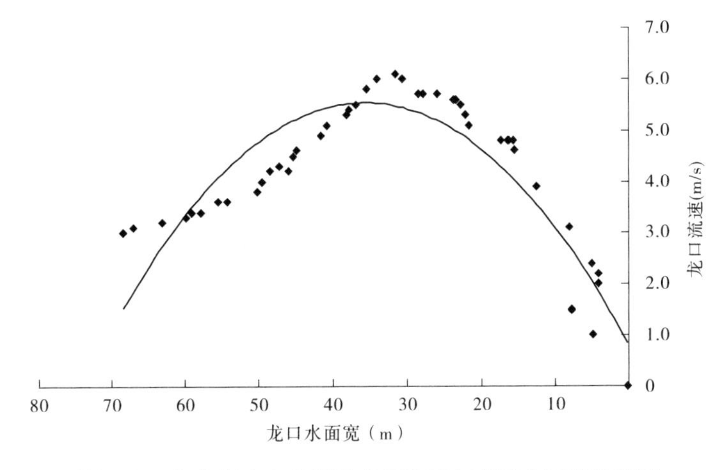

图 5-63　向家坝水电站截流龙口流速与龙口水面宽的关系

表 5-31　向家坝水电站截流龙口流速与龙口水面宽成果

时间	龙口流速（m/s）	龙口水面宽（m）	时间	龙口流速（m/s）	龙口水面宽（m）
21 日 09:00	3.10	67.0	22 日 03:00	5.70	28.4
21 日 10:00	3.20	63.1	22 日 03:30	5.70	27.8
21 日 11:00	3.30	59.9	22 日 04:00	5.70	26.0
21 日 12:00	3.40	59.0	22 日 04:30	5.60	23.8
21 日 13:00	3.40	57.8	22 日 05:00	5.60	23.4
21 日 14:00	3.60	55.5	22 日 05:30	5.50	22.8
21 日 15:00	3.60	54.2	22 日 06:00	5.30	22.2
21 日 16:00	3.80	50.1	22 日 06:30	5.10	21.7
21 日 17:00	4.00	49.5	22 日 07:00	4.80	17.4
21 日 18:00	4.20	45.9	22 日 07:30	4.80	16.4
21 日 19:00	4.20	48.4	22 日 08:00	4.80	16.2
21 日 20:00	4.30	47.2	22 日 08:30	4.80	15.7
21 日 20:30	4.50	45.3	22 日 09:00	4.60	15.5
21 日 21:00	4.60	44.8	22 日 09:30	3.90	12.5
21 日 21:30	4.90	41.6	22 日 10:00	3.10	8.2
21 日 22:00	5.10	40.8	22 日 20:00	2.40	5.0
21 日 22:30	5.30	38.1	23 日 08:00	2.20	4.0
21 日 23:00	5.40	37.8	23 日 20:00	2.00	4.0
21 日 23:30	5.50	36.9	28 日 08:00	1.51	7.8
22 日 00:00	5.80	35.5	28 日 09:00	1.51	7.8
22 日 01:00	6.00	34.0	28 日 10:00	1.48	7.8
22 日 02:00	6.10	31.6	28 日 11:00	1.00	4.8
22 日 02:30	6.00	30.6	28 日 11:30	0	0

3. 龙口流速与流量的关系

2008 年 12 月 21 日 08:00，截流进占开始，此时龙口流量为 1 560 m^3/s，龙口流速为 3.0 m/s，此后在整个合龙过程中，上游来水量变化不大，随着龙口的推进束窄，导流明渠分流量逐渐增加，龙口流量持续减小，龙口流速变化的趋势是先逐渐增大，当达到一定的极值后，又逐渐减小，流速拐点大致在流量为 750 m^3/s 时出现，合龙后，龙口流量、流速减小至几乎为零。实测数据见表 5-32，龙口流量与流速的关系见图 5-64。

表5-32　向家坝水电站截流龙口流速与流量关系

时间	龙口流速(m/s)	龙口流量(m^3/s)	时间	龙口流速(m/s)	龙口流量(m^3/s)
21日09:00	3.10	1 550	22日03:00	5.70	570
21日10:00	3.20	1 512	22日03:30	5.70	540
21日11:00	3.30	1 509	22日04:00	5.70	530
21日12:00	3.40	1 491	22日04:30	5.60	450
21日13:00	3.40	1 446	22日05:00	5.60	400
21日14:00	3.60	1 440	22日05:30	5.50	340
21日15:00	3.60	1 416	22日06:00	5.30	340
21日16:00	3.80	1 392	22日06:30	5.10	300
21日17:00	4.00	1 349	22日07:00	4.80	240
21日18:00	4.20	1 320	22日07:30	4.80	170
21日19:00	4.20	1 308	22日08:00	4.80	100
21日20:00	4.30	1 220	22日08:30	4.80	90
21日20:30	4.50	1 170	22日09:00	4.60	40
21日21:00	4.60	1 160	22日09:30	3.90	30
21日21:30	4.90	1 150	22日10:00	3.10	50
21日22:00	5.10	1 130	22日20:00	2.40	58
21日22:30	5.30	1 090	23日08:00	2.20	40.9
21日23:00	5.40	1 070	23日20:00	2.00	26.2
21日23:30	5.50	1 040	28日08:00	1.51	18.1
22日00:00	5.80	1 000	28日09:00	1.51	17.8
22日01:00	6.00	950	28日10:00	1.48	17.6
22日02:00	6.10	750	28日11:00	1.00	12.8
22日02:30	6.00	660	28日11:30	0	0

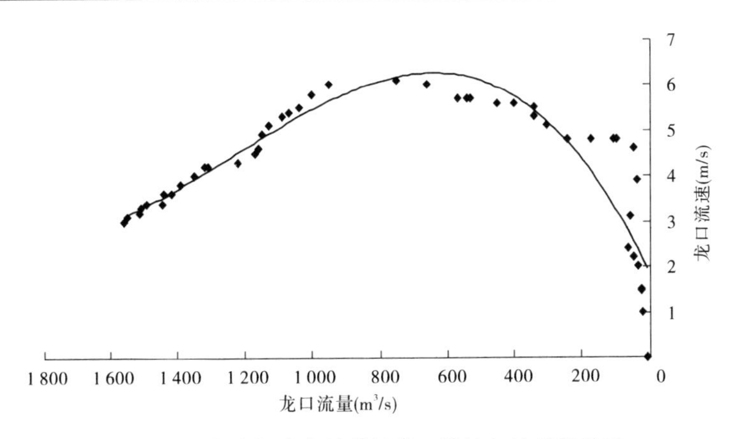

图5-64　向家坝水电站截流龙口流速与流量的关系

4. 龙口宽变化分析

龙口堤头宽(戗堤轴线上龙口的上边缘的距离)和水面宽由于高强度的施工,测量人员和设备无法到达龙口位置,因此其测量主要采用高精度的免棱镜激光全站仪进行无人立尺观测。观测时段在龙口进占的前期根据施工的进度进行监测,在龙口强进占的过程中进行逐时或更密段次观测。

截流施工从12月18日开始推进,到12月21日龙口水面宽达到68.5 m,进入高强度进占期。随着两岸的不断进占,流速增大、流量下降,宽度逐渐变小,进度达到预期要求,21日17~18时龙口推进最大速度达到3.6 m/h。在经过26 h的连续高强度进占后,于2008年12月22日0~10时基本堵住,形成约8 m宽的小龙口(见图5-65),龙口流速和流量维持在一个较低的水平,不致对截流戗堤的安全构成威胁后暂停施工;28日上午10:00继续进行龙口封堵,于11:30龙口宽度为0,实现截流,见图5-66。龙口堤头宽和水面宽的变化过程见图5-67。

图5-65　向家坝水电站截流形成的小龙口

图5-66　向家坝水电站截流截断金沙江

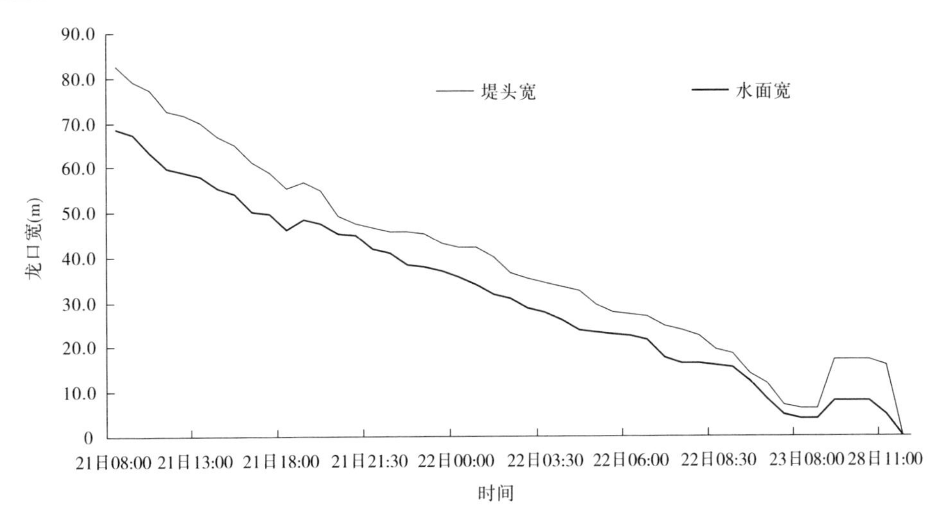

图 5-67　向家坝水电站截流龙口宽变化过程

5.7.5.3　流量变化

图 5-68 是根据截流期坝址流量、龙口流量、导流明渠分流量和分流比资料点绘的各部位的流量变化过程。

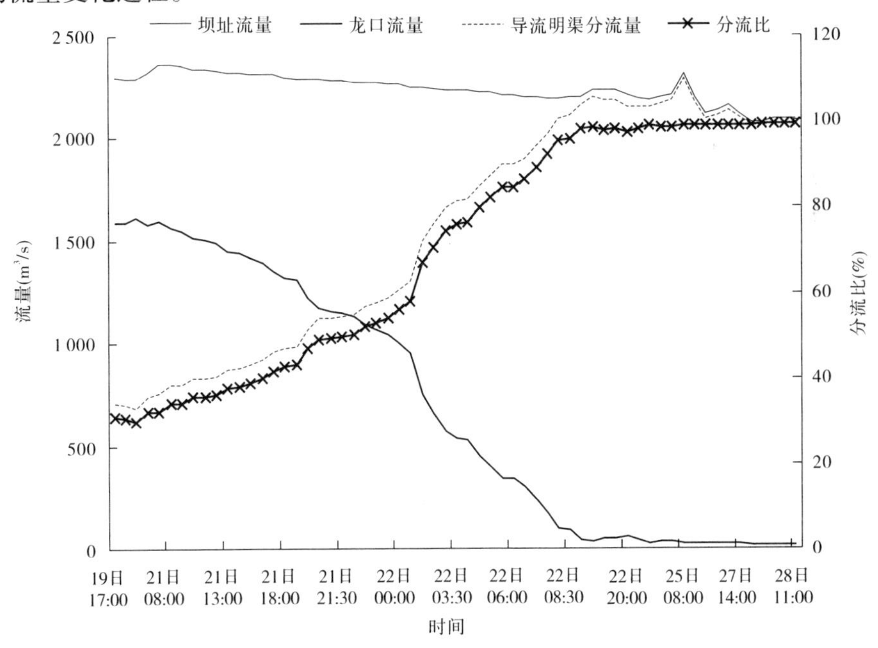

图 5-68　向家坝水电站截流期流量变化过程

1. 坝址流量变化

向家坝水电站工程设计截流流量为 2 600 m^3/s(12 月中旬的 10 年一遇旬平均流量),截流工程按略大于设计流量备料。

从图 5-68 来看,整个截流期间,坝址流量(来水量)19 日 17:00 为 2 300 m^3/s,到 28

日流量的变化趋势总体是持续减小,其间流量没有出现大的涨落过程,至合龙期(2008年12月28日11:00)流量减小到2 090 m^3/s,为设计流量的80%,对截流十分有利。在龙口强进占阶段,流量也很稳定,从21日08:00至22日11:00流量变化范围为2 230~2 360 m^3/s。

2.明渠流量、分流比变化

从21日08:00起龙口截流施工进入强进占阶段,随着龙口的逐步缩小,导流明渠分流能力逐渐增加,分流量从800 m^3/s、分流比从33.9%开始增加,到22日11:00导流明渠流量达到2 184 m^3/s,分流比达到97.94%,28日11:00合龙,导流明渠流量为2 077 m^3/s,分流比达到99.39%,少量的流量从戗堤渗漏。

3.龙口流量变化

龙口流量的变化主要受上游来水和导流明渠分流的影响,在截流预进占阶段,上游来水变化不大,龙口推进速度慢,明渠分流量增加不大,所以龙口流量也呈微弱的减小趋势(见图5-68)。在预进占阶段(21日08:00前),龙口流量从1 644 m^3/s变化到1 560 m^3/s。

从21日08:00开始,龙口截流施工进入强进占阶段,以后随着龙口的束窄,龙口流量持续减小,至22日11:00流量减小到46 m^3/s,在此期间流量减小的幅度随时间的变化均匀。以后至28日11:00,由于上游戗堤龙口推进速度变缓,流量变化幅度减小,至合龙(11:30),流量减小为12.8 m^3/s,此流量为截流后戗堤的渗漏流量,戗堤需要进行加固和堵漏。

5.7.5.4 截流期水文监测资料综合分析

根据截流期水文监测的资料来分析各要素之间的相关关系,基本反映了水电站截流期各水力要素的变化特征和基本规律,为其他工程的截流设计积累了宝贵的资料。

截流期的各项水力学参数变化都是以随龙口束窄而变化为主要特征,口门宽减小,其他水文、水力学参数也相应发生改变。

龙口最大流速和单宽功率指标是代表截流施工难度的最明显的指标,表5-33是龙口出现流速和单宽功率两个指标最大值时其他相应的龙口水力学特征值。

表5-33 龙口水力学特征值

时间(年-月-日T时:分)	龙口最大流速(m/s)	龙口水面宽(m)	龙口流量(m^3/s)	上戗左落差(m)	上戗右落差(m)	单宽流量($m^3/(s·m)$)	单宽功率(t·m/(s·m))
2008-12-22T02:00	6.1	31.6	750	1.57	1.58	47.47	73.27
2008-12-19T14:00	3.1	71.7	1 630	0.11	0.20	45.47	6.91

1.龙口综合水力学特性变化

龙口单宽流量和单宽功率是龙口的综合水力学特性参数,单宽流量和单宽功率越大,所产生的动能越大,对截流施工工况越不利;反之,越有利于截流龙口的推进。

根据截流期监测的龙口水力学要素计算龙口相应的单宽流量和单宽功率并点绘其变化过程曲线,见图5-69,可以看出,单宽流量前期变化不大,维持在45~57 $m^3/(s·m)$,22日00:00后呈快速减小的趋势。在整个过程中,受导流明渠分流的影响,单宽流量有小的起伏变化。龙口单宽功率的变化稍复杂,前期增加,在维持一个较高水平后快速持续减小。在截流强进占阶段,随着龙口的推进,龙口落差增加较快,单宽功率也逐渐增加,然后单宽功率稳定在一个较高的水平并持续一段时间(22 日 01:00 ~ 04:00),随后由于单宽流量的减小,单宽功率逐渐减小。

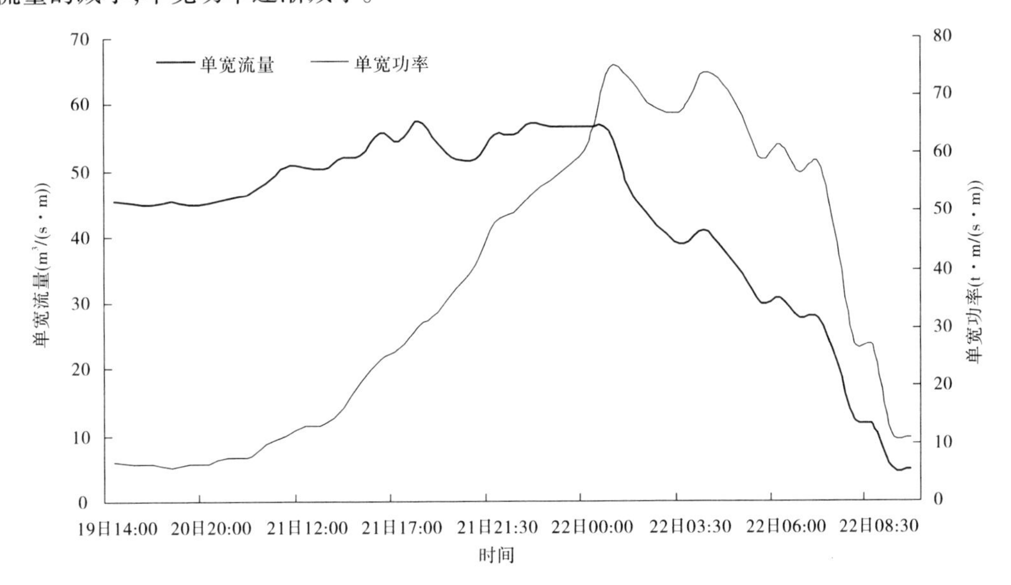

图 5-69　向家坝水电站截流期龙口单宽流量、单宽功率变化过程

向家坝水电站截流期龙口水面宽与流量的关系见图 5-70。

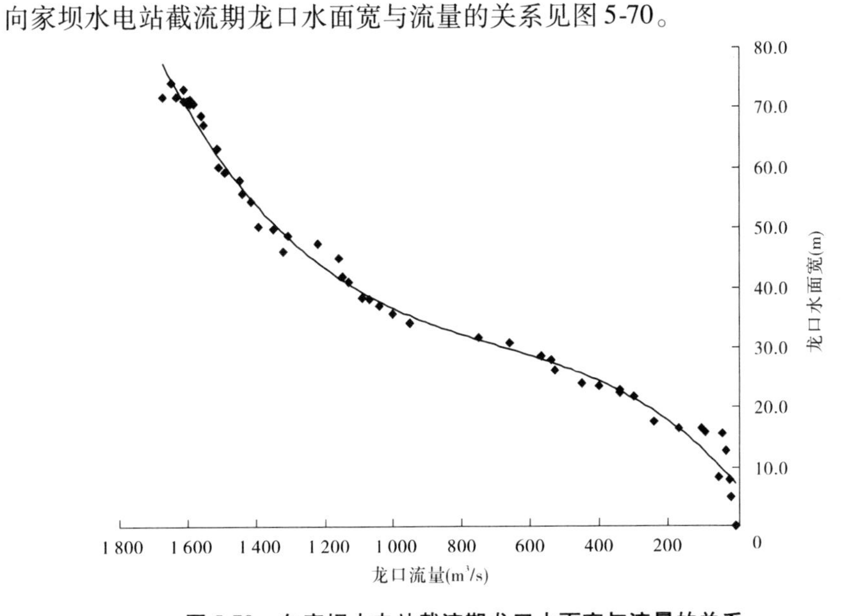

图 5-70　向家坝水电站截流期龙口水面宽与流量的关系

从图 5-70 可以看出,在龙口强进占阶段,龙口逐渐推进,龙口水面宽不断束窄,龙口流量也持续减小,两要素之间的相关关系良好。

根据龙口左右岸的平均落差与龙口水面宽资料点绘其相关关系(见图5-71),由于向家坝水电站采用导流明渠分流,龙口落差与龙口水面宽相关关系较好,在来水量变化不大的情况下,龙口宽度减小,龙口落差增大。

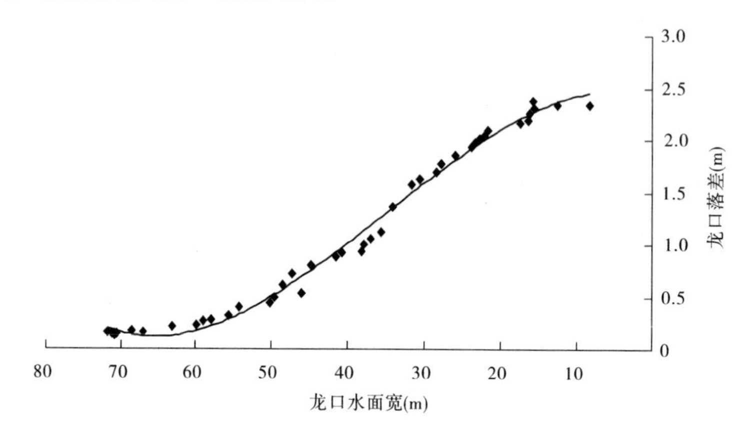

图5-71　向家坝水电站截流期龙口水面宽与落差的关系

在龙口强进占阶段,龙口水面宽为50~70 m,随着口门的推进,龙口单宽流量呈现缓慢增加趋势,当龙口水面宽在50 m以下时,单宽流量逐渐减小;当龙口水面宽为35~65 m时,单宽功率增加明显;当龙口水面宽在35 m以下时,随着龙口的束窄,龙口单宽功率急剧减小,见图5-72。

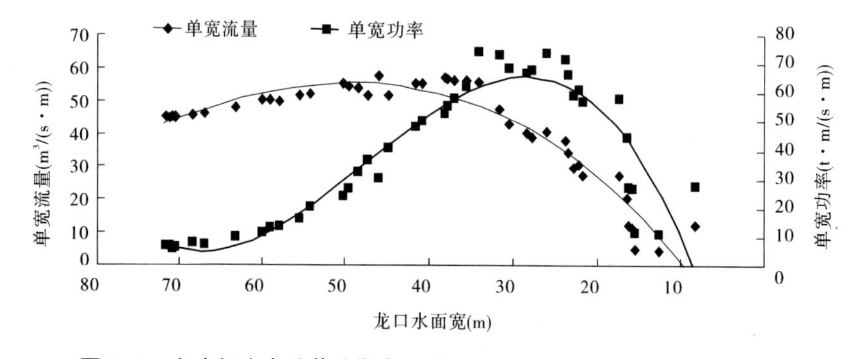

图5-72　向家坝水电站截流期龙口水面宽与单宽流量、单宽功率的关系

龙口流速与龙口落差密切相关(见图5-73),随着龙口落差的增大,龙口上游壅水不断抬高形成回水,龙口流速随落差增大明显,当落差达到1.575 m时,龙口流速出现最大值和拐点,以后流速减小,直至合龙。

2. 明渠综合水力学特性变化

向家坝水电站的围堰截流施工采用导流明渠分流分担上游来水,以降低截流施工的难度,经实测导流明渠水文、水力学要素与设计和模型比较,截流期导流明渠的分流能力基本达到预期目标。

在实测的截流期的水文、水力学要素中,龙口的水力学要素与明渠的过流能力也密切相关。

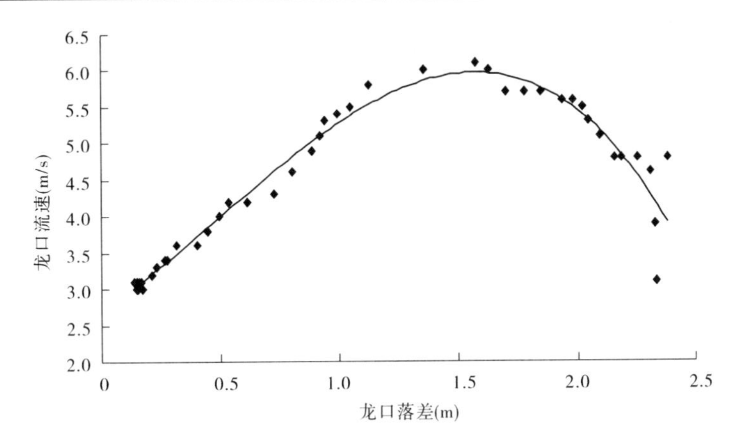

图5-73 向家坝水电站截流期龙口落差与龙口流速的关系

图5-74是龙口水面宽与导流明渠的分流能力的相关关系,从图上可以看出,在截流强进占阶段(2008年12月21日11:00至22日10:00),龙口束窄,明渠的流量和分流比持续增加。

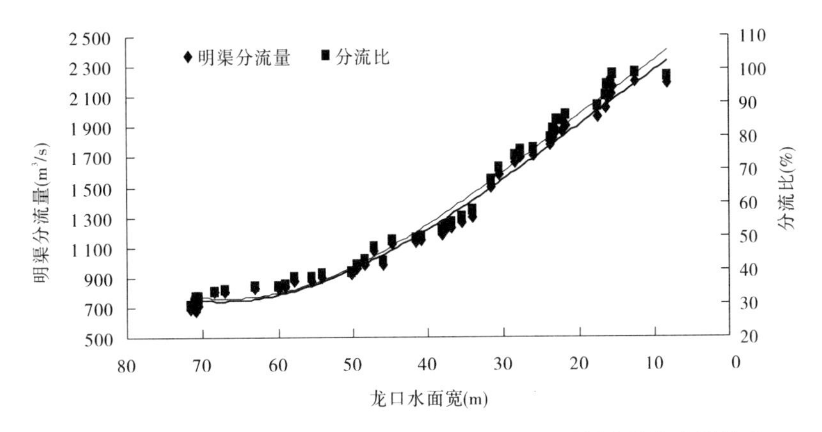

图5-74 向家坝水电站截流期龙口水面宽与导流明渠分流能力的关系

龙口流量、导流明渠流量的变化与龙口的落差变化有明显的相关性,表5-34和图5-75分别是截流强进占阶段龙口落差和龙口流量、导流明渠分流量(分流比)的观测成果和相关关系,可以看出,在截流过程中,龙口落差增加,龙口流量持续减小,明渠分流量和分流比持续增加,关系趋势非常明显。

5.7.6 实测水力学要素与模型值对比分析

5.7.6.1 来水流量(坝址流量)分析

根据模型试验,向家坝水电站工程截流流量为2 600 m^3/s(12月中旬的10年一遇旬平均流量)。实测截流合龙期(12月21~28日),向家坝坝址来水流量为2 090~2 360 m^3/s,比设计截流流量要小10%~30%。来水流量减小对截流是十分有利的。

表 5-34　龙口流量、导流明渠分流能力与龙口落差的关系

时间	坝址流量 (m^3/s)	龙口流量 (m^3/s)	导流明渠分流比 (%)	导流明渠分流量 (m^3/s)	龙口落差 (m)
19 日 14:00	2 320	1 630	29.7	690	0.155
19 日 17:00	2 300	1 590	30.9	710	0.145
19 日 20:00	2 290	1 590	30.6	700	0.150
20 日 08:00	2 290	1 610	29.7	680	0.135
20 日 14:00	2 320	1 580	31.9	740	0.145
20 日 20:00	2 360	1 600	32.2	760	0.145
21 日 08:00	2 360	1 560	33.9	800	0.170
21 日 09:00	2 350	1 550	34.0	800	0.165
21 日 10:00	2 340	1 512	35.4	828	0.210
21 日 11:00	2 340	1 509	35.5	831	0.230
21 日 12:00	2 330	1 491	36.0	839	0.265
21 日 13:00	2 320	1 446	37.7	874	0.275
21 日 14:00	2 320	1 440	37.9	880	0.315
21 日 15:00	2 310	1 416	38.7	894	0.400
21 日 16:00	2 310	1 392	39.7	918	0.445
21 日 17:00	2 310	1 349	41.6	961	0.495
21 日 18:00	2 300	1 320	42.6	980	0.535
21 日 19:00	2 290	1 308	42.9	982	0.615
21 日 20:00	2 290	1 220	46.7	1 070	0.725
21 日 21:00	2 280	1 160	49.1	1 120	0.805
21 日 21:30	2 280	1 150	49.6	1 130	0.885
21 日 22:00	2 270	1 130	50.2	1 140	0.920
21 日 22:30	2 270	1 090	52.0	1 180	0.940
21 日 23:00	2 270	1 070	52.9	1 200	0.995
21 日 23:30	2 260	1 040	54.0	1 220	1.050
22 日 00:00	2 260	1 000	55.8	1 260	1.125
22 日 01:00	2 250	950	57.8	1 300	1.360
22 日 02:00	2 250	750	66.7	1 500	1.575
22 日 02:30	2 240	660	70.5	1 580	1.625
22 日 03:00	2 230	570	74.4	1 660	1.700
22 日 03:30	2 230	540	75.8	1 690	1.780
22 日 04:00	2 230	530	76.2	1 700	1.850

续表 5-34

时间	坝址流量 (m^3/s)	龙口流量 (m^3/s)	导流明渠分流比 (%)	导流明渠分流量 (m^3/s)	龙口落差 (m)
22 日 04:30	2 220	450	79.7	1 770	1.935
22 日 05:00	2 220	400	82.0	1 820	1.980
22 日 05:30	2 210	340	84.6	1 870	2.020
22 日 06:00	2 210	340	84.6	1 870	2.045
22 日 06:30	2 200	300	86.4	1 900	2.095
22 日 07:00	2 200	240	89.1	1 960	2.155
22 日 07:30	2 190	170	92.2	2 020	2.185
22 日 08:00	2 190	100	95.4	2 090	2.255
22 日 08:30	2 200	90	95.9	2 110	2.380
22 日 09:00	2 200	40	98.2	2 160	2.310
22 日 09:30	2 230	30	98.7	2 200	2.330
22 日 10:00	2 230	50	97.8	2 180	2.335

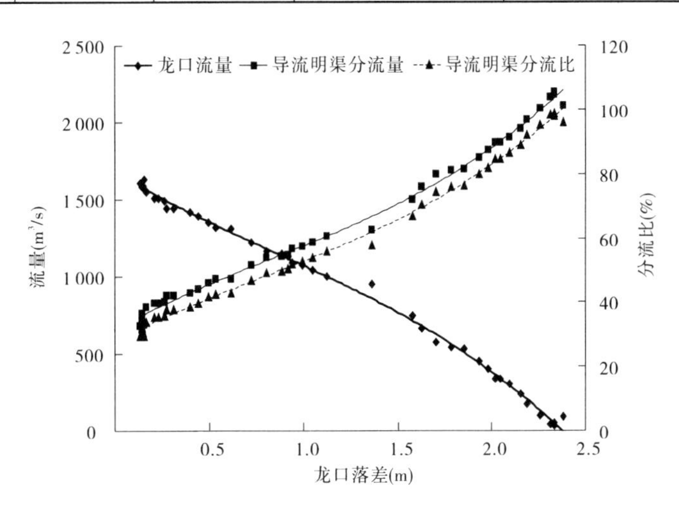

图 5-75　向家坝水电站截流期龙口落差与流量、导流明渠分流能力的关系

5.7.6.2　明渠泄流能力分析

1. 分流比的影响

向家坝水电站截流采用导流明渠进行分流。12 月 21 日 8 时，截流进占开始，实测截流开始前初始分流量为 800 m^3/s、分流比为 33.9%，相应龙口水面宽为 68.5 m。缺口（在非溢流坝段预留宽 100 m、底板高程 280.00 m 导流缺口）泄流按照模型试验工况为河道总流量 2 600 m^3/s 下，龙口水面宽为 54.6 m，初始分流比为 55.1%。两者相比，导流明渠实际分流比和龙口水面宽未达到设计值，对截流不利。

2. 导流明渠水面线变化

明渠在截流过程中,随着分流量的加大,其水面落差由小变大,在分流比达到最大时,落差下降并处于稳定状态,天然水流在明渠中呈现平稳流动状态。变化情况见图 5-76。

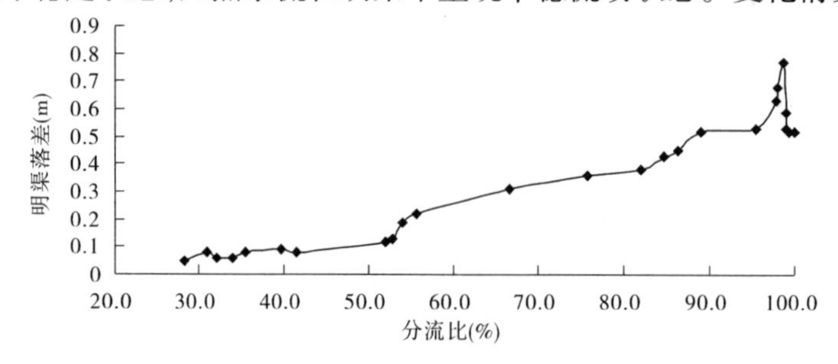

图 5-76 向家坝水电站截流明渠落差与分流比关系

5.7.6.3 龙口水文、水力学要素对比分析

1. 龙口落差

向家坝水电站设计截流流量为 2 600 m^3/s,设计落差为 2.06 m,实测最终落差为 2.335 m,略大于设计落差。

2. 龙口最大流速

截流设计中采用的是水力学计算成果,设计最大龙口流速为 5.01 m/s。实测龙口最大流速大于设计流速,在 12 月 22 日 2 时实测最大流速为 6.1 m/s。

3. 单宽流量、单宽功率

龙口单宽流量、单宽功率也是龙口水力学指标中非常重要的两个指标,实测最大单宽流量为 57.22 $m^3/(s \cdot m)$,大于 56.03 $m^3/(s \cdot m)$ 的设计最大值;实测最大单宽功率为 74.48 $t \cdot m/(s \cdot m)$,大于 64.39 $t \cdot m/(s \cdot m)$ 的设计最大值。

5.7.7 明渠监测与冲淤分析

5.7.7.1 明渠断面与地形测量

为弄清截流期间导流渠的过水能力及其在破堰前后的冲淤状况,分别在 12 月 19 日(明渠泄水段)和 25 日(导流明渠)进行了两次 1:1 000 水下地形图测绘。另外,通过截取 17 日测绘中心的地形图断面和 19 日地形图断面进行冲淤分析,断面布设见图 5-77 中"断面 1、断面 2、断面 3、断面 4"。

5.7.7.2 明渠冲淤变化分析

根据三次测量的明渠泄水段(见图 5-77 中的明渠冲淤计算区域)地形图及断面数据资料,采用体积法计算,结果见表 5-35。断面的对比情况见图 5-78 ~ 图 5-81。可以看出:破堰初期(17 ~ 19 日)各断面有冲有淤,经过截流后(19 ~ 25 日),本河段呈现全面冲刷,河床高程大部分达到 260 m。

如图 5-78 所示,1# 断面 17 ~ 19 日有冲有淤,总体为淤,淤积面积为 138.6 m^2,19 ~ 25 日,截流形成小龙口后,呈全面冲刷,面积达 296 m^2。

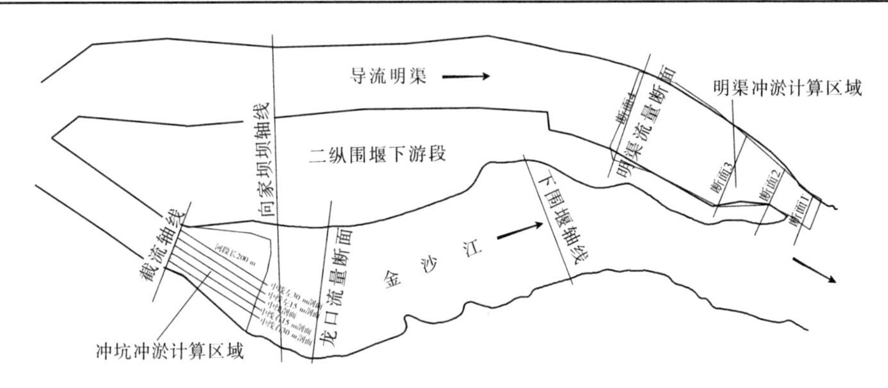

图 5-77　向家坝水电站截流断面分布

表 5-35　向家坝泄水渠段冲淤统计

序号	断面名称	面积变化(m^2)		冲淤量(m^3) 17～19 日	冲淤量(m^3) 19～25 日	断面间距(m)
1	1#	138.6	296	11 466	-20 301	81
2	2#	144	207	5 534	-18 909	99
3	3#	-32.7	175	-49 274		339
4	4#	-258				

注:“-”表示断面和河床冲刷,“+”表示淤积。

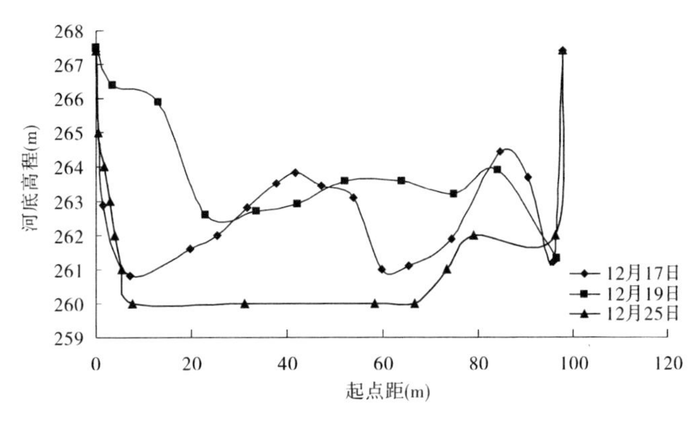

图 5-78　向家坝水电站 1#断面变化对比

如图 5-79 所示,2#断面 17～19 日全淤,淤积面积为 144.0 m^2,19～25 日截流形成小龙口后,为全冲,冲刷面积为 207 m^2。

如图 5-80 所示,3#断面 17～19 日有冲有淤,总体为冲,冲刷面积为 32.7 m^2,19～25 日截流形成小龙口后,为全冲,冲刷面积达 175 m^2。

如图 5-81 所示,4#断面冲刷面积为 258 m^2。

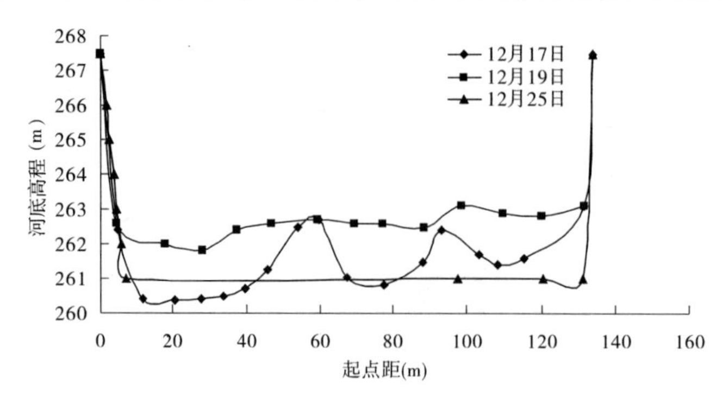

图 5-79　向家坝水电站 2#断面变化对比

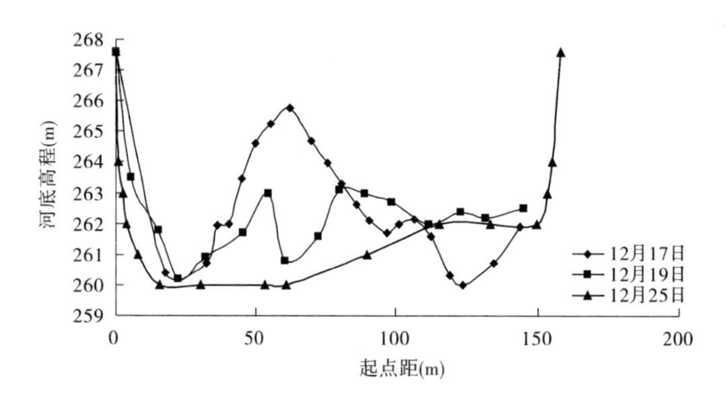

图 5-80　向家坝水电站 3#断面变化对比

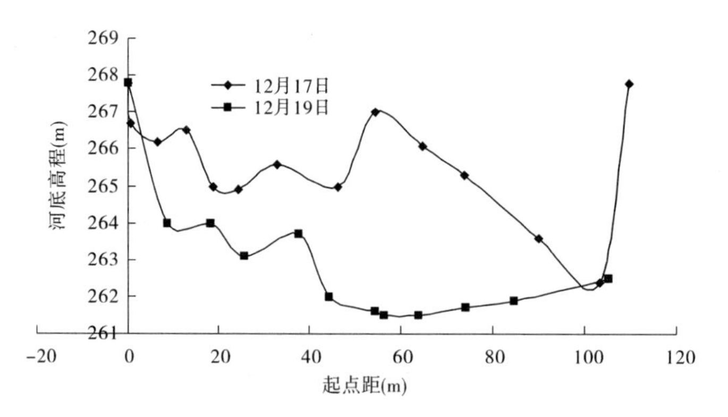

图 5-81　向家坝水电站 4#断面变化对比

5.7.8　冲坑监测与冲淤分析

为了解龙口下游在截流前后河床变化情况，在截流戗堤下游约 200 m 范围内(成为截流冲坑区域)，分别于 2008 年 12 月 5 日、12 月 21 日 9 时、12 月 21 日 16 时和 12 月 22 日 10 时进行了 4 次 1∶500 水下地形图测绘。

根据地形图资料，以截流戗堤轴线为 0 起点距，向下游方向沿河流流向截取断面从左到右分别命名为 L30、L15、M0、R15、R30，进行冲淤分析，见图 5-77 中冲坑冲淤计算区域。

通过对资料计算可得出以下结论:从 12 月 5 日(围堰处水面宽 113 m)至 22 日截流基本完成,计算表明 12 月 5 日至 12 月 21 日 9 时(龙口水面宽 67 m,截流刚开始),河段表现为少量冲刷,量为 0.8 万 m^3;12 月 21 日 9 时至 21 日 16 时(龙口水面宽从 67 m 缩窄到 50 m),河段表现为少量冲刷,量为 0.4 万 m^3;之后到 22 日 10 时(龙口从 50 m 到形成小龙口阶段),总体表现为淤积,总量为 4 万 m^3。淤积部位主要在轴线下游、中线以右区域,具体数据计算见表 5-36。

表 5-36 向家坝水电站截流冲坑冲淤变化过程计算

断面号	距坝里程(m)	间距(m)	高程(m)(56 黄海)	起面积(m^2)	止面积(m^2)	面积差(m^2)	起体积(万 m^3)	止体积(万 m^3)	冲淤量(万 m^3)	累计量(万 m^3)
起止时间:12 月 5 日至 21 日上午 9 时							计算方法:容积法			
L30	0	0	290	6 490.8	6 375.3	115.5	0	0	0	0
L15	15	15	290	7 095.8	6 947.6	148.2	10.2	10	0.2	0.2
M0	30	15	290	7 574.9	7 546.7	28.2	11.0	10.9	0.1	0.3
R15	45	15	290	8 147.9	7 810.5	337.4	11.8	11.5	0.3	0.6
R30	60	15	290	5 178.5	7 282.9	-2 104.4	9.9	11.3	-1.4	-0.8
起止时间:12 月 21 日上午 9 时至 21 日下午 16 时							计算方法:容积法			
L30	0	0	290	6 375.3	6 390	-14.7	0	0	0	0
L15	15	15	290	6 947.6	7 023	-75.4	10	10.1	-0.1	-0.1
M0	30	15	290	7 546.7	7 579	-32.3	10.9	10.9	0	-0.1
R15	45	15	290	7 810.5	7 852.2	-41.7	11.5	11.6	-0.1	-0.2
R30	60	15	290	7 282.9	7 497	-214.1	11.3	11.5	-0.2	-0.4
起止时间:12 月 21 日下午 16 时至 22 日上午 10 时							计算方法:容积法			
L30	0	0	290	6 390	5 773.2	616.8	0	0	0	0
L15	15	15	290	7 023	6 462.3	560.7	10.1	9.2	0.9	0.9
M0	30	15	290	7 579	7 055.4	523.6	10.9	10.1	0.8	1.7
R15	45	15	290	7 852.2	7 083.4	768.8	11.6	10.6	1.0	2.7
R30	60	15	290	7 497	6 551.6	945.4	11.5	10.2	1.3	4.0

注:表中“-”号为冲刷,“+”为淤积。

比较截流前后戗堤下游冲坑区域地形发现,截流前戗堤下游河床地形比较平缓,没有明显的起伏,截流后有一明显的低洼区域(等高线 250 m 闭合线范围),面积约 1 000 m^2,其最低点(冲刷中心)比截流前低了 3.4 m,距离轴线约 50 m,这就是截流过程形成的冲坑区,是由高速水流挟带砂石料剧烈冲刷所致。

5.8　本章小结

本章主要介绍了利用现代水文河道勘测技术,为金沙江中下游大型、超大型水电站实施截流工程水文监测的情况及取得主要监测成果。截流水文监测是一项特殊的水文、河道的综合勘测,具有高风险性、高强度性、高时效性的特点,监测工作面临作业场面狭窄、观测地点及观测手段受限、观测环境恶劣、观测水流变化急剧等众多困难,但是通过在鲁地拉、观音岩、溪洛渡、向家坝四个截流工程上综合采用现代测量技术,完整地实时收集了截流水流、河道要素资料,为截流观测顺利实施提供了有力的技术支撑。

第 6 章　水文河道调查

6.1　水沙调查

6.1.1　调查内容

主要调查内容有以下几个方面：

金沙江干流河势主要包括大滩、急弯段，向家坝、溪洛渡、白鹤滩、乌东德水电站的变动回水区，各支流与干流交汇区，金沙江干支流主要水文(位)站，并收集相关资料。

调查河段内的干支流河道形态、岸壁条件、床沙组成、推移质，主要支流的流域基本情况。

调查河段内干支流的水文泥沙测验情况，特别是悬移质含沙量、推移质输沙率、悬移质和推移质级配、床沙组成等的测验现状。

调查河段内的交通状况和河道测量条件。

调查河段内植被、地质情况等，收集河段内泥石流、滑坡、径流、输沙模数、重点产沙区、降雨分布等资料。

6.1.2　调查方法

(1)河势调查：主要通过沿岸公路，采用观察、绘制草图、照相、摄影、文字记录、取样等手段了解干支流河道特征、河床及岸壁组成等情况。

(2)水文(位)测站：对现有的水文(位)测站采用调查、观察、询问、摄影(摄像)、笔记等手段了解测站的历史沿革、站点位置、集水面积、测验项目、测验方法、历史特征值以及测验断面的稳定性、上下游河势、水位—流量关系、河床及岸壁组成等。收集测站和测验断面的基本资料，了解梯级水电站建成前后对水文(位)站点的影响情况。

(3)定位：对特征查勘点进行 GPS 定位，记录其地理坐标和高程。

6.1.3　基本认识

金沙江下游河段在三堆子至龙街、蒙姑、巧家等河段的河谷呈开敞的 U 形，谷底宽 200 ~ 500 m，最宽可达 1 000 ~ 2 000 m，其余河段多为 V 形峡谷。新市镇至向家坝河段，沿岸有宽阔阶地，水流平缓，平均比降 0.4‰。

金沙江下游段总的流向是自西南向东北流，除局部河段在四川省或云南省境内外，绝大部分河段为川滇两省界河。域内地势东北高西南低，东北部的大凉山脉海拔 3 000 ~ 4 000 m，西南部的鲁南山及龙帚山脉海拔 2 500 ~ 3 000 m，而金沙江河谷海拔则在 260 ~ 1 000 m。干支流沿河大都为高山峡谷，河窄岸陡，仅干流少数河段及一些支流中上游有局部宽谷盆地。

金沙江下游河段水系发达,大多数支流的河口河段受金沙江水位顶托,水流平静缓慢,但小江河口有明显的冲积扇,河口河床高于金沙江水位,龙川江河口拦门沙突出。除了这些较大的支流,更短的支沟非常普遍,而且这些支沟在暴雨洪水的时候挟带大量的推移质、泥石流进入金沙江,形成明显的推移质冲积扇,甚至出现堵挤干流河道的情况。

6.2 推移质调查

6.2.1 调查内容及方式

6.2.1.1 调查范围

调查范围为从攀枝花至向家坝坝址的金沙江干流河道及其两岸支流(沟)。

6.2.1.2 调查方式

主要通过公路交通,间有水上交通,采用观察、走访、绘制草图、定位、照相、摄影、文字记录、测量、取样、现场颗分和岩性分析等手段收集第一手资料。

6.2.1.3 调查内容

调查内容包括金沙江下游干流四个梯级水电站入库控制河段、四个库区河段以及梯级的出库河段的河床质级配及岩性,两岸主要支流河口冲积扇或河口河段的河床质级配及岩性,两岸小支流(沟)的密度和推移质情况。具体调查内容及方式如下。

1. 干流

干流主要调查梯级水电站入库河段、四个库区及出库河段的河床形态、边滩、江心滩、河床组成、级配现场测试以及岩性分析等,为估算干流河床推移质输沙量提供基础资料。

2. 主要支流

调查主要支流的河床组成、两岸植被、地质条件、河口冲积扇形态、冲淤变化等。采用测量、取样、照相、绘制草图、地形比对等手段记录支流河口形态、冲积扇大小、河口堆积物厚度、断面几何形态及级配等,为估算主要支流的入库推移质输沙量提供基础资料。

3. 小支流(沟)

沿干流两岸调查小支流(沟),采用定位和绘制草图等手段,逐条记录入汇干流的位置,测量口门尺寸。按口门尺寸对支流(沟)进行分类,估算各类支流(沟)的密度。对各类典型支流(沟)的口门冲积扇的形状、大小、沉积物厚度、级配、岩性等进行测量和分析,为估算小支流(沟)的入库推移质沙量提供基础资料。

4. 调查河段内主要支流的水利工程建设及运行情况

了解水电站建设时如何考虑入库沙量,特别是推移质沙量。调查水库的原始库容、水库运行年限、淤积量、变动回水区淤积情况等,为入库推移质输沙量的理论研究和概化试验等提供比对资料。

5. 干支流岩性组成调查

通过调查支流口门上下游河床质岩性比例,采用岩性分析方法,确定支流推移质汇入干流的比例。据此,若知道干流上段、干流下段及支流三处之一的推移质数量级汇入百分数,可求出其他两处的推移质输沙量。

走访地方水文(利)局,了解本区域的降水、暴雨、洪水、水土保持(流失)、支流较大水利工程的泥沙淤积等专题情况,收集相关资料。

6.2.2　现场调查

为了研究金沙江下游入库推移质沙量,2007 年 7 ~ 8 月对金沙江下游攀枝花至宜宾河段进行了一次现场查勘,查勘的基本原则是保证四座梯级水电站的干流库区至少有一个床沙取样,入库河段和出库河段也至少有一个床沙取样,24 条主要支流河口段至少有一个床沙取样,共测试分析了 31 个河床沙样,取样点分布如图 6-1 所示。其中,干流取样 7 个(岩性分析 7 个样点,级配测试 6 个样点),可以分别作为金沙江下游梯级进口段、乌东德库区、白鹤滩库区、溪洛渡库区、向家坝库区和金沙江下游梯级出口河段的床沙条件。支流取样 24 个(岩性分析 24 个样点,级配测试 23 个样点),可以分别供估算各自支流入库推移质沙量时参考。

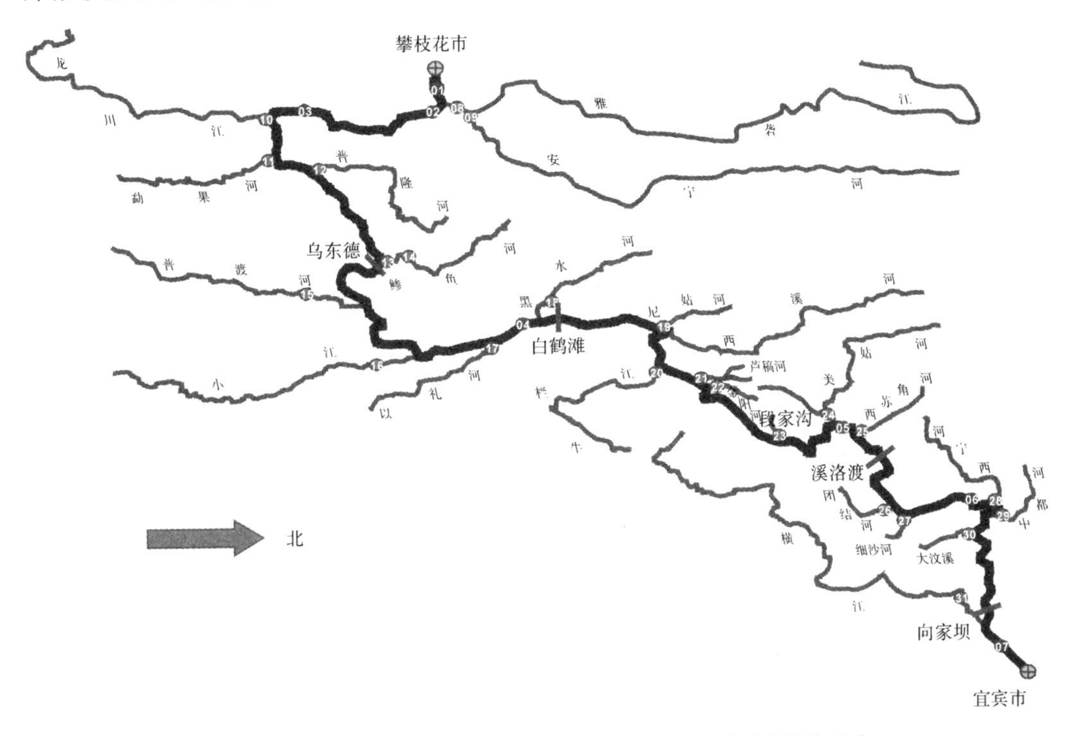

图 6-1　金沙江下游梯级水电站入库推移质沙量查勘测试样点分布

6.2.3　卵石推移质级配特征

6.2.3.1　干流卵石推移质级配特征

金沙江干流卵石级配统计见图 6-2、图 6-3。

可以得出:干流卵石推移质表层粒径大于 64 mm 的占 44.3% ~ 74.5%,一般在 50% 以上;32 ~ 64 mm 粒径的卵石也占了相当的比重,说明干流表层大粒径卵石在重量上所占

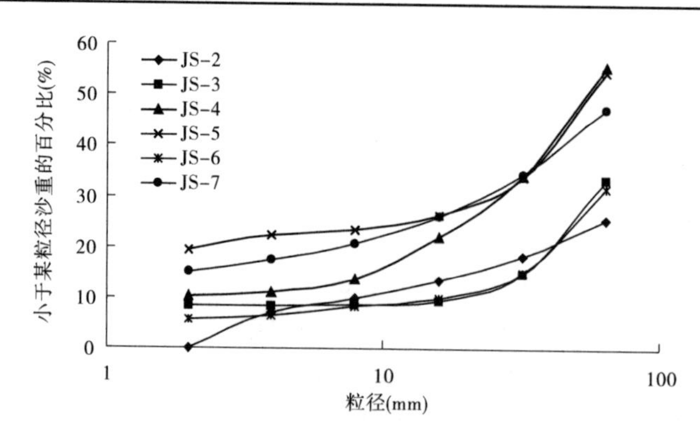

图 6-2　金沙江下游干流采样点表层卵石级配

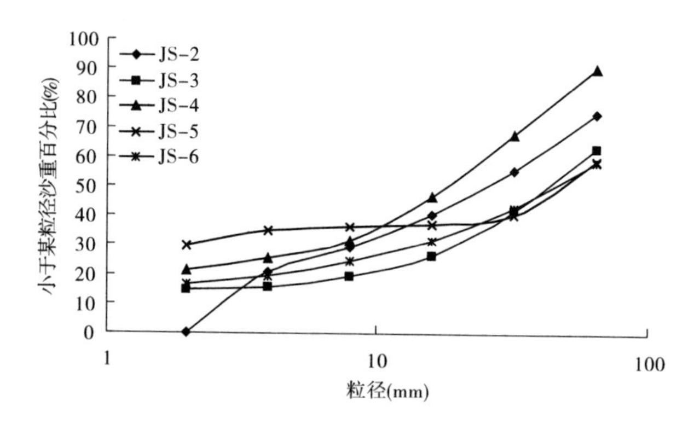

图 6-3　金沙江下游干流采样点次表层卵石级配

比重大,其他各粒级相对比较均匀。干流卵石推移质次表层以 32 ~ 64 mm 粒径居多,一般占到 20% 左右,其他粒径分布比较均匀,粒径 64 mm 以上的大颗粒,乌东德、溪洛渡库区占比重较小,以下河段占比重较大,约占总量的 40%。

出现上述特点的原因可能有以下两点:

(1)金沙江干流下游段坡降陡,河道窄,水流流速高,表层细颗粒多冲向下游,粗颗粒相对增多。

(2)经过冲刷和磨蚀等作用,次表层卵石粒径逐步变小,级配分布较表层均匀。但由于在下游梯级区间,工程施工和近年来人工大量分选开挖,故细颗粒冲向下游,也使得下游部分江段粗颗粒比重较高。

6.2.3.2　主要支流卵石推移质级配特征

各主要支流卵石级配统计见图 6-4、图 6-5。

(1)各主要支流表层卵石 64 mm 以下粒径总体上还是比较均匀的,但也出现比较特殊的情况。

雅砻江粒径大于 64 mm 的粗颗粒占到了 70.1%,占该河段推移质的绝大多数,其原因主要是雅砻江干流二滩电站及其支流安宁河湾滩电站的修建,拦蓄了大量泥沙,导致下游冲刷加剧,将细颗粒带向金沙江,粗颗粒抗冲刷能力强,沉积于河道的较多,造成该河段粗颗粒含量大大增加。中都河、大汶溪等粒径大于 64 mm 的粗颗粒较多,原因基本类似,

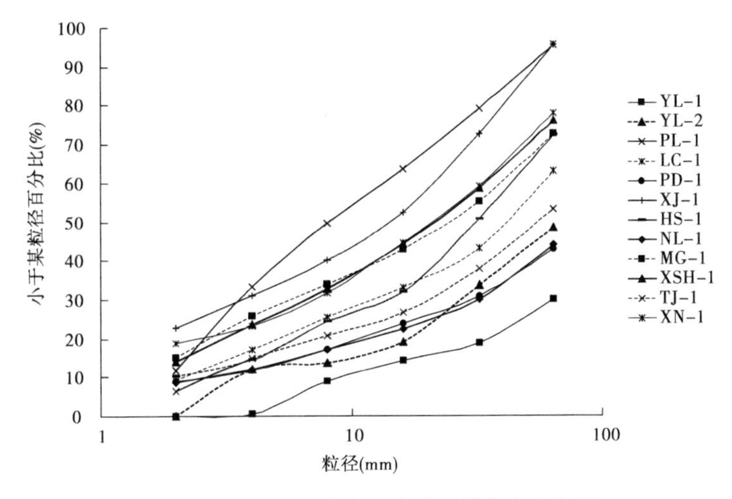

图6-4 金沙江下游主要支流采样点表层级配

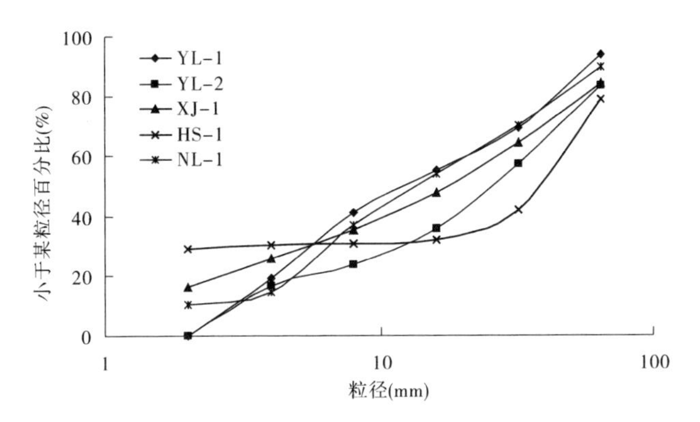

图6-5 金沙江下游部分支流采样点次表层级配

均是由于在其上游修建有水库。

小江粒径大于64 mm的卵石仅占4.5%,其主要原因与该流域的地质条件有关。受小江断裂的影响,小江流域岩石破碎,滑坡、泥石流众多,故从物源供应上就很难见到大的块石,泥石流作用又使颗粒间加剧了碰撞、磨蚀,使颗粒变细,所以颗粒粒径以4~64 mm为主,大颗粒少见。

(2)各支流次表层卵石不同粒径分布比较均匀,基本未见大的跳跃,一般以16~64 mm含量最为集中,说明卵石主要是受河流分选的影响,外围因素影响较小。

6.2.4 卵石推移质岩性特征

该河段是金沙江流域水土流失最严重的地区。该区域人口密度大,工农业相对发达,耕地多为坡地,采用轮耕制,撂荒地较多;地质构造发育,南北向安宁河断裂,则木河—小江断裂纵横全区域,岩体破碎,风化严重;干流河道深切,岸坡陡峻、裸露,相对高差为1 000~2 000 m,冲沟发育,沿途集水面积在300 km^{2}以下的小支流、溪沟,坡度一般为5%~10%,沟蚀作用强烈,泥沙输移能力强;汛期暴雨充沛,暴雨多且强度大,较易形成跨山、滑坡、崩塌和小支流泥石流,造成水土严重流失。据长江水利委员会调查,在攀枝花—溪洛渡 585 km 区间内,有泥石流沟 220 条,平均 2.6 km 有 1 条。

金沙江下游河段卵石推移质岩性复杂,实地调查所见到的岩性不少于 10 种,但无论是干流还是支流,并不是每个勘探点所有岩性均有分布,这主要与卵石推移质岩性、地质构造背景及人为影响等因素有关。

从干、支流卵石岩性来分析,一条河流卵石岩性取决于上游产沙区的地层岩性,物质来源主要由上游支流汇入,而干流一般仅起到运输管道的作用。各条河流有其自身的岩性组合,亦有标志性的岩类和主要矿物成分。由于研究河段长,众多大小支流汇入,故流域产沙区岩性复杂,从而决定了本河段卵石推移质岩性的复杂性。

通过对卵石岩性鉴定,金沙江下游河段卵石可分为 10 大类,其主要物理特征表现如下:

(1)普通砂岩似姜黄色,质地松软,多风化,粒径较小。

(2)石英砂岩和卵石粒径较粗大,含量高,多呈扁圆体,质地坚硬。

(3)泥岩和沙质泥岩多黄色,个别黄红杂色,性脆,缓垂状,扁圆状居多。

(4)碳酸岩盐(主要是灰岩和白云岩)多为片状,表面光滑,扁平居多。

(5)酸性侵入岩可分为肉红色花岗岩、灰白色花岗岩,粗晶质,粒径粗细兼有,多扁圆体、磨圆度较高,支流中边滩有大量大块径花岗岩卵石、漂砾。

(6)基性火山岩的成分主要是玄武岩,多有气孔杏仁状构造,细晶质,呈黑色,磨圆度较高,表面光滑,质硬。

(7)中性火山岩主要是安山岩,多呈暗红、紫红色,表面光滑,质硬。

(8)石英在各河段均有分布,有锈黄色和洁白色两种,球度较高,表面光滑,质硬。

(9)硅质岩多呈麻色的长扁圆体,燧石呈黑色,球度高。

(10)变质岩中板岩为黑色,质细,易碎;片岩为鲜绿色,体形较扁,表面光滑,易于识别。

此外,还有少量岩屑、铜铁矿石等。

金沙江下游干流和各主要支流采样点岩性及其百分含量表明:

(1)金沙江干流各勘探点岩性较多、较杂,说明其来源多样。卵石磨圆度均较好,多以圆—次圆状为主,硬度高,性状稳定、不易溶蚀的岩性占有较大的比重,如砂岩、花岗岩、火山岩等。

(2)虽然干流卵石推移质岩性较为复杂,但大颗粒仍与上游一定区域岩性分布有较大关系,若距离太远,则岩性特别是大颗粒的岩性相关性变差。这可能与河流的强烈磨蚀、分选作用有关。如位于向家坝库区的 JS-6 点,岩性以紫红色、青灰色砂岩为主,还有部分碳酸盐岩、少量火山喷出岩,上游地区的其他岩性含量并不多。

(3)干流卵石具有较好的叠瓦状定向排列,迎水面一般卵石颗粒大、背水面卵石颗粒小,表层大颗粒相对较多、次表层大颗粒相对较少,这与河流的水动力条件有关。

(4)支流部分岩性以小流域某种较为稳定的岩性(如砂岩、火山喷出岩、碳酸盐岩等)占绝对优势,含量可达 50% ~60%,且随着粒径的增大,含量更高。其余岩性所占份额较少,但小流域中各种岩性在入汇口都可以见到。这可能与支流流程短、运移速度快、磨蚀作用较干流弱有关。

(5)支流卵砾石的分选、磨圆度较差,以棱角状、次棱角状居多,较大的支流以次棱角状、次圆状为主,圆状卵石较少。

(6)堆积较为杂乱,卵砾石定向排列一般不明显。流程短、流域面积小的支流卵石滩有的还含有一定量的泥。

6.3　河床组成调查

为准确掌握金沙江下游乌东德、白鹤滩、溪洛渡和向家坝四座梯级水电站蓄水前天然状态下的河床组成情况,包括洲滩的沿程分布、堆积规律、颗粒组成、堆积体大小,特别是砂卵石层的厚度和卵石岩性结构、河床基底岩石岩性等,了解洲滩活动层的组成以及与浅层和深层颗粒组成的变动规律,须进行金沙江下游河段的河床组成勘测调查工作。

采用钻探、探坑、散点、剖面描述、断面床沙取样等方法,从立体空间和平面分布查明测验河段内床沙分布情况及级配组成情况。

6.3.1　调查布置

6.3.1.1　调查范围

由于水库修建后水库河床以淤积为主,因此河床组成勘测范围为乌东德、白鹤滩、溪洛渡和向家坝水库干流变动回水区和向家坝水电站下游至宜宾河段。

6.3.1.2　洲滩钻探

洲滩钻探平均按10 km布置一个钻探孔,位置选在沿河床有代表性的较大的边滩、洲滩上。

钻孔孔位坐标用手持GPS定位,高程参照当时当地最近水位推算。

钻孔深度钻至布孔位置附近河床深泓以下3.0 m即可,当设计深度内遇基岩时取样即可终孔。

基岩岩芯样应现场鉴定并贴上标签,用塑料袋封存(作内部保留样)。

6.3.1.3　坑测

1.布设原则

在沿程较大的卵砾砂等组成的边滩、心滩上布设试坑,并视洲滩大小与组成分布变化,分别布设1~5个坑位。如一个洲滩只需布设1个试坑,则需选择在洲头上半部迎水坡自枯水面至洲顶3/5~4/5的洲脊处;如需布设多个坑,各坑分别选择在需要代表某种组成的中心部分,并利用手持GPS现场圈定洲滩表层不同组成的分界线,确定河床上各种不同物质成分所占的面积比例。布坑后仍遗留有局部较典型组成床面时,则需采用“散点法”取样,如洲头、洲外侧枯水主流冲刷切割形成的洲坎上、洲尾细粒泥沙堆积区等部位。

取样点应尽量选择在大洲滩和新近堆积床沙的部位,以“选大不选小,选新不选陈”为原则,力求代表性高,尽量避免人为干扰区。

2. 试坑规格

(1)坑面大小:一般应以坑位表面最大颗粒中径 8 倍左右的长度作为坑面正方形的边长(砂卵石标准坑尺寸为 1.0 m×1.0 m,沙质标准坑尺寸为 0.5 m×0.5 m)。

(2)试坑深度:一般要求 1 m 深,如 1 m 深内床沙组成较为复杂,需增加深度 0.5 ~1.0 m;如洲滩沿深度组成分布较均匀,则其取样深度可控制在 0.5 ~0.8 m 内。

3. 观测要求

表层:采用撒粉法或染色法确定表层样品,并逐一揭起沾有粉色的卵砾、砂、泥样品,作为第一单元层。

次表层:挖取表层以下最大颗粒中径厚度的泥沙作为第二单元层。

深层:次表层以下为深层,可视竖向组成变化,按 0.2 ~0.5 m、0.5 ~1.0 m 等不同厚度分层,作多个单元层。

沙土层样分层采取,如单层厚度超过 2 m,应加密取样并记录和贴标签分孔包装,送室内颗分。

砂卵石样应取得多层原始级配,并分层现场颗分,其中选取 1/4 的代表性钻孔作岩性鉴定(粗颗粒现场进行鉴定,细颗粒择样带回室内鉴定),对于难以辨认的物质,带回室内送有关单位作磨片鉴定。

6.3.1.4 散点法取样

散点法是对试坑法取样的补充和完善。

在代表性部位挖取一个小坑,取出小坑内全部床沙样进行颗分,其数量应视样品级配宽度范围而定,一般采集样品 30 ~100 kg。

6.3.1.5 颗粒级配分析

要求分层取样分析,沙土层取颗粒分析样,砂卵石样在现场进行筛分,得出岩性和各粒径百分比,并保留部分具代表性样品。

按单元层分别进行颗粒级配分析,2 mm 以上的粗颗粒现场进行称重筛分,2 mm 以下的细颗粒进行颗粒组成分析,所有分析均按相关规范规定执行。

6.3.1.6 调查

沿程基岩、洲滩调查描述,并尽可能地给出其面积及占河段长度比例的定量估计。

6.3.2 测次安排

在工程建设前期枯季河床洲滩外露时进行本底河床组成钻探与勘测调查。其中,溪洛渡、向家坝库区及下游河段分别于 2007 年、2008 年进行,乌东德、白鹤滩库区根据工程进展情况,计划 2013 年开展。

6.3.3 取得的主要成果

金沙江下游现在主要完成了溪洛渡、向家坝库区及下游河段的河床组成调查,其主要成果如下:

(1)本次工作区地处金沙江下游河段,据地质地貌特征、山体高度和河道特征可分为两大区域,大致以新市镇附近为分界,其上游山体为中高山地,山高 1 000 ~3 000 m,河床普遍较窄，以峡谷河段为主，因河势纵比降大，多形成跌水急流，河床洲滩以小型溪口边滩为主，粒径组成一般较为粗大，由于沿岸多崩塌滑坡和泥石流堆积，所以河床堆积物中除200 mm以下卵砾石等外，还有大量大块和漂石混杂其中，卵石岩性与山体岩性基本一致。如金沙江白鹤滩—桧溪段卵石岩性以砂岩、玄武岩和灰岩为主体，含有少量白云岩、砾岩、石英砂岩、花岗岩等。

(2)新市镇以下山体为西部中高山地与四川盆地的过渡段，山高在1 000 m以下，以低山丘陵为主，并有阶地及河漫滩发育。河床洲滩以卵石边滩为主，间有江心洲发育，且滩地规模较大，并以冲积洲滩为主，床沙粒径中漂、块石减少，一般卵石粒度向下游变细，卵石粒径和岩性除受本区来沙影响外，还受上游来沙影响。屏山—宜宾岷江口处的洲滩卵石以玄武岩为主，石英岩、石英砂岩增多，有少量砂岩和灰岩，偶见石英、火山碎屑岩、花岗岩等。

(3)河段洲滩床沙的粒径组成特征。

①沉积厚度特征。根据勘探统计，上段河床覆盖层厚度为6.00～15.70 m，平均为11.80 m，以冯家坪处最薄，对坪一带较厚；中段河床覆盖层厚度为11.30～15.90 m，平均为14.40 m，在佛滩处最薄；下段河床覆盖层厚度为15.30～17.70 m，平均为16.10 m，其中17.70 m只是揭露厚度。可见，上段→中段→下段覆盖层厚度不断增厚。

②粒径特征。上段全沙中数粒径均值为120.00 mm，砂的中数粒径均值为0.40 mm；中段全沙中数粒径均值为115.00 mm，砂的中数粒径均值为0.39 mm；下段全沙中数粒径均值为51.00 mm，砂的中数粒径均值为0.26 mm。可见，上、中段粒径比较相近，下段粒径明显变细。三段全沙颗粒级配曲线在粒径100 mm以下呈有规律地减小，在粒径100 mm以上变化较为复杂，且很不稳定。

(4)河段泥沙问题突出。金沙江下游河段不仅是长江泥沙的重点产沙区，而且是崩塌、滑坡的重点河段，所以不仅涉及库区的泥沙淤积，而且关系产沙所引发的相关灾害。例如，新市镇上游山高坡陡且地处断裂带，易受地震影响；溪洛渡库区的崩塌滑坡可能引起涌浪、库尾泥石流淤积等；向家坝库尾的来砂中多为玄武岩，因其比重较大，更易淤积，影响航道；向家坝下游的金沙江河段河床卵石都较大，可冲刷的深度有限，是否影响枯水航道值得关注；下游宜宾—重庆河段砂卵石层深厚，向家坝水库的坝下游冲刷，泥沙下移可能会对三峡库尾的泥沙淤积产生影响，引起重庆河段的浅滩碍航等。

(5)该区域地质构造格局以一系列南北向和北西向构造断裂带和褶皱带为主，主要反映为溪洛渡库区位于上扬子准地台、上扬子台坳和凉山—滇东北陷褶束内，向家坝库区则位于川东南陷褶东川中台拱和川东陷褶束以内，以一系列近南北向和北西向断裂和褶皱带为主，在向家坝附近的构造形迹则以北东向稍多。区内地震活动强烈，中强地震震中的条带性分布明显，大致以北西、近南北向两个方向展布，与该地区构造格架一致，地震基本烈度为7～8度。

(6)金沙江下游河段是长江泥沙的重点产沙区，库区泥沙淤积是一个重大问题，梯级开发中坝下游的淤积以及沿江卵砾石的来源与产沙中引发的灾害等值得关注。

6.4　本章小结

本章简要介绍了在金沙江下游水系与河道进行的水沙、卵石推移质以及河床泥沙组成专项调查概况,包括调查方法和使用的手段及取得的主要成果。水文调查是对固定位置水文测验和河道地形测量的补充,是从更大、更宽泛的尺度上了解流域水流与泥沙、河床情况,为更全面、准确地认识水流、泥沙特性,为水利水电开发和水资源利用提供重要资料。

第7章　金沙江水文河道勘测成果管理及应用

由于地理环境等因素的制约，金沙江缺乏系统性的水文泥沙监测资料。为系统地掌握金沙江梯级水库的泥沙淤积规律，建立统一的金沙江下游梯级水电站水文泥沙系统，2006年中国长江三峡集团公司组织编制完成了《金沙江下游梯级水电站水文泥沙监测与研究实施规划》，系统地对该河段水文泥沙监测、水文泥沙研究和水文泥沙系统建设三个方面的内容进行了规划。

按照《金沙江下游梯级水电站水文泥沙监测与研究实施规划》，通过近几年系统的水沙观测，资料搜集，金沙江下游积累了海量的水文、泥沙、河道地形等资料。如何对这些资料进行有效的管理、分析及应用，是一个非常重要而紧迫的问题。

通过建立"金沙江下游水文泥沙数据库及信息管理分析系统"，实现了对金沙江下游水文泥沙的有效存储和管理。在充分利用现有资料的基础上，金沙江先后开展了水沙监测方法研究、监测成果分析、推移质调查研究、异重流研究、围堰水库淤积研究、梯级水库联合调度研究等各方面的工作，为梯级水电站的设计、建设和运行提供了有力的技术支持。

7.1　勘测成果管理

为更好地管理金沙江水文、泥沙、河道观测资料和研究分析成果，充分发挥它们在金沙江下游梯级水电站信息管理、优化调度、河床演变分析、泥沙预报预测、决策支持等方面的作用，建立了金沙江下游水文泥沙数据库及信息管理分析系统。

梯级水电站规划设计期间，系统将对水文泥沙海量数据进行科学管理，为开展水文泥沙监测与研究，掌握系统完整的水文泥沙、库区本底资料和水沙运动规律、梯级水电站规划设计提供科学依据。

在梯级水电站施工期间，系统将及时全面管理可靠的入库水沙信息、入库流量变化和库区沿程水位变化信息，根据工程进展情况，坝区、围堰等水下地形观测，及时分析坝区、围堰等冲刷变化情况，以便采取措施，为工程安全提供有利保证。

在梯级水电站投入运行后，入库泥沙将在库内落淤，逐渐侵占水库库容，影响水库的调节能力，对水库运行产生影响。本系统将综合有效的管理和运用水文泥沙监测数据，使梯级水电站可以通过合理的水沙调度，达到降低水库淤积、延长水库运行寿命的目的。

7.1.1　系统主要内容

金沙江水文泥沙系统主要包括数据库系统和应用系统两部分。数据库系统包括水文泥沙数据库、GIS基础数据源和模型库，应用系统包括水道地形自动成图与图形编辑子系统、信息查询与输出子系统、水文泥沙分析与预测子系统、三维可视化子系统。本系统是一个包括信息收集、信息传输、信息管理、信息查询、数据分析与决策支持的信息系统，具有信息齐全、操作方便、实用性强等特点。系统数据符合国家和行业标准，便于扩充。结合现代网络与信息技术的发展，本系统开发的主要内容如下：

（1）基于 GIS 的内外业一体化河道成图：根据实测点自动生成等高线，并根据不同的比例尺成图模板生成各类标准图幅和测绘产品，并可对空间图形数据进行基本编辑修改。

（2）数据综合管理：以关系型数据库管理金沙江下游范围广、种类繁多的水文泥沙数据、地理空间数据及其他类型数据。

（3）基于 GIS 的信息查询与输出：方便快捷地将数据库中的数据按照用户的要求提取、统计、显示及报表输出。

（4）水文泥沙分析与预测：进行水沙计算、水文泥沙可视化分析、河演分析、泥沙预测预报模型库，并将分析计算和预测成果形象直观的显示输出。

（5）三维可视化：实现金沙江下游河段重点地区三维景观建模，并提供三维可视化分析。

7.1.2　系统开发原则

系统开发将以实用、创新、高新技术相结合的方式开展，以充分展现当今科学技术的发展。系统的构成、软硬件配置均采用国内外先进、成熟、可靠的技术成果，以 C/S、B/S 模式混合开发，以二维、三维相融合，结合金沙江下游河段水文泥沙地理信息管理和水库泥沙冲淤演变及联合调度等方面的实际需要，因地制宜，做到可靠、实用、经济、先进，具有较强的扩展余地和兼容性。系统开发具体包括以下几个原则：

标准性——以国家相应规范、技术标准为标准，做到规范化、标准化；

兼容性——与现有的水文泥沙信息分析管理系统兼容；

可扩充性——留有扩展模块，可方便的扩充其他应用模块；

完备性——功能全面、完善；

先进性——技术路线、方案规划、系统结构、系统设备先进；

可靠性——系统运行稳定，数据处理、存储安全可靠；

实用性——除能满足信息管理外，还可以进行实时分析计算。

7.1.3　主要技术路线

系统的开发严格按照软件工程的要求，将原型模拟法与生命周期法及面向对象法结合起来，进行系统分析、系统设计和系统集成。在进行系统设计时，首先做总体设计与模块划分，然后分别做详细设计，即按功能需求逐个模块进行设计。

本系统采用 B/S 架构与 C/S 架构混合模式进行开发，服务器采用大型商用数据库 Oracle10g 加空间数据引擎 ArcSDE 来管理空间数据、业务数据、用户数据和元数据，充分保证数据库系统的稳定性、安全性、高效性和海量数据存储及快速访问能力。在 Windows 操作系统环境下，基于 Gaea Explorer 平台、ArcEngine 组件和 VS2008 开发环境编程实现客户端应用程序以及后台用户管理和数据源管理平台。系统界面基于 Windows 标准界面,是基于菜单、工具条、状态条、按钮、对话框的风格,通过鼠标和键盘操作本系统。系统利用当代先进的网络计算机技术、空间信息分析技术、数理统计与模拟预测技术、虚拟现实技术等,借助数字化和信息化的手段,最大限度利用信息资源。系统设计开发以数据库技术、网络技术和地理信息系统技术为支撑,以空间数据和属性数据为基础,通过对空间数据和各类水文泥沙数据的采集、存储、管理和更新,建立数据采集、管理、分析和表达为一体的水文泥沙信息分析管理系统。

在系统研发过程中,应充分体现如下具体的技术模式,使系统更具较好的实用性、可靠性、安全性和先进性:

(1)高效利用现代网络体系,充分适应系统各功能的工作特点,采用B/S与C/S混合模式建立系统总体结构;

(2)采用模块化方式进行开发,各模块只处于低耦合状态,方便用户进行功能的扩充与更改,使系统功能实现更具灵活性与可塑性;

(3)利用空间数据库引擎技术,实现对水文泥沙多源、多时相数据一体化存储、管理与调度,实现海量数据的快速查询、分析与计算;

(4)采用多级用户管理、数据库恢复备份等技术,充分保护数据的安全性;

(5)采用根据空间数据特点优化的水文泥沙专业计算与分析算法,使计算的复杂度与时间得到平衡,有效的减轻服务器压力;

(6)利用多种可视化方式实现水文泥沙各类数据的空间、属性信息联合查询,提供各类专题图信息的查询以及各类成果的报表和输出;

(7)采用金字塔数据管理、多维索引机制、虚拟现实(VR)、LOD分块调度等技术实现大场景的三维可视化调度,真实再现现实景观;

(8)系统界面采用类Google Earth显示技术,采用优秀的专业可视化插件清晰明了地显示各种水沙分析专题图表,并形象逼真地表现各种变化图表。

7.1.4 系统功能实现

7.1.4.1 内外一体化的河道地形自动成图与图形编辑

河道地形自动成图应完成河道测量地形信息的数据更新、显示、查询、输出等功能,并自动生成DEM、等高线,所成地图应统一各种比例尺下模板、编码和图例,符合相关国家、行业标准。测图生成应按国家标准分幅,支持大面幅图片直接打印输出。

图形编辑可以对空间图形数据进行基本操作,包括对点、线、面图元基本操作与编辑,对图元的属性及属性结构进行编辑修改;对图层进行编辑管理,提供对ArcInfo、MapInfo、AutoCAD等系统文件格式的导入导出支持,能与主流GIS软件的明码文件兼容。

7.1.4.2 安全可靠的数据综合管理

数据综合管理总体结构应有较高的灵活性、可扩展性、易维护性。提供方便的数据入库功能,对不同类型的数据能提供快速分类管理。建立数据索引,能在大量数据中快速提取指定数据。提供各级用户的分级及操纵权限管理,确保数据的保密性。建立数据回滚恢复机制,避免系统崩溃带来的损失,确保数据的安全性。

7.1.4.3 方便快速的信息查询功能

为了全面高效地利用水文泥沙信息,确保金沙江下游梯级水电站梯级调度决策快速调用这些信息,需要建立方便快速的基本信息数据、监测数据、空间地理信息数据、档案信息数据、系统信息数据等各类数据的空间、属性信息联合查询,提供各类专题图信息的查询以及各类成果的报表和输出。

7.1.4.4 功能强大的泥沙分析与预测功能

泥沙分析计算是河床演变预测、泥沙预报、泥沙调度的基础,是为水库水沙调度提供辅助决策支持及水沙调度合理性评价的重要依据。

水文泥沙计算采用包括地理空间信息分析、数理统计技术、空间几何运算在内的多方案组合模式,功能应包括:各种水力因子计算、水量计算、沙量计算、库容(断面法、地形法)计算、水沙平衡计算等。

水文泥沙可视化分析提供各种水文泥沙信息可视化分析功能,包括水文泥沙要素曲线图、库区断面及地形曲线图、库容曲线图、冲淤变化曲线图等,以满足水文泥沙分析、信息查询及成果整编等工作的需要。

河道演变分析以槽蓄量计算、冲淤计算、冲淤厚度计算、水面比降计算、洲(滩)面积计算、水量平衡计算、沙量平衡计算等水库水沙计算和各种水文、泥沙、河道信息可视化分析为基础,要求基于 GIS 的空间分析技术实现自动或交互编绘有关的断面套绘图、深泓纵剖面曲线图、河道槽蓄量—高程曲线图、沿程槽蓄量分布图、冲淤量沿程分布图、冲淤量—高程曲线图、冲淤厚度分布图、最大冲淤厚度沿程曲线图,以及河势图、深泓线平面变化图、岸线变化图、洲(滩)变化图、汊道变化图、弯道平面变化图等。

水文泥沙预测预报辅助决策支持模块以金沙江下游梯级水电站水文泥沙数据库、水文泥沙分析计算成果、信息查询统计成果等为支撑,提供在某一水文泥沙条件和水库调度运行方式下的金沙江下游水文泥沙特性和河床冲淤变化预测预报成果或过程,并构建泥沙预报模型库,为泥沙预报模型的进一步开发打好基础。

7.1.4.5 形象逼真的三维可视化功能

本系统应能形象逼真地展现河道地形,电站、水库的水文泥沙分析信息,为水文泥沙监测及水沙调度提供直观的分析决策工具。为此,需要建立三维可视化分析子系统,实现河段三维景观建模、重点目标三维建模、三维可视化分析、通视分析、水淹分析、大区域漫游、开挖分析、剖面分析、空间查询、属性查询和长距离的三维飞行浏览等功能。

7.1.5 主要成果及创新

7.1.5.1 平台的优越性

1. 海量异构空间数据管理与集成

金沙江水文泥沙信息系统支持海量 4D 空间数据产品(DOM、DLG、DRG 和 DEM)的多分辨率、多尺度的组织与管理。有效组织和管理了大数据库三维模型数据、多尺度地名数据、矢量数据、影像数据和 DEM 数据,并通过自主研发的数据索引、数据压缩、数据传输、数据多级缓存和三维可视化渲染等核心算法,实现金沙江流域空间数据的高效、连续多分辨率的无缝可视化。

2. 二维与三维一体化的 GIS 技术

金沙江水文泥沙信息系统中的二维系统与三维系统在数据模型、数据存储方案、数据管理、可视化和分析功能的一体化，提供海量二维数据直接在三维场景中的高性能可视化、二维分析功能在三维场景中的直接操作和越来越丰富的三维分析功能，突破了三维系统以前只能满足查一查、看一看的应用瓶颈，推动金沙江三维系统的深度应用。

3. 真正的图文一体化

金沙江水文泥沙信息系统将 GIS 技术同主流 MIS、OA 技术结合，实现了真正的空间图形数据与业务办公的无缝集成。系统将水文泥沙的业务查询、水文泥沙的计算分析、二三维空间数据漫游显示结合起来，实现了查询浏览的高效联动和图文互查，在业务查询中，支持 Excel、Word 等格式的显示与导出。

7.1.5.2 系统的可扩充性

1. 灵活可扩展的体系结构

金沙江水文泥沙信息系统采用了即插即用的插件机制，实现了灵活可扩展的体系结构。系统中三维分析、业务查询、二维分析、水文泥沙计算分析等应用功能均采用插件机制进行开发，便于用户的灵活选择。通过采用即插即用的插件机制，系统可以方便地进行业务功能的扩展，实现了系统的可扩展性。

2. 先进的数据库结构

业务数据库结构先进，基础水文数据库采用最新行业标准设计，预留多个编码，可扩充应用于长江流域乃至全国多个水电站的水文泥沙信息管理。在空间数据类型和数据源方面，系统支持业界流行的各种遥感影像、矢量和数字高程模型数据格式。

7.1.5.3 功能的实用性和可靠性

1. 功能强大的水文泥沙计算分析

水文泥沙计算分析模块实现了 9 个水文泥沙计算功能、26 个水文泥沙分析功能和 20 余个河道演变分析功能。在水文泥沙计算功能中，实现实时计算，保证计算功能与数据的独立性和计算结果的实时性。水文泥沙分析功能中，提供了多种可视化成果，实现实时绘图，一个功能多种应用，能够更直观、便捷的满足金沙江下游水文泥沙信息分析管理的各种需要。在河道演变分析中，提出了多数据源的槽蓄量计算方法，可基于数字高程模型(DEM)和其他多来源、多类型、多时态数据的考虑比降因素的河道槽蓄量计算，实现了精确泥沙冲淤厚度分布计算及其结果的可视化；实现了基于图切剖面技术的河道任意断面生成功能，为河道演变分析和成果表达提供了强大的技术支持。

2. 先进的水沙模型

系统为金沙江下游梯级水电站的水文泥沙数据分析提供了国内较先进的实用水沙模型，这一期开发中采用了模型库中一维非均匀沙不平衡输沙的模型。这一模型是目前较先进的并通过大量实践资料检验的数学模型，并提供对各类模型的便捷管理功能。基于水文泥沙模型，可实现对金沙江下游梯级水电站水文泥沙数据的科学分析，为决策提供科学依据，同时模型库将实现友好的人机交互界面，为专业人员提供维护模型的有效手段。

7.1.5.4 系统安全性

开发了独立的数据源和用户的数据库管理子系统，采用多种权限控制模型，包括功能权限模型、业务权限模型、空间数据权限模型等,可对每个用户的权限进行严格控制,客户端系统则只能在规定的权限范围内访问或使用空间数据和业务功能,确保系统数据访问安全;应用数据库恢复备份等技术充分保护数据存储的安全性;提供详尽的用户操作日志记录,保证操作的可追溯性。

7.1.5.5 系统的标准化

标准化是系统建设的基础,也是系统与其他系统兼容和进一步扩充的根本保证。本系统采用的原则是:已经存在国家或行业标准的尽量直接采用,目前还没有标准的,在系统的建设过程中研究和制定标准。标准化设计主要参照各种 IHO 标准、ISO 标准和相关的国家及行业标准。

7.2 入库推移质研究

金沙江下游的梯级水电站泥沙问题直接关系到水利工程综合效益的发挥和水库的使用寿命。尽管推移质总量通常并不大,但对水库变动回水区河床的冲淤有直接影响,与水库库尾水位抬升、有效库容损失和泄流建筑物安全等都有密切关系。

溪洛渡水电站导流洞运行一年后,发现导流洞存在比较严重的磨蚀现象,6[#]导流洞底板冲蚀严重,钢筋裸露,进口底板冲蚀掉 30 cm 左右。2009 年实测约 24 万 t 推移质通过6[#]导流洞,因此,必须对金沙江的推移质足够重视。

金沙江下游 2007 年三堆子水文站开始推移质测验,向家坝水电站 2009 年开展推移质测验工作,收集了大量的推移质资料。在此资料基础上,集中开展了金沙江下游推移质研究工作。

7.2.1 主要研究内容

入库推移质研究的主要内容包括入库推移质沙量现场调查、实体模型试验、水槽试验和理论研究与计算分析。根据现场收集到的资料,结合理论研究、资料分析、经验关系、模型试验、水槽试验和岩性分析等手段推求入库推移质沙量,解决了金沙江下游四座梯级水电站入库推移质沙量模糊不清的问题。

7.2.2 主要技术路线

本项研究采用现场查勘、模型试验、理论研究和岩性分析相结合的技术路线。

现场查勘采用实地测量、取样、询问和走访当地水文部门等方式,着重调查支流(沟)的口门推移质冲积扇的形状、大小、沉积物厚度、级配和岩性等,为理论研究和模型试验提供基础资料。

在现场查勘和实测资料的基础上,选取典型支流进行水槽试验,研究支流推移质输沙规律和估算支流典型年入库推移质沙量;对金沙江干流三堆子河段进行非均匀卵石推移质实体模型试验,研究干流推移质输沙规律和确定入库推移质沙量。

理论研究是现场查勘和模型试验研究的补充和升华,不仅可以与现场查勘和模型试验成果进行比对,增加研究成果的可靠性,而且又能将分散的、不系统的成果上升到理论高度。

岩性分析是根据现场查勘的采样资料，通过分析干支流岩性和各自比例的变化情况，推算干支流的卵石推移质比例和来量，与其他技术手段的成果进行比对，增加成果的可靠性。

综合上述研究，建立干支流的推移质输沙率的计算方法，推算不同洪水条件下干支流进入金沙江的推移质沙量，基本解决金沙江下游梯级水电站干支流入库推移质沙量不清的问题。

7.2.3　资料准备

开展本项研究，应用的主要资料如下：

(1)金沙江干流石鼓、攀枝花、三堆子、华弹、屏山、向家坝等水文站长系列水文资料，支流雅砻江、龙川江、小江、黑水河等重要支流水文资料；

(2)三堆子河段河道地形资料；

(3)金沙江下游梯级水电站设计资料；

(4)金沙江下游干支流水沙调查资料；

(5)金沙江下游干支流河床质采样资料及岩性分析资料；

(6)金沙江下游干支流河床采样调查资料；

(7)三堆子水文站推移质测验资料。

7.2.4　主要成果及创新

对金沙江下游乌东德、白鹤滩、溪洛渡、向家坝梯级水电站干流库区和主要支流进行了三次实地查勘，行程近 2 万 km，拍摄照片 1 万多张，文字记录近 10 万字，在干流和主要支流均采集了河床沙样，并分析床沙级配、岩性组成，比较系统地收集了金沙江下游干支流大量的水文、泥沙、地质第一手资料。对三堆子河段建立了 1∶80 的实体正态模型，对龙川江、小江、牛栏江等 3 条支流进行水槽试验。通过原型观测资料分析、典型调查、岩性分析、实体模型与水槽试验等技术手段，系统地研究了金沙江下游推移质输沙规律，克服了金沙江推移质资料严重不足的困难，初步解决了金沙江下游推移质沙量不清的问题。

主要成果及创新如下：

(1)金沙江下游属典型的山区性河流，受金沙江下游所处的地貌单元、大地构造部位、地层岩性组成等特点的综合影响，干、支流河段弯道发育明显受到区域断裂构造的影响，从而形成棋盘格状水系、宽窄相间的藕节状河床，河滩洲滩、碛坝密布。从物质沉积环境来看，水深一般较大，宽谷段有利于沉积，本河段是金沙江流域水土流失最为严重的地区，泥沙来源丰富。

(2)金沙江下游河段卵石可分为 10 大类，即普通砂岩(紫红色、青灰色)、石英砂岩、泥岩、碳酸岩盐(灰岩和白云岩)、中酸性侵入岩(肉红色花岗岩、灰白色花岗岩、闪长岩)、基性火山岩(主要是玄武岩)、中性火山岩(主要是安山岩)、石英、硅质岩、变质岩(片岩、板岩、大理岩等)，此外有少量岩屑、铜铁矿石等。其中，干流岩性较为复杂，分选磨圆较好，多有较好的定向排列，说明其来源复杂，受水流冲刷磨蚀强烈；支流多以 2～3 种岩性为主,且分选磨圆较差,定向排列一般不明显,说明其流程相对较短,受冲刷磨蚀作用相对较弱。根据金沙江下游干流和各主要支流采样点岩性及其百分含量,采用推移质泥沙来量计算的数理模式,得到了各河段干支流推移质来沙量的比例。

(3)分析了研究河段(三堆子水文河段)推移质实测资料,卵石推移质年内分配不均,全年输沙量主要集中在汛期,其中 7 ~9 月输沙量占全年输沙量的 95%。实测推移质输沙率、卵石推移质最大粒径与流量、流速都具有较好的相关关系,随着流量的不断增大,有更多的推移质参与运动,实测卵石推移质的平均粒径和中数粒径也不断增大。不同流量级推移质级配变化较大,流量从 5 000 m^3/s 增加到 20 000 m^3/s 时,卵石推移质中数粒径从 22 mm 增加到 65 mm。

(4)建立了 1:80 的正态实体模型,开展了金沙江干流卵石推移质试验研究,开发的测控系统实现了试验参数自动控制、自动测量和自动采集,大大提高了试验成果的稳定性、可重复性、可靠性和工作效率。恒定流方案试验结果表明:随着流量的增大,各垂线平均流速均相应增大,虽然推移质输沙带变宽,主输沙带的宽度却呈现出减小并集中的趋势,断面主流带和推移质主输沙带不重合。根据多组试验成果,卵石推移质输沙率与流量呈二次多项式关系:

$$Q_s = 0.000\,000\,23Q^2 + 0.005\,2Q - 17.7$$

利用模型试验的输沙率与流量关系式得到了三堆子 1999 ~2009 年的卵石推移质输沙量,变化区间为 14.6 万 ~60.6 万 t,年平均卵石推移质输沙量为 43.6 万 t,与天然实测资料符合良好,说明采用此关系式推求金沙江下游干流入口卵石推移质输沙量是可行的。

(5)对乌东德库区的龙川江、白鹤滩库区的小江、溪洛渡库区的牛栏江三条支流进行不同流量级的推移质输沙率水槽试验研究,得到龙川江、牛栏江和小江入库年均卵石推移质输沙量分别约为 7.31 万 t、28.01 万 t 和 19.78 万 t。

(6)给出了金沙江下游河段卵石推移质输沙量分布情况(详见图 7-1)。

7.3　出口推移质研究

7.3.1　主要研究内容

针对金沙江下游梯级水电站出口河段卵石推移质输沙量模糊不清的问题,通过实测资料分析、经典公式估算和物理模型试验等方法,提出金沙江下游梯级水电站出口河段年均卵石推移质输沙量,为研究梯级水电站推移质泥沙淤积提供基础资料。

7.3.2　主要技术路线

本项研究采用现场查勘、河床取样、资料分析、理论研究和实体模型试验相结合的技术路线。

推移质问题非常复杂,本项研究在采用物理模型试验研究的同时,辅以资料分析和理论研究。资料分析主要是分析向家坝下游实测推移质输沙资料,再结合数学模型计算结果,推求推移质输沙率。理论研究主要是采用一些公认的经典推移质输沙率公式计算河

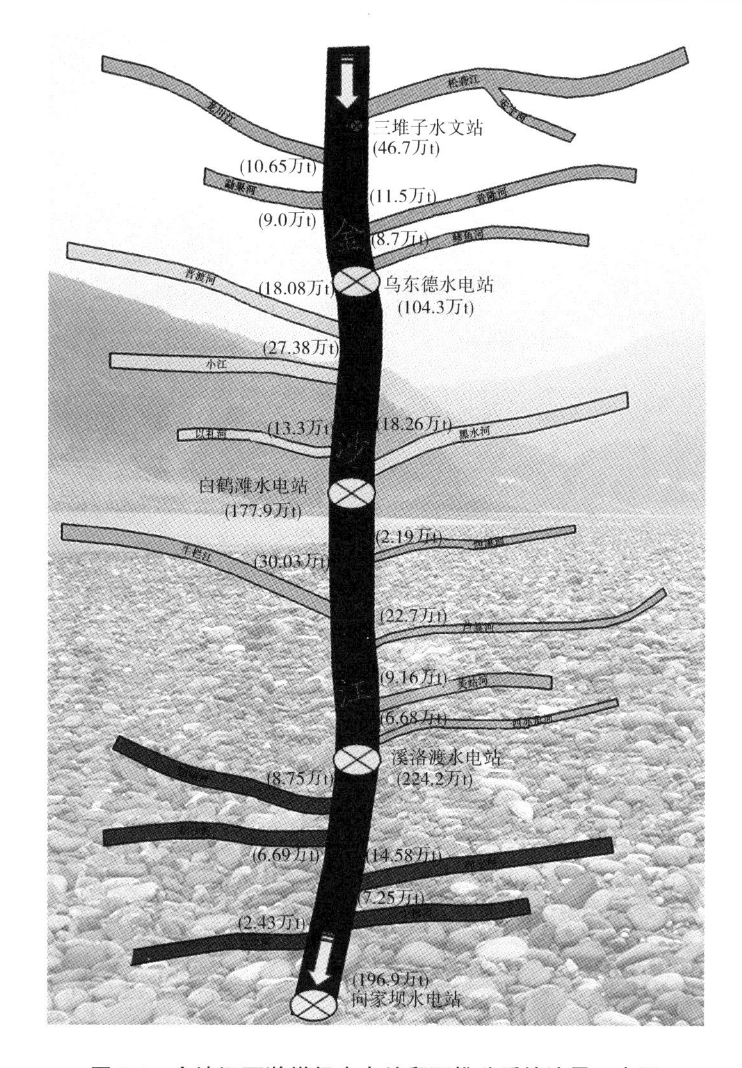

图 7-1 金沙江下游梯级水电站卵石推移质输沙量示意图

段的推移质输沙率与输沙级配。

7.3.3 资料准备

开展本项研究,应用的主要资料如下:

(1)金沙江干流屏山、向家坝水文站长系列水文资料,支流西宁河、中都河、横江等水文资料;

(2)屏山水文站河段河道地形资料和向家坝下游河道地形资料;

(3)向家坝下游推移质测验资料;

(4)金沙江下游梯级水电站设计资料;

(5)向家坝库区河道断面资料及床沙取样资料;

(6)金沙江下游干支流河床采样调查资料;

（7）金沙江入库推移质研究资料。

7.3.4　主要成果及创新

主要研究成果及创新如下：

（1）向家坝实测推移质资料表明，输沙率与流量的多次方成正比关系，流量越大，推移质输沙率越大；流量越小，推移质输沙率越小。流量越大，级配越粗；流量越小，级配越细。实测推移质中数粒径和最大粒径都与流量有较好的正比关系，流量越大，推移质最大粒径和中数粒径越大；流量越小，推移质最大粒径和中数粒径越小。输沙率横向分布不均匀，断面最大输沙率并不在断面最大水深处，而在最大水深的左侧，卵石推移质主输沙带也偏向于左岸，这与横江入汇产生指向左岸的横向流速是一致的；当流量较大时，主输沙带较宽；当流量较小时，主输沙带较窄。

（2）采用一些公认的经典推移质输沙率公式对屏山断面输沙量进行了估算，各公式计算结果差别很大，其中阿克斯－怀特和爱因斯坦公式计算结果很小，年均输沙量不足10万t，恩格隆－汉森和韩其为公式计算结果较大，年输沙量分别为189.4万t和116.5万t，韩其为公式与该试验河段符合较好。

（3）流量越大，流速越大，水面比降增加。

（4）试验表明，推移质输沙率随流量的增加而增大，输沙率随着流量的2.397次方增加，输沙率与流量的关系为$g_b = 2.235 \times 10^{-8} Q^{2.397}$。

（5）各级流量时，推移质在左岸和河道中间（水深最大处）的输沙强度明显大于右岸的输沙强度，它们的输沙率分别占全断面的36%～53%、20%～40%和10%～25%，说明主输沙带位于河道中间并偏向左岸。推移质输沙在横断面上的这种分布情况与断面流速分布和横向流速指向左岸是一致的。

（6）流量越大，级配越粗。流量较小时接沙级配与加沙级配接近，说明推移质主要来自于上游水流的挟带；而流量很大时接沙级配与床沙级配接近，说明推移质既来自于上游的来沙，又来自于当地河床质的起动。

（7）根据不同流量级的推移质输沙率试验结果拟合的公式，结合1988～2008年屏山水文站实测流量资料，估算了1988～2008年屏山水文站断面的推移质输沙量，介于35.9万（1994年）～274.0万t（1998年），多年平均输沙量为107.3万t。综合考虑向家坝水电站下游推移质测验资料及向家坝围堰水库对卵石推移质淤积的影响，以及经典推移质输沙率公式估算的推移质输沙量，认为实体模型试验得到的多年平均推移质输沙量107.3万t是合理的，可以作为金沙江下游梯级水电站出口河段的卵石推移质输沙量。

7.4　围堰水库研究

溪洛渡和向家坝水电站分别于2007年11月初和2008年12月完成了截流，进入了围堰施工阶段。围堰施工期抬高了水位，且水位相对稳定，实际上相当于在围堰坝址上游形成一个水库。围堰施工期是将河道的天然条件改变为水库条件的过渡期，为了确保施工顺利进行及大坝和围堰的安全，需要及时掌握坝区上下游的水流条件、水位变化、过流能力、泥沙冲淤等。为解决溪洛渡、向家坝水电站围堰施工期所遇到的诸如推移质运动与泄流建筑物安全、围堰水库淤积与应急移民防洪安全等问题，开展了溪洛渡、向家坝水电站围堰泥沙淤积原型试验研究工作。

7.4.1　主要研究内容及技术路线

本项目主要是研究金沙江溪洛渡、向家坝水电站围堰期间河道泥沙淤积特性和进行坝前围堰水库泥沙淤积预测分析，为梯级水电站泥沙问题解决和调度规程编制提供原型试验成果，为围堰施工期安全度汛提供技术支撑，为掌握水库推移质运动和淤积规律奠定基础。研究内容主要包括原型资料分析、干流库区及其支流的整体一维水流泥沙数学模型以及围堰水库局部二维水流泥沙数学模型，模拟计算围堰水库范围的水流特性、泥沙淤积特性、淤积物冲淤分布，验证实测与分析结果，为应用模型来分析研究不同来水来沙条件对围堰施工安全的影响、预测围堰水库淤积发展趋势奠定基础。

7.4.2　资料准备

开展本项研究，应用的主要资料如下：

(1)金沙江干流华弹、屏山、向家坝等水文站长系列水文、泥沙资料，支流黑水河、美姑河、细沙河、西宁河、中都河、横江等水文、泥沙资料；

(2)溪洛渡、向家坝库区多年河道断面资料；

(3)溪洛渡、向家坝坝区河道地形资料；

(4)溪洛渡、向家坝水电站设计、围堰施工资料；

(5)溪洛渡、向家坝库区床沙取样资料；

(5)溪洛渡6#导流洞推移质测验资料；

(6)溪洛渡、向家坝库区河床采样调查资料。

7.4.3　主要成果及创新

通过对溪洛渡和向家坝两个围堰水库的观测资料分析、库区整体一维水流泥沙数学模型计算和坝前段二维水流泥沙数学模型计算，主要成果及创新如下。

7.4.3.1　溪洛渡围堰库区

(1)观测资料分析表明，溪洛渡水电站截流后，水位抬高值在流量6 500 m^3/s时最小，约为1.5 m；在流量15 000 m^3/s时抬高约4.7 m，回水影响范围为20～35 km。下围堰水位在截流后也有明显抬高，抬高值在1 m左右。溪洛渡水电站围堰高程为436 m，能保证50年一遇流量时安全度汛。

(2)根据2008年2月和2009年10月整个溪洛渡水电站库区断面观测资料统计，围堰水库运行2年多以来，河道冲淤整体变化不大，且没有趋势性冲淤变化，近坝段总的来说冲淤也基本平衡。年内表现为汛前淤积、汛后期冲刷、非汛期冲淤幅度很小的冲淤特点。

(3)围堰水库坝前段二维数学模型计算结果表明，计算河段内有冲有淤，基本冲淤平衡，最大冲刷厚度约3 m，最大淤积厚度约4 m。

(4)根据二维数学模型计算的流场特点，分析了各导流洞的推移质进沙特点。各导流洞的推移质进沙主要受进口迎流条件和坝前段弯流环流作用影响。中小流量时以3#、4#、5#导流洞进沙较为有利,但此时输沙强度小,进沙量不大。大流量时,以6#、5#导流洞进沙最为有利,且输沙强度大,进沙量大,与实际观测资料一致。

7.4.3.2　向家坝围堰库区

(1)整体一维数学模型计算结果表明,整个河段的泥沙冲淤特点为:天然状态下表现为非汛期缓慢淤积、汛后期累积性冲刷但幅度不大的年内冲淤规律,溪洛渡水电站截流后的2008年表现为非汛期缓慢冲刷、汛后期快速冲刷、年内明显冲刷的冲淤规律,向家坝水电站截流后的2009年表现为非汛期淤积、汛前期快速淤积、年内淤积为主的冲淤特点。

(2)整体一维数学模型计算的整个河段冲淤量沿时间分布过程表明:总冲淤量中以悬移质为主,其过程也与悬移质冲淤过程类似,但截流对推移质冲淤影响较大,截流后推移质淤积明显加快。截流后向家坝坝前形成累积性泥沙淤积,但由于溪洛渡水电站截流和来流含沙量偏低,向家坝库区总体上表现为冲刷,且主要发生在库区的上半段(溪洛渡—新市镇)。

(3)围堰水库有一定的壅水现象。与天然河道相比,围堰水库在流量为12 000 m^3/s(一般洪水)、21 800 m^3/s(5年一遇洪水)和28 200 m^3/s(20年一遇洪水)时,回水分别可达56 km、76 km和83 km,屏山水文站断面水位分别抬升1.32 m、3.47 m和4.57 m。

(4)围堰水库局部二维数学模型计算结果表明:在向家坝水电站截流后的2009年5~10月汛期期间,围堰水库河段表现为淤积,且淤积量中同样以悬移质为主。

(5)围堰水库局部二维数学模型计算与实测断面变形的套绘比较结果表明:泥沙淤积主要分布在靠近坝前段,在屏山站附近断面变形不明显。

整体一维数学模型和围堰水库局部二维数学模型计算结果均与实测值验证符合良好,可应用于预测围堰水库淤积发展趋势,也为水库蓄水运用后泥沙淤积发展进程研究奠定了技术基础。

7.5　异重流研究

7.5.1　主要研究内容

以溪洛渡和向家坝水电站水库运行调度及水文泥沙观测为应用对象,通过现场查勘、原型观测、对比类水库、水槽试验和数学模型计算等方法,重点研究异重流形成及运动的机制,为后续相关研究提供依据。其主要研究内容包括以下几个方面:

(1)广泛收集溪洛渡、向家坝库区河道气象、水文、泥沙监测和地形观测资料,在此基础上对研究河段天然状态和库区成库后水沙时空分布规律进行分析研究;

(2)建立适用于溪洛渡水库和向家坝水库的水沙两相流计算数学模型,并依靠必要的水槽试验进行模型的验证和参数率定;

(3)根据泥沙扩散方程与泥沙运动力学相关理论建立水沙异重流运动数学模型,与两相流计算模型进行对比分析;

(4)收集相关研究的泥沙异重流观测资料,类比大型水库汛期前后的水文、泥沙和断

面观测资料,进行异重流挟沙与排沙分析,为数值模拟提供有效依据;

(5)对溪洛渡和向家坝水库蓄水后,异重流发生条件和运动规律进行模拟和预测,根据水库运行调度方式分析异重流在坝前的爬高和排出规律;

(6)针对库区部分河段和坝前排沙效应进行室内异重流水槽试验;

(7)根据溪洛渡和向家坝联合运行条件,分析向家坝库区异重流变化规律。

7.5.2 主要技术路线

本项目研究在广泛收集并整理金沙江下游溪洛渡及向家坝河段干支流水文、泥沙时空分布特性、气象及地形资料、溪洛渡及向家坝水电站设计参数、水库调度运行方式的基础上,以数学模型计算为主,结合物理模型试验对数学模型进行验证,开展类比水库原型观测,从而分析水库成库后浑水异重流运动规律,并提供相关建议,总体技术路线见图7-2。

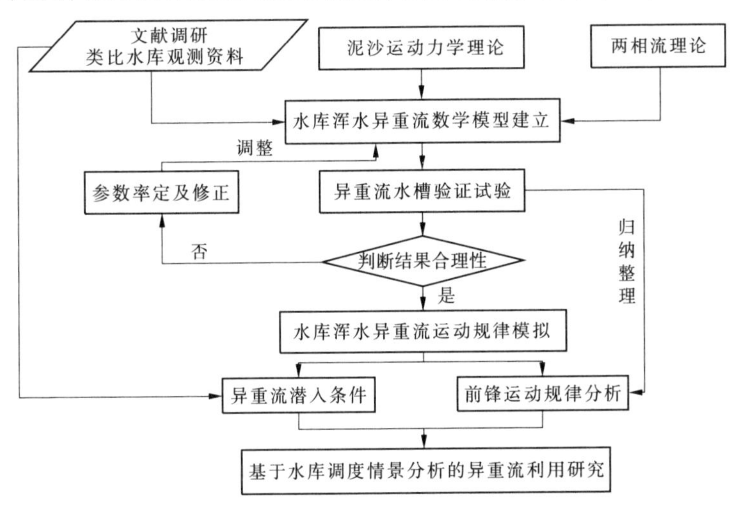

图7-2　水库浑水异重流运动规律研究总体技术路线

7.5.3 资料准备

开展本项研究,应用的主要资料如下:

(1)金沙江干流石鼓、攀枝花、三堆子、华弹、屏山、向家坝等水文站长系列水文、泥沙资料,雅砻江、龙川江、小江、黑水河、横江等重要二十几条支流水文、泥沙资料;

(2)溪洛渡、向家坝库区多年河道断面资料;

(3)溪洛渡、向家坝坝区河道地形资料;

(4)溪洛渡、向家坝水电站设计资料;

(5)溪洛渡、向家坝库区床沙取样资料;

(6)金沙江下游干支流河床采样调查资料;

(7)二滩、瀑布沟等大型水库异重流资料;

(8)金沙江下游水电站已有水文泥沙科研成果。

7.5.4　主要成果及创新

本项目取得的主要成果及创新如下：

（1）金沙江下游流域是长江上游水土流失最严重地区，也是其主要产沙区，4～10 月降雨量约占全年的 90% 以上，降雨产汇流形成的高含沙入库径流过程是异重流产生的主要诱因。

（2）近年来研究河段水体的含沙量有所减少，且含沙量年内变化差距较大，最高出现在 7 月，比最低的 3 月含沙量高出约 50 倍；含沙量在空间上呈现自上游至下游逐渐增加，且颗粒粒径明显变细的现象。

（3）溪洛渡及向家坝库区 6～8 月汛期径流量、含沙量和降雨量均明显高于其他月份，且变化趋势同步，是异重流研究的主要特征时段。

（4）溪洛渡水库全年均不同程度地出现分层现象，在 3～7 月分层较强，在 9 月至次年 2 月分层相对较弱，溪洛渡建库对下泄水温有一定影响。两级联合运行下，向家坝下游春夏季低温水、秋冬季高温水累积影响效应明显。

（5）建立了水库温差异重流、泥沙异重流以及温差－泥沙耦合的异重流数学模型，考虑不同入库流量、运行水位、调度方式、含沙量及颗粒级配条件，进行了 16 组异重流数值模拟，利用泥沙扩散模型进行了两组对比验证计算，进行了全库区三维异重流计算的探索，对温差－泥沙耦合的异重流设置了 6 组工况计算。

（6）溪洛渡水库在正常蓄水位条件下发电运行，当入库浑水含沙量增加不足 1.0 kg/m^3时，库区难以形成稳定运动的异重流，由异重流引发的水库淤积发生在距离坝前 55.70～89.87 km；而溪洛渡在汛期运行条件下的 6 月、7 月发生异重流的可能性较大，当入库浑水含沙量突增至 1.0 kg/m^3 以上，流量在 5 000～17 000 m^3/s 范围内时可能会形成库区异重流。

（7）汛期若考虑水库温度分层情况，汛期异重流在前行过程中会将底层的低温水推动着前进并迫使其排出，原来的底层低温水由浑水替换，由于浑水的温度较高，库底水体温度也相应提升，原有的上高下低的水温分布结构可能被打破，泥沙异重流主要沿库底行进。受水库水温分层及来流浑水密度影响，泥沙异重流也可能在库区形成类似“间层流”的运动方式。

（8）从本研究成果来看，异重流若获得充足后续能量补充，前锋可以运动至坝前，当前锋至坝前受阻后，前锋均会涌高。溪洛渡水库运行后汛期若形成异重流运动至坝前，普遍会涌高至 110 m 以上，即使开启深孔泄洪，坝前也会形成一定的异重流回涌。溪洛渡在正常蓄水位条件下运行，若形成运动至坝前的异重流，其前锋涌高高度在非汛期达到最高，接近 200 m，但不会涌高至表孔的高程。向家坝水库运行后异重流在坝前也会发生回涌，但汛期涌高在 70 m 高度便可以通过泄水及发电进行排沙。

7.6　本章小结

由于地理环境等因素的制约，金沙江缺少系统的监测及研究资料。金沙江下游梯级水电站的开发和建设,金沙江下游有了系统的水文泥沙监测与研究实施规划。随着系统水文泥沙监测与研究工作的开展,金沙江有了海量的数据,如何对这些海量的数据进行有效地管理、分析和应用,是一项非常重要的工作。金沙江下游水文泥沙数据库及信息管理分析系统的建立,使得资料的收集、传输、管理、查询、分析工作变得简洁而高效。这些系统的资料,为金沙江下游的水文泥沙研究工作提供了大量的基础数据,为梯级水电站的设计、建设和运行提供了强有力的技术保障。本章简要介绍了几项研究工作,在勘测资料的支持下,取得了丰硕的技术成果。

第 8 章　结　语

水文河道勘测技术既古老又现代,从人们认识到河流与人类利害攸关就开始对其进行观测与研究,一方面河流给我们带来了不竭的水源,孕育了人类文明,提供了运输的便捷,给予了巨大的水能用于发电等,使人类能够享受到丰富多彩的生活和创造更多的社会文明;另一方面,肆虐的洪水使无数人失去家园、财富和亲人,挟带大量泥沙的河流造成下游河床淤高,形成悬河,使城市极易遭受洪水的侵袭,污染的河流将有害物质输送到下游,危害两岸人群等,给人类带来无尽的灾难。因此,为了趋利避害,人类不断地探索以寻求良方,水文河道勘测便是为寻找良方而进行的基础工作。

8.1　金沙江水文监测特点

金沙江水文监测以径流和泥沙为主要内容,径流量监测是通过在一个流域布置若干水、雨情站点,形成由点到面的站网系统,实现对全流域径流量与过程实施控制的一系列工作;河流泥沙是以水流为载体从流域坡面到河谷下游再到河口,所以对泥沙的监测是在水流的基础上,获得水流样本而分析研究其中的泥沙要素特征。因此,水文监测均是围绕一个个站点展开的,呈现"点"的特点;同时由若干点达到对一个区域水文特征的控制,又表现出"面"的特点。各要素的观测技术手段与同时代的科技成果紧密相关,如水深测量由于超声波技术而变得容易和准确,而缆道测流则由于电磁和电气控制技术而变得轻松和低风险,水情信息传递由于网络和卫星技术实现高时效和高可靠性,水文资料分析整编由于计算机应用避免了手工劳作而使效率和精度大大提高等,水文监测能力随着科学技术的发展而不断提升。

金沙江水文监测具有以下特点。

(1)水文观测起步早。金沙江的水文监测始于 20 世纪 30 年代,属于国内江河开展水文工作较早的区域之一,尤其金沙江与岷江汇合口的宜宾水位站建于 1922 年 4 月,其水位观测成果为金沙江最早的水文记载。

(2)观测内容齐全。在金沙江区域内陆续开展了所有水文观测项目,如水位、流量、含沙量、悬沙颗分、悬移质输沙率、砾卵石推移质、沙质推移质、水质监测、降水量、蒸发量、水情报汛等,虽然不是每一个水文站都进行了这些项目,但三堆子水文站实施了以上所有项目观测,这在全国的水文站中也是少见的。

(3)切合水电开发需求。为满足金沙江水电开发等社会发展需要,金沙江的水文监测开展了过去没有的观测,如在三堆子水文站天然河道中进行砾卵石推移质、沙质推移质测验,并且还采用抛锚法在向家坝水电站坝下实测砾卵石推移质,取得了很好的效果,成果被用于金沙江下游河道的推移质研究,获得了可喜成果。尤其是在溪洛渡导流洞出口段开展砾卵石推移质测验,在泄水建筑物上进行这种工作,成为国内乃至世界的首创,而且取得成功。

(4)观测环境恶劣。由于金沙江山高坡陡、沟深流急、滩险密布、水陆交通极差,社会经济落后,水文监测周边环境条件恶劣,给从事此项工作的人造成“交通靠走、通信靠吼、治安靠狗”的生存图景,随着西部开发的进程,这些状况才逐渐好转。

(5)紧跟科技进步,提升服务能力。随着社会对水文监测的需求越来越多,国家对水文工作越加重视,并不断加大水文观测的投入,也由于新的科学技术运用到水文测验手段上,金沙江的水文监测工作紧跟科技进步,使劳动强度较低、工作效率提高、测验成果转化率加快、数据传输时效更高,大大提升了水文工作为社会服务的能力。

8.2 山区河道测量难点

河道是水流的通路,巨大能量的水流冲蚀形成并改变着河道,而河道的约束使水流改变行进方向和速度,因此河道勘测不仅是对其形态和大小的测量,也包括对水流运动的速度、方向、数量和泥沙数量、粗细等的观测。由于观测内容多、工程量大和观测能力不足等,往往选择河流的一部分或者一些观测内容,或者说是按照需要确定观测范围和内容。相对于水文监测来说,内容既有重复也有区别,与水文的“点”比较,呈现出“面”的特点。河道勘测的关键技术,也可以说是其瓶颈,就是水面的位置和水深的测量。随着空间技术与超声波技术发展运用,制约河道测量的关键问题得以解决,测量效率、精度大幅提升,尤其是在金沙江这样恶劣水流条件下的河道观测由过去非常艰难甚至无法实施,而变成可以有效开展了。金沙江河道勘测虽有较大改观,但面临的问题依然不少,归结起来,主要有以下几方面:

(1)地形复杂。金沙江河道河谷深切,河槽至山顶通常在千米以上,悬崖峭壁、沟壑纵横地貌随处可见,地形起伏大,构成了金沙江河道地形的复杂性。

(2)交通异常差。金沙江处于经济不发达地区,有的甚至非常落后,交通等基础设施建设严重不足,尤其沿河谷地带,几乎没有等级公路,有的只是农用机耕道,使汽车行驶很困难;加之金沙江水流坡降大,江水滩多流急,除河口段外,均不通航,因此测量仪器设备包括生活物资多数时候需要人背、驴驼,严重影响测量工作。

(3)作业风险高。由于山高路险、水流湍急、道路崎岖,测量人员在陆地上行走常常手脚并用;在水上,水流汹涌,常有船翻人亡之虞。

(4)技术手段局限。虽然这些年科技发展,为测绘技术的进步发挥了巨大作用,但仍然有面对水流湍急仪器无法深入水下进行水深测量的问题,也有面对狭窄河道 GPS 系统不能正常接收卫星而无法有效工作的为难之事。

陆上地形测量的问题可以采用遥控无人测量飞机技术等从空中解决;但水下地形的测量,尤其对于金沙江大流速水下区域的水深数据获得,尚待新技术的出现来解困。

8.3 截流水文监测特点

水电工程截流水文监测是水文监测技术与河道勘测技术在水电工程河段的联合运

用，是在非常条件下的监测活动，也是两种技术直接为水电工程服务的具体体现。在金沙江的四个大型水电站进行的截流水文监测活动，为水电站的截流施工提供及时可靠的观测成果，使截流施工在抛投石料的强度、颗粒大小组合等方面做到有序布置等，为截流工程提供了强有力的技术支持，凸显了监测工作的重要作用。

金沙江截流水文监测具有以下特点：

（1）观测要素变化急剧。由于金沙江截流是人为因素，水利要素相比天然情况，在截流龙口这个位置的水位、流速、流量变化急剧，其他反映龙口形象的数据（如龙口宽、戗堤坡度等）也在不断改变，正是因为这些改变，才得以实现截流合龙的目标。

（2）监测环境险恶。施工前期的水电工地，机器轰鸣、尘土漫天，陆上满是汽车飞奔，水下水流汹涌，在这样的环境下开展监测，无时无刻不倍加小心。

（3）监测要求高。监测要求主要体现为及时性、准确性、反应迅速。截流戗堤进占的情况是通过流速、流量、龙口宽、戗堤水位落差、分流比等一系列监测数据来反映的，这些数据也左右着截流施工组织者下一步的决策，因此虽然监测条件恶劣、风险大，但对监测数据的准确性、及时性有很高的要求，同时施工指挥者需要对某一部位的一个数据或者一个信息要能快速地予以提供。

（4）多技术联合。截流水文监测不是单一专业和技术的运用，而是和水力、测绘、水文测验等各种专业的融合，对于陆地看得见的，使用测绘技术；对于水下看不见的，采用水文测验和水下测量技术等，而且运用了新的科技成果，如激光测距、雷达测速等。正是有了这些新技术，使得像龙口流速和龙口宽等数据获得的风险性比传统方法小了许多，精度也大为提高。

（5）监测手段的限制。虽然通过多技术的运用，解决了截流水文监测的主要问题，但仍然有如龙口水下地形和水下流速以及泄水建筑物（导流洞）流量等不能获得，这皆是由于水流流速过大且紊乱而无法放置仪器至水下实施观测，尚待能够从空中、不需要接触水体而测量水深、流速的技术手段出现，问题方能得以解决。

8.4 水文河道调查的特点

水文河道调查是对于固定区域进行的水文测验和河道勘测工作的补充和扩展，与常态化的水文勘测相比，呈现以下特点。

（1）范围大。水文河道调查，是根据需要了解的内容，往往是针对一个流域、一条河流或者沿着河流一个很长的区域展开相关的勘测，因此调查的范围覆盖面较大。

（2）成果精度不高。由于调查范围大，对于调查的要素更多的是注重性质，数量上通常是按数量级表示，数字的精确性一般不能达到较高的精度。

（3）调查方式多样。在进行水文河道调查时，往往采用多种方法，有的用肉眼观察外观、概貌，有的用仪器测量长度、面积、高度，有的也用声像设备录音、录像等。也还需要进行访问、咨询，以了解较长时间在一定范围内发生的与调查要求相关的一系列情况。

（4）后续工作量大。在野外获得的大量数据、影像等资料，通常需要进行分析整理，有的还需要建立模型进行演算验证，有的还需要运用多种理论方法进行对比等，才能获得有价值的调查成果。

在金沙江数十年水文河道监测实践中，我们付出了几代人的心血和汗水，有的甚至一生都在观测金沙江。在过去的岁月里，观测者在偏僻的山村、孤寂的江边，日复一日、年复一年坚守，无论是日晒雨淋还是风吹雨打，都一丝不苟、恪尽职守地收集了海量的数据成果，用于防汛、抗旱和国民经济建设，为社会作出了突出贡献。这些数据成果就是我们的价值，是水文河道勘测工作的意义，也是我们仍将继续的目标。

参 考 文 献

[1] 中国水利水电科学研究院. 金沙江下游梯级水电站水文泥沙监测与研究实施规划[R]. 北京:中国水利水电科学研究院,2006.

[2] 水利部. SL 443—2009 水文缆道测验规范[S]. 北京:中国水利出版社,2009.

[3] 水利部长江水利委员会水文局. SL 337—2006 声学多普勒流量测验规范[S]. 北京:中国水利水电出版社,2006.

[4] 水利部. GB 50179—93 河流流量测验规范[S]. 北京:中国计划出版社,1994.

[5] 水利部. GBJ 138—90 水位观测标准[S]. 北京:中国计划出版社,1991.

[6] 水利部. SL 257—2000 水道观测规范[S]. 北京:中国水利水电出版社,2001.

[7] 水利电力部水利司. 水文测验手册[M]. 北京:水利电力出版社,1975.

[8] 中国水利学会泥沙专业委员会. 泥沙手册[M]. 北京:中国环境科学出版社,1992.

[9] 韩其为. 水库淤积[M]. 北京:科学出版社,2003.

[10] 杨世林,李智. 溪洛渡水电站截流中的水文监测技术[J]. 重庆交通大学学报,2009(2):315-318.

[11] 杨世林. 移动缆道测深在溪洛渡电站截流水文测验中的应用[J]. 长江科学院院报,2009(12):46-49.

[12] 杨世林,任勇. 新技术在金沙江河道勘测中的应用[J]. 地理空间信息,2009(6):40-42.

[13] 董先勇. 金沙江下游推移质输沙规律研究[D]. 北京:中国水利水电科学研究院,2010.

[14] 董先勇,郭庆超,曹文洪,等. 小湾水电站施工期坝下游河道淤积及清淤研究[J]. 泥沙研究,2010(5):41-47.

[15] 董先勇,王维国. 金沙江溪洛渡水电站变动回水区河床组成调查[J]. 泥沙研究,2010(6).

[16] 中国长江三峡集团公司,长江水利委员会水文局. 溪洛渡水电站 6 号导流洞卵石推移质测验试验方案[R]. 2009.

[17] 国家电力公司成都勘测设计研究院. 金沙江溪洛渡水电站可行性研究报告[R]. 成都:国家电力公司成都勘测设计研究院,2001.

[18] 国家电力公司中南勘测设计研究院. 金沙江向家坝水电站可行性研究报告[R]. 长沙:国家电力公司中南勘测设计研究院,2003.

[19] 刘兴年. 沙卵石推移质运动及模拟研究[D]. 成都:四川大学,2004.

[20] 朱南华,袁美琦. 长江上游卵石推移质运动规律的研究[J]. 水道港口,1988(4):11-20.

[21] 长江水利委员会长江勘测规划设计研究院. 金沙江乌东德水电站正常蓄水位专题研究分析报告四——工程方案[R]. 武汉:长江水利委员会长江勘测规划设计研究院,2005.

[22] 中国水利水电科学研究院,长江水利委员会水文局. 金沙江下游梯级水电站水文泥沙查勘报告[R]. 重庆:长江水利委员会水文局长江上游水文水资源勘测局,2006.

[23] 刘春晶. 明渠非恒定流运动规律及推移质输沙特性的试验研究[D]. 北京:清华大学,2005.

[24] 刘德春,陈新益,王渺林. 三峡水库入库推移质输沙特性变化及其原因分析[J]. 水文,2004(3):37-41.

[25] 周凤琴,唐从胜. 长江泥沙来源与堆积规律研究[M]. 武汉:长江出版社,2008.

[26] 金沙江水文气象中心,长江水利委员会水文局长江上游水文水资源勘测局. 溪洛渡水电站截流水文监测分析报告[R]. 重庆:长江水利委员会水文局长江上游水文水资源勘测局,2007.

[27] 金沙江水文气象中心,长江水利委员会水文局长江上游水文水资源勘测局. 金沙江向家坝水电站

截流水文监测与分析[R]. 2009.

[28] 长江水利委员会水文局长江上游水文水资源勘测局. 金沙江鲁地拉水电站截流水文监测分析[R]. 重庆:长江水利委员会水文局长江上游水文水资源勘测局,2009.

[29] 长江水利委员会水文局长江上游水文水资源勘测局. 金沙江观音岩水电站截流水文监测分析报告[R]. 重庆:长江水利委员会水文局长江上游水文水资源勘测局,2011.

[30] 中国长江三峡集团,中国水利水电科学研究院. 金沙江下游梯级水电站入库推移质沙量调查与模型试验报告[R]. 重庆:长江水利委员会水文局长江上游水文水资源勘测局,2009.

[31] 中国长江三峡集团,中国水利水电科学研究院. 金沙江下游梯级水电站出口卵石推移质沙量模型试验研究报告[R]. 重庆:长江水利委员会水文局长江上游水文水资源勘测局,2011.

[32] 中国长江三峡集团,中国水利水电科学研究院. 金沙江溪洛渡、向家坝水电站围堰泥沙淤积原型试验研究项目报告[R]. 重庆:长江水利委员会水文局长江上游水文水资源勘测局,2010.

[33] 中国长江三峡集团,四川大学,中国水利水电科学研究院. 金沙江溪洛渡与向家坝水电站水沙异重流研究报告[R]. 重庆:长江水利委员会水文局长江上游水文水资源勘测局,2011.

[34] 中国长江三峡集团,长江水利委员会水文局,中国水利水电科学研究院,等. 金沙江下游梯级水电站水位泥沙数据库及信息管理分析系统研发报告[R]. 重庆:长江水利委员会水文局长江上游水文水资源勘测局,2012.

[35] 中国长江三峡集团公司,长江水利委员会水文局. 向家坝水电站坝下卵石推移质测验试验方案[R]. 重庆:长江水利委员会水文局长江上游水文水资源勘测局,2009.

[36] 梁国华. 超声波技术在我国水文测验中的应用[J]. 中国水利,1985(2):19-20.